I0072929

DIE
ABWÄRMETECHNIK

VON

Dr.-Ing. HANS BALCKE

BERLIN-WESTEND

BAND I: GRUNDLAGEN

MIT 147 ABBILDUNGEN,

49 ZAHLENTAFELN UND EINEM I, S-DIAGRAMM

MÜNCHEN UND BERLIN 1928

DRUCK UND VERLAG VON R. OLDENBOURG

Alle Rechte, einschließlich des Übersetzungsrechtes, vorbehalten.
Copyright 1928 by R. Oldenbourg, München und Berlin.

Vorwort.

Nach Erscheinen meines VDI-Taschenbuches „Abwärmeverwertung zur Heizung und Krafterzeugung" trat der Verlag R. Oldenbourg mit der Aufforderung an mich heran, ein umfangreicheres Werk über die Abwärmetechnik zu verfassen.

Diesem Vorschlage stimmte ich gerne zu, weil ich durch die warme Aufnahme, welche das VDI-Taschenbuch gefunden hat, ermutigt wurde.

Das Taschenbuch sollte in gedrängter Form eine allgemeine Einführung in die Abwärmetechnik bilden. Auf seiner Grundlage ist das neue Werk aufgebaut, welches der Übersichtlichkeit halber in 3 Bände geteilt ist. Der erste Band mit dem Untertitel „Die Grundlagen" beschäftigt sich zunächst mit den zur weiteren Ausnutzung zur Verfügung stehenden Abwärmequellen. Abwärme gilt heute nicht mehr als „Abfall", sondern als wesentliche Quelle für Energie und Wärmeversorgung, und deshalb muß jedes Beginnen auf diesem Gebiete mit der Umschau nach brauchbaren Abwärmemengen anfangen. Hieran anschließend werden dann die Grundelemente einer jeden Abwärmeverwertungsanlage in ausführlicher Weise besprochen, unter Zugänglichmachung eines umfangreichen Zahlenmaterials und unter Einschaltung von Rechnungsbeispielen.

Der zweite Band befaßt sich mit dem „allgemeinen Aufbau von Abwärmeverwertungsanlagen" aus den im ersten Bande besprochenen Grundbestandteilen. Es wird in diesem Band der Nachweis geführt, daß trotz der Verschiedenartigkeit der einzelnen Industrien und trotz des zumeist zeitlich und nach Menge und Art nicht zusammenfallenden Abwärmeanfalles und Abwärmebedarfs, alle Abwärmeverwertungsanlagen auf eine ganz bestimmte Auswahl von Schaltungen zurückgeführt werden können, die sich grundsätzlich wiederholen.

Der dritte Band befaßt sich mit „Sondergebieten der Abwärmeverwertung". Er besteht aus einzelnen, nur lose zusammenhängenden Aufsätzen. Es wird hier besonders die Verwertung von Abwärmequellen zur Bereitung von destilliertem Wasser zu allen möglichen Zwecken besprochen. Auch wird der ständig steigenden Bedeutung der Abwärmeverwertung im Schiffbau ein ausführlicher Abschnitt gewidmet sowie der Verfeuerung von Anfallgasen und der damit akut werdenden Ferngasversorgung.

Jeder Band ist in sich abgeschlossen. Alle 3 Bände umfassen das gesamte Gebiet der Abwärmetechnik. Die Sammlung soll dem Abwärmetechniker ein Führer sein durch sein ausgedehntes Arbeitsfeld. Es soll ihm ein Ratgeber werden bei Angeboten, Entwürfen und Ausführungen. Es soll aber auch dem Betriebsingenieur und dem Werksbesitzer die Wege weisen, wie er seinen Betrieb mit möglichst einfachen Mitteln wärmewirtschaftlich vervollkommnen kann.

Zu dem hier vorliegenden Band 1 ist im besonderen noch folgendes zu sagen:

Jede Abwärmeverwertungsanlage zerfällt in mehrere Grundbestandteile: In Wärmeaustauscher (Verwerter), Wärmespeicher, Wärmefortleitungsnetze und Armaturen. Als Abwärmequellen kommen Dampf, Feuer und Abgase sowie heiße Abwässer und zuletzt der elektrische Abfallstrom in Betracht. Je nach der Abwärmequelle sind die Grundbestandteile der Verwertungsanlage verschiedenartig auszubilden. Dieselben werden daher im folgenden nach Art der Abwärmequelle geordnet. Den Konstruktionsbeschreibungen, Zahlentafeln, Größen- und Gewichtstabellen sind die notwendigen theoretischen Erörterungen in leichtfaßlicher Form vorgeschaltet. Auf Anwendung der höheren Mathematik ist, soweit angängig, verzichtet worden.

Die Fülle des Stoffes bringt es naturnotwendig mit sich, daß bei der Verschiedenartigkeit der Abwärmequellen einerseits und auch der Elemente der Verwertungsanlagen anderseits, der erste Band auf den ersten Blick einen etwas „kaleidoskopartigen" Eindruck macht. Der geschlossene Aufbau des

Buches wird aber sofort dem Leser z. B. beim Durchgehen der Rechnungsbeispiele offenbar.

Ein großer Teil des Buches beschäftigt sich mit den Wärmeaustauschern; denn sie sind nicht nur das Herz der Verwertungsanlage, sondern ihre Mannigfaltigkeit ist auch am größten.

An manchen Stellen mußte der Verfasser — um sich nicht in Einzelheiten zu verlieren — auf zwei seiner kürzlich erschienenen Werke verweisen. Es handelt sich um das bereits erwähnte, im VDI-Verlage 1926 erschienene Buch des Verfassers „Abwärmeverwertung zur Heizung und Krafterzeugung", welches als Einleitung zu diesem Sammelwerk gedacht ist, und um das im Verlag R. Oldenbourg, München-Berlin, 1927 erschienene Werk „Die Kondensationswirtschaft", welches ein sehr wichtiges Sondergebiet der Abwärmetechnik synthetisch aufbaut.

Sollte das Werk dem Abwärmetechniker und Wärme-Ingenieur ein unentbehrlicher Berater werden, so erachte ich die mir gestellte Aufgabe als erfüllt. Ich möchte aber zum Schluß nicht verfehlen, den Firmen, welche meine Arbeiten durch Zugänglichmachung eines umfangreichen Materials gefördert haben, meinen verbindlichsten Dank auszusprechen.

Berlin-Westend, den 10. Dezember 1927.

Der Verfasser.

Inhalts-Verzeichnis.

VIII

X

Zusammenstellung der wichtigsten Bezeichnungen.

ata = abs. Druck in kg/cm^2; 1 ata = 760 mm QS.

$atü$ = Überdruck in kg/cm^2.

Q = in z Std. beim Wärmeaustausch übertragene Wärmemenge in kcal; bei $z = 1$, in kcal/h.

D = Dampfgewicht in z Std. in kg; bei $z = 1$, in kg/h.

G = Wasser-, Rauchgas- bzw. Luftgewicht in z Std. in kg; bei $z = 1$ in kg/h.

F = Heizfläche des Oberflächen-Wärmeaustauschers (Verwerters) in m^2.

ϱ = Zahl der Rohre,

l = Länge der Rohre in m, ⎫ welche die Wärme-

d = Durchmesser der Rohre in m, ⎬ austauschfläche bilden.

δ = Wandstärke der Rohre in m, ⎭

a = Wärmeübergangszahl in $kcal/m^2h^0$.

λ = Wärmeleitzahl in $kcal/mh^0$.

k = Wärmedurchgangszahl in $kcal/m^2h^0$.

T_1 = absolute Temperatur des heißen Stoffes I ⎫ beim Wärme-

T_2 = „ „ „ kälteren „ II ⎬ austausch.

ϑ_1 = Temperaturen in ^{0} C des heißen Stoffes I ⎫ beim Wärme-

ϑ_2 = „ „ ^{0} C „ kälteren „ II ⎬ austausch

$\varDelta_m$ = mittlerer Temperaturunterschied zwischen I und II.

t_1 = Entlade-Anfangs-Temperatur in ^{0} C bei Speichern.

t_2 = Entlade-End- „ „ ^{0} C „ „

t_s = Temperatur des Zusatzwassers für Verwerter und Speicher.

Q_s = Rauchgasverlust in kcal.

W_s = Strahlungsverlust in kcal.

H = oberer Heizwert in kcal/kg bzw. $kcal/m^3$ bezogen, auf Wasser.

H_u = unterer Heizwert in kcal/kg bzw. $kcal/m^3$, bezogen auf Wasserdampf.

M = Molekulargewicht in kg.

c = spez. Wärme in kcal/kg.

c_p = „ „ „ „ bei konst. Druck.

c_v = „ „ „ „ „ „ Volumen.

γ = spez. Gewicht in kg/m^3 (bzw. kg/dm^3 bei Speichern mit fester Füllung).

v_s = spez. Volumen in m^3/kg.

i = Wärmeinhalt kcal/kg.

v = Dampf-, Luft-, Gas-, Wassergeschwindigkeiten in m/sek.

ϑ_m = mittlere Temperatur in ^{0} C von Dampf, Gas oder Heißwasser innerhalb einer Fernleitung.

t_m = mittlere Temperatur in ^{0} C von Isoliermassen.

Chemische Zeichen.

C   = Kohlenstoff.
H$_2$ = Wasserstoff.
O$_2$ = Sauerstoff.
N$_2$ = Stickstoff.
S   = Schwefel.
H$_2$O = Wasser, Wasserdampf.

CO = Kohlenoxyd.
CO$_2$ = Kohlensäure.
SO$_2$ = schweflige Säure.
CH$_4$ = Methan.
C$_2$H$_4$ = Äthylen.

Einheiten.

1 PS = 75 mkg/sek.

1 kW = 75 × 1,36 = 102 mkg.

Wird die Leistung von 1 kW eine Stunde lang gebraucht, so ist die geleistete Arbeit = 1 kWh.

1 kcal =   427 mkg = 0,001163 kWh.

$$1 \text{ kWh} = 860 \text{ kcal} = 367\,230 \text{ mkg} = \frac{367\,230}{3600 \times 75} = 1,36 \text{ PSh.}$$

$$1 \text{ PSh} = \frac{3600 \times 75}{427} = 632 \text{ kcal} = \frac{1}{1,36} = 0,7353 \text{ kWh.}$$

Die Abwärmequellen.

I a) Abdampf und Anzapfdampf.

1. Einige Eigenschaften des Wasserdampfes.

Die Siedetemperatur t ist vom Druck p abhängig. Zur Erwärmung von 1 kg Wasser von 0 auf t^0 C ($=$ Siedetemp. beim Druck p) ist eine Wärmemenge „q" notwendig, welche als Flüssigkeitswärme bezeichnet wird. Zur Verdampfung von 1 kg Wasser von t^0 beim Druck p ist eine Wärmemenge „r" erforderlich, die als Verdampfungswärme bezeichnet wird. Trotz Zuführung der Verdampfungswärme wird aber die fühlbare Wärme des Dampfes nicht größer als diejenige des siedenden Wassers, weil die Verdampfungswärme vollständig in Arbeit umgewandelt wird.

Die Verdampfungswärme setzt sich zusammen aus der inneren und äußeren Verdampfungswärme. Die innere Verdampfungswärme dient dazu, den molekularen Zusammenhang der Flüssigkeitsteilchen zu lösen, die äußere Verdampfungswärme wird zur Überwindung des Druckes bei der Raumvergrößerung benötigt.

Die Summe von Flüssigkeits- und Verdampfungswärme:

$$i = q + r$$

stellt die Gesamtwärme oder den Wärmeinhalt von trocken gesättigtem Wasserdampf beim Druck p dar.

Zahlentafel 1 gibt einen Auszug aus den Tafeln für gesättigten Wasserdampf aus der Hütte, soweit diese für die Abwärmetechnik in Frage kommen.

Die bei der Kondensation von trocken gesättigtem Dampf freiwerdende Kondensationswärme ist gleich der Verdampfungswärme r, welche vorhin benötigt wurde, um siedendes Wasser unter dem Drucke p in trocken gesättigten Dampf von der gleichen Spannung zu verwandeln.

2

Wasserdampftabelle für gesättigten Dampf.

(Abgerundete Zahlen.)

Dampf-druck p in	Dampfdruck pü in	Siedetemp. t in Graden Cels. und zugleich Flüssigkeitswärme	Wärmemenge i in kcal für 1 kg Dampf aus Wasser von 0° (Gesamtwärme)	Rauminhalt von 1 kg Dampf in	Gewicht γ von 1 m³ Dampf in
ata	atü	in kcal	in kcal[1])	l	kg
0,1	90 v.H. Vak.	46	620	15 000	0,07
0,5	50 „ „	81	631	3 270	0,3
1	0	99	637	1 700	0,6
2	1	120	643	888	1,1
3	2	133	647	600	1,7
4	3	143	650	460	2,2
5	4	151	653	375	2,7
6	5	158	655	320	3,2
7	6	164	657	275	3,7
8	7	170	658	240	4,1
9	8	175	660	215	4,6
10	9	179	661	200	5,1
11	10	183	662	180	5,6
12	11	187	664	165	6,1
13	12	191	665	150	6,5
14	13	194	666	140	7
15	14	197	667	135	7,4
16	15	200	668	127	7,8

Steht trocken gesättigter Abdampf vom Druck p zur weiteren Verwertung zur Verfügung, so muß möglichst dessen ganzer Wärmeinhalt i ausgenutzt werden. Dieser Fall ist z. B. gegeben, wenn der Abdampf in einen Gegenstrom-Oberflächen-Vorwärmer geführt wird, um Wasser anzuwärmen und wenn das Kondensat des Abdampfes in den Kessel zurückgespeist wird (abzüglich auftretender Strahlungs- und Leitungsverluste).

---

[1]) In der Abwärmetechnik kann mit ausreichender Genauigkeit angenommen werden, daß die Flüssigkeitswärme „q" immer so viel kcal beträgt, wie ihr Siedepunkt in °C über dem Nullpunkt liegt. Beispiel: lt. Wasserdampftabelle siedet das Wasser bei 12 ata bei 187°C, daher beträgt die Flüssigkeitswärme bei 12 ata, $q =$ 187 kcal/kg. Die Verdampfungswärme „r" ist gleich $i - q$, somit ist in dem angenommenen Rechnungsbeispiel bei 12 ata $r = i - q =$ 664 — 187 = 477 kcal/kg.

Führt man trocken gesättigtem Dampf weiter Wärme zu, so wird er überhitzt. Es muß demnach unterschieden werden zwischen feuchtem, trocken gesättigtem und überhitztem Dampf. Im *IS*-Diagramm (s. Tafel 1, Anhang) ist der Zustand des trocken gesättigten Dampfes durch die Grenzkurve gekennzeichnet. Das Gebiet unterhalb dieser Grenzkurve bezieht sich auf feuchten, dasjenige oberhalb auf überhitzten Dampf.

In neuerer Zeit wird in Maschinenbetrieben und zur Fernleitung überhitzter Dampf bis 450° angewendet. Der überhitzte Dampf ist also ein über die Temperatur des trockengesättigten Zustandes hinaus erwärmter Dampf, dessen Spannung aber der des Sättigungsdruckes entspricht. Wenn z. B. Dampf durch den an einem Dampfkessel angebrachten Überhitzer geleitet wird,

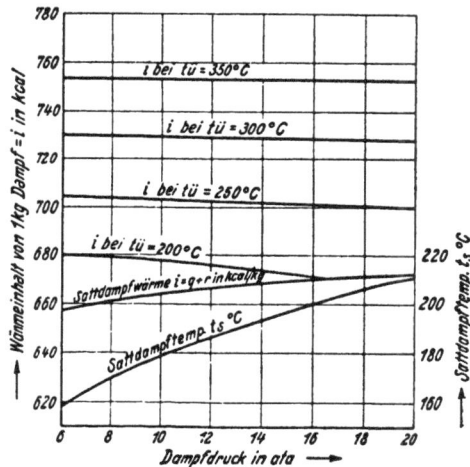

Abb. 1. Schaubild zur Bestimmung des Wärmeinhaltes von 1 kg Dampf in kcal bei verschiedenen Temperaturen und verschiedenen Drücken.

so wird er zunächst getrocknet, d. h. etwa mit gerissenes Wasser wird verdampft; danach geht der alsdann trockengesättigte Dampf in überhitzten über, wobei auch das Volumen eine der Temperatursteigerung entsprechende Zunahme erfährt. Das spezifische Volumen des überhitzten Dampfes ist also größer als das des trockengesättigten.

Der Wärmeinhalt des Dampfes wird durch die Überhitzung erhöht, und diese Erhöhung des Wärmeinhaltes ist gleich dem Produkt aus der spezifischen Wärme und der Temperaturerhöhung über die Sättigungstemperatur hinaus.

Der Wärmeinhalt des überhitzten Dampfes ist daher:

$$i_{\ddot{u}} = q + r + c_{p\,m}\,(t_{\ddot{u}} - t).$$

1*

4

wobei c_{pm} die mittlere spez. Wärme des Dampfes bei konst. Druck zwischen der Anfangstemperatur t und der Endtemperatur t_g des überhitzten Dampfes bedeutet. c_{pm} ist bei gleicher Temperatur um so höher, je höher der Druck ist, dagegen nimmt sie nach den Versuchen von Knoblauch und Mollier von der Sättigungstemperatur aus mit der Temperatur zunächst ab, um nach Erreichen eines kleinsten Wertes wieder zuzunehmen (s. Zahlentafel 2). Das Schaubild Abb. 1 dient zur raschen Bestimmung des Wärmeinhaltes i von 1 kg Dampf bei verschiedenen Temperaturen und Dampfdrücken.

Zahlentafel 2[1]).

Mittlere spezifische Wärme c_{pm} des überhitzten Wasserdampfes nach Mitteilung aus der Physik. Techn. Reichsanstalt von Dr.-Ing. M. Jacob.

Druck in ata	1	2	3	4	5	6	7	8	9	10
Bei Sättigungs-temp. t $c_{pm} =$	0,482	0,499	0,516	0,533	0,549	0,566	0,583	0,600	0,618	0,637
Bei Über-hitzungs-temp. t_g 150°	0,477	0,492	0,509	0,527	—	—	—	—	—	—
200°	0,474	0,485	0,497	0,509	0,522	0,535	0,555	0,565	0,582	0,599
250°	0,473	0,482	0,490	0,499	0,503	0,517	0,526	0,536	0,545	0,554
300°	0,474	0,480	0,487	0,495	0,501	0,508	0,515	0,522	0,529	0,536
350°	0,475	0,481	0,487	0,493	0,498	0,504	0,509	0,515	0,520	0,526
400°	0,477	0,482	0,487	0,493	0,498	0,503	0,507	0,512	0,517	0,522
450°	0,480	0,484	0,489	0,494	0,498	0,503	0,507	0,511	0,515	0,519

Druck in ata	11	12	13	14	15	16	17	18	19	20
Bei Sättigungs-temp. t $c_{pm} =$	0,655	0,673	0,691	0,710	0,729	0,749	0,769	0,789	0,811	0,834
Bei Über-hitzungs-temp. t_g 150°	—	—	—	—	—	—	—	—	—	—
200°	0,619	0,639	0,673	0,707	—	—	—	—	—	—
250°	0,564	0,574	0,585	0,596	0,608	0,621	0,634	0,647	0,661	0,676
300°	0,542	0,548	0,555	0,562	0,570	0,578	0,585	0,592	0,600	0,608
350°	0,541	0,536	0,542	0,548	0,553	0,559	0,564	0,570	0,575	0,581
400°	0,526	0,530	0,534	0,539	0,543	0,548	0,552	0,557	0,561	0,566
450°	0,523	0,527	0,531	0,535	0,538	0,542	0,546	0,550	0,554	0,558

[1]) Aus Zeitschrift des Vereins deutscher Ingenieure 1912, S. 1984.

Der Rauminhalt von 1 kg Dampf ist:

in trocken gesättigtem Zustand:

$$v_s = 47,1 \; \frac{T}{p} \, \text{m}^3,$$

in überhitztem Zustand:

$$v_{\ddot{u}} = 47,1 \; \frac{T_{\ddot{u}}}{p_D} - 0,016 \; \text{m}^3,$$

in welchen Formeln:

T = der absoluten Sättigungstemperatur,
$T_{\ddot{u}}$ = der absoluten Überhitzungstemperatur,
p = dem Sättigungsdruck in kg/m^2,
p_D = dem Dampfdruck in kg/m^2 ist.

In Zahlentafel 3 sind die Volumina für die Drücke von 1 bis 19 ata und für Temperaturen bis $t\ddot{u} = 450^0$ enthalten.

Zahlentafel 3.

Spezifisches Volumen des überhitzten Wasserdampfes
(nach Knoblauch und Jacob)[1].

Absoluter Druck	1	3	5	7	9	11	13	15	17	19	
Sättigungstemperatur	99,1	132,9	151,1	164,2	174,6	183,2	190,8	197,4	203,4	208,2	
Volumen bei Sättigung	1,7281	0,6182	0,3826	0,2785	0,2195	0,1813	0,1546	0,1346	0,1193	0,1071	
Überhitzungstemperatur											Überhitzungstemperatur
110	1,7816										110
120	1,8302										120
130	1,8789										130
140	1,9273	0,6305									140
150	1,9755	0,6476									150
160	2,0237	0,6646	0,3923								160
170	2,0716	0,6814	0,4030	0,2833							170
180	2,1196	0,6981	0,4136	0,2913	0,2232						180
190	2,1674	0,7146	0,4239	0,2992	0,2296	0,1862					190
200	2,2152	0,7311	0,4342	0,3068	0,2359	0,1906	0,1591	0,1359			200
220	2,3107	0,7639	0,4544	0,3217	0,2479	0,2009	0,1683	0,1443	0,1259	0,1113	220
240	2,4060	0,7964	0,4744	0,3364	0,2597	0,2108	0,1770	0,1520	0,1330	0,1180	240
260	2,5011	0,8828	0,4942	0,3509	0,2712	0,2205	0,1853	0,1595	0,1397	0,1242	260
280	2,5960	0,8611	0,5140	0,3653	0,2826	0,2300	0,1935	0,1668	0,1463	0,1302	280
300	2,6909	0,8932	0,5337	0,3705	0,2930	0,2393	0,2016	0,1739	0,1527	0,1359	300
350	2,9279	0,9733	0,5824	0,4147	0,3217	0,2624	0,2214	0,1913	0,1683	0,1501	350
400	3,1643	1,0529	0,6306	0,4496	0,3491	0,2850	0,2407	0,2109	0,1834	0,1637	400
450	3,4006	1,1323	0,6786	0,4842	0,3752	0,3074	0,2597	0,2248	0,1981	0,1771	450

[1] Aus Zeitschrift des Vereins deutscher Ingenieure 1912, S. 1986.

2. Die Bestimmung des Dampfzustandes vor Eintritt in die Verwertungsanlage.

Zustandsänderungen des Dampfes können am besten an Hand des *IS*-Diagrammes von Mollier oder Knoblauch verfolgt und bestimmt werden. Tafel 1 (Anhang) zeigt die Darstellung von Knoblauch, auf der Abszisse ist die Entropie auf den Ordinaten der Wärmeinhalt aufgetragen. Abb. 2 zeigt einen Auszug aus diesem Diagramm für die hier zu betrachtenden Fälle.

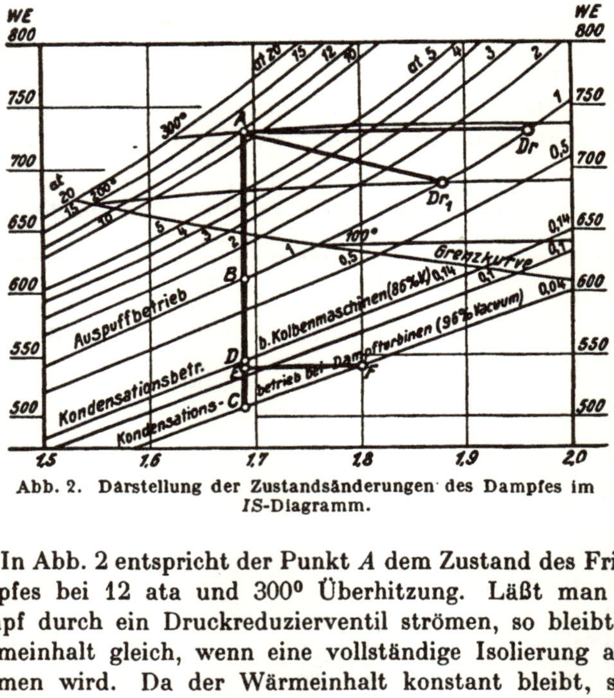

Abb. 2. Darstellung der Zustandsänderungen des Dampfes im *IS*-Diagramm.

In Abb. 2 entspricht der Punkt *A* dem Zustand des Frischdampfes bei 12 ata und 300° Überhitzung. Läßt man den Dampf durch ein Druckreduzierventil strömen, so bleibt der Wärmeinhalt gleich, wenn eine vollständige Isolierung angenommen wird. Da der Wärmeinhalt konstant bleibt, stellt sich der Vorgang im *IS*-Diagramm als horizontale Linie dar. Der Endzustand ist durch Punkt D_r gekennzeichnet, wenn eine Druckabnahme von 12 ata auf 1,0 ata erfolgen soll, wobei infolge der Expansion die Temperatur absinkt und gleichfalls dem *IS*-Diagramm entnommen werden kann. Da praktisch jedoch stets Wärmeverluste vorhanden sind, so liegt der Endzustand des Dampfes zwar auf der Drucklinie 1,0 ata, aber weiter unten, z. B. bei D_{r1}. Der gleiche Drosselvorgang stellt sich ein, wenn statt des Druckreduzierventils eine enge Leitung vorhanden ist.

Ganz anders wie bei den eben betrachteten Drossel-Vorgängen gestaltet sich die Zustandsänderung des Dampfes, wenn sein Druck durch Expansion im Zylinder einer Kolbendampfmaschine oder in einer Dampfturbine herabgemindert wird. Hier wird dem Dampf ein Teil seines Wärmeinhaltes entzogen und in Arbeit umgesetzt.

Für den Abwärmetechniker ist die Bestimmung des Wärmeinhaltes i_2 des der Kraftmaschine entströmenden Abdampfes beim Eintritt in die angehängte Verwertungsanlage wichtig, um diese zweckentsprechend entwerfen zu können. Dieser Wärmeinhalt ist bestimmt durch den Anfangszustand des Frischdampfes vor der Maschine, der Wärmeausnutzung in der Kraftmaschine und den Wärmeverlusten zwischen Maschine und Verwertungsanlage.

Der Wärmeinhalt i_1 des Frischdampfes vor Eintritt in die Maschine ist gegeben (s. Punkt A Abb. 2). Die Wärmeausnutzung in der Maschine ergibt sich aus dem Verhältnis:

$$\frac{\text{Dampfverbrauch der verlustlosen Maschine kg/PSh}}{\text{wirklichen Dampfverbrauch kg/PSh}}.$$

Der theoretische Dampfverbrauch D_{th} der „verlustlosen" Maschine, läßt sich mit Hilfe des IS-Diagrammes ermitteln. Bei einer solchen „verlustlosen" Maschine erfolgt die Arbeitsleistung unter rein adiabatischer Expansion des Dampfes zwischen einem gegebenen Anfangs- und gegebenen Enddruck; die Entropie bleibt also konstant. Man kann daher den Unterschied der Wärmeinhalte i_1 und i_2 des Frisch- und Abdampfes oder das theoretische Wärmegefälle λ_{th} — welches in der „verlustlosen" Maschine in Arbeit umgesetzt wird — sofort ermitteln, wenn man durch den Anfangszustand des Zudampfes (z. B. A Abb. 2) die Senkrechte, und zwar bis auf die Linie des gewünschten Gegendruckes, z. B. bis B, D oder C zieht. Der Dampfverbrauch der „verlustlosen" Maschine ist dann:

$$D_{th} = \frac{\text{Wärmewert von 1 PSh}}{\lambda_{th}} = \frac{632{,}5}{\lambda_{th}}.$$

Zur Ermittlung des spez. Dampfverbrauches D_e bei Dampfturbinen bei gegebenem Anfangszustand des Dampfes, gegebenem Gegendruck (auch Kondensatordruck) und gegebener Normalleistung bedient man sich zweckmäßig des zeichnerischen Verfahrens von Forner[1]).

Das wirklich ausgenutzte Gefälle ist dann:

$$\lambda_e = \lambda_{th}\,\frac{D_{th}}{D_e}$$

Der Wärmeinhalt des Abdampfes ist alsdann $i_2 = i_1 - \lambda_e$ kcal/kg. Zieht man nun von Punkt A im IS-Diagramm (Abb. 2), welcher dem Anfangszustand des Zudampfes entspricht, die Senkrechte $A-E = \lambda_e$ und durch E die Wagerechte bis zum Schnitt mit der Linie des gewählten Gegendruckes, so ergibt dieser Schnittpunkt F den Feuchtigkeitsgehalt des Abdampfes[2]).

In Wirklichkeit kommen aber noch Wärmeverluste hinzu, so daß der Endzustand des die Maschine verlassenden Abdampfes tiefer auf der Linie gleichen Druckes liegt. Der Punkt F liegt zumeist im nassen Gebiete, d. h. es wird ein Teil des Dampfes zu Wasser kondensiert mitgerissen. Der Dampf ist infolgedessen vor Eintritt in die Verwertungsanlage sorgfältig zu entwässern. Die Abdampfmenge ist dann um den in der Maschine kondensierten Betrag geringer als die Frischdampfmenge. Wie groß diese Wassermenge ist, läßt sich aus der Lage des Punktes F aus dem IS-Diagramm ermitteln. Der Punkt F wird von einer Linie gleicher Feuchtigkeit (z. B. $x = 0{,}95$) geschnitten, d. h. der Dampf enthält in diesem Falle 5 v.H. Wasser.

Nach der „Hütte" kann — bei Kolbenmaschinen je nach Maßgabe der Verhältnisse — mit einem Wärmeverluste von 100 bis 120 kcal/PSi und Stunde gerechnet werden. Bei überhitztem Dampfe und hohem Druck sind diese Wärmeverluste größer als bei gesättigtem Dampfe und niedrigem Drucke. — Wird der Dampf vor dem Eintritt in den Zylinder erst durch dessen Mantel geleitet, so ist außerdem noch die Flüssigkeitswärme des Niederschlagswassers in den Mänteln in Abzug

---

[1]) Forner, „Der Dampfverbrauch von Dampfturbinen", Z. d. V. d. I. 1922, Seite 955.

[2]) Siehe Linie gleicher Feuchtigkeit durch E in IS-Tafel, Anhang.

zu bringen. Die Flüssigkeitswärme richtet sich nach dem in den Mänteln herrschenden Drucke, und da dieses Kondensat meist durch besondere Leitungen abgeführt wird, so erscheint es nicht mehr beim Dampfaustritt aus der Maschine. Bezeichnet C_m dieses Mantelkondensat, so treten von der für 1 PSi der Maschine zugeführten Dampfmenge D_i auch nur $(D_i - C_m)$ aus der Maschine aus.

Das Mantelkondensat beträgt bei Zylindermaschinen 10 bis 15 v.H. bei gesättigtem, 2,5 bis 4,5 v.H. bei überhitztem Dampfe, bezogen auf die der Maschine für 1 PSi zugeführte Dampfmenge, wobei die niedrigeren Zahlen für die volle Belastung, die höheren Zahlen für Teilbelastung bis zu 40 v. H. der Normalleistung gelten[1]). (Bei Maschinen mit direkter Mantelheizung, bei welchen also der Dampf vor dem Einströmen in die Zylinder nicht erst den Dampfmantel durchströmt, ist natürlich ein diesbezüglicher Abzug nicht zu machen.)

Beispiel: Eine Zweizylinder-Kondensationsmaschine mit einem Dampfverbrauche von 6,8 kg/PS₁ arbeite mit 10 at Dampfdruck, wobei der der Maschine zuströmende Dampf 3 v.H. Wasser enthalte. Der Wärmeverlust W der Maschine sei mit 110 kcal/PSi angenommen. — Die Mantelheizung soll 10 v.H., also $C_m = 0,68$ kg betragen. Es ist der Wärmeinhalt des aus der Maschine austretenden Dampfes zu bestimmen. — Der Wärmeinhalt des zuströmenden Dampfes mit 3 v.H. Wassergehalt ist

$$i_1 = 181,2 + 0,97 \cdot 482,6 = 649,3 \text{ kcal/kg}.$$

Die Flüssigkeitswärme des im Mantel unter 10 at kondensierenden Dampfes ist $q' = 181,2$ kcal/kg. Danach ist der Wärmeinhalt des austretenden Dampfes:

$$i_2 = \frac{D_i \cdot i_1 - 632,32 - W - C_m q'}{6,8}$$

$$= \frac{6,8 \cdot 649,3 - 632,32 - 110 - 0,68 \cdot 181,2}{6,8}$$

$$i_2 = 522,01 \text{ kcal/kg}[2]).$$

3. Die Wärmebilanz bei Dampfkraftanlagen.

An dem Wärmeinhalt des Dampfes hat die Verdampfungs- bzw. Kondensationswärme den Hauptanteil. 1 kg Dampf von 12 ata und 300° weist z. B. an Flüssigkeitswärme 189,9 kcal,

---

[1]) Siehe Schröder und Koob: Z. d. V. d. I. 1903.
[2]) S. a. Valerius Hüttig: „Heizung und Lüftungsanlagen in Fabriken". S. 341 u. f. Verlag Otto Spamer, Leipzig 1923.

an Verdampfungswärme 478,2 kcal und an Überhitzungswärme 61,9 kcal auf und gesättigter Dampf von 1,2 ata, enthält an Flüssigkeitswärme 105, an Verdampfungswärme 536
kcal. Dies ist der Grund, weshalb der Dampf nach der
Arbeitsleistung in einer Dampfkraftmaschine wärmetechnisch
immer noch sehr hochwertig und besonders zu Heizungs-
zwecken sehr gut zu verwenden ist.

Um zu zeigen, wie sich die Wärme in einer Dampfkraftanlage verteilt und was an Abdampfwärme zur Verfügung steht,
sei hier folgendes Beispiel angeführt:

In der Kesselanlage werde Steinkohle mit einem Heizwert
von 7000 kcal/kg verfeuert. Unter Annahme eines Kessel-
wirkungsgrades von 80 v.H. gehen an das Kesselwasser 5600
kcal über. Soll in der Kesselanlage Dampf von 12 ata und
300° Überhitzung erzeugt werden, so ist sein Wärmeinhalt
= 729 kcal/kg (s. Abb. 1). Hat das Speisewasser 70°, so sind
zur Erzeugung von 1 kg Dampf somit 659 kcal aufzuwenden,
oder es können aus 1 kg Kohle $\frac{5600}{659}$ = 85 kg Dampf erzeugt
werden. Diese Dampfmenge entspricht ungefähr dem Dampfverbrauch pro PSh einer 500-PS-Gegendruckmaschine. Theoretisch entspricht 1 PSh einer Wärmemenge von

$$\frac{75 \cdot 3600}{427} = 632 \text{ kcal,}$$

d. h. es sind für effektive Arbeitsleistung vom Wärmeinhalt
632 kcal einzusetzen. Werden die Leitungs- und Strahlungsverluste der Maschinen und der Rohrleitung mit 5 v.H. der aufgewendeten Wärme = 350 kcal angenommen, so ergibt sich
folgende Wärmebilanz:

Z a h l e n t a f e l 4.

Wärmebilanz einer Dampfkraftanlage.

Bezogen auf den Heizwert der Kohle (= 7000 kcal/kg):

1. Verlust im Kessel . . . . . . 1400 kcal = 20 v.H.
2. Verlust in der Anlage . . . . 350 „ = 5 „
3. In effektive Arbeit umgesetzt . 632 „ = 9 „
4. Im Abdampf enthalten . . . . 4618 „ = 66 „

Bei der Aufstellung von Wärmebilanzen ist darauf zu achten, daß ein Teil der Wärme in Reibungsarbeit umgesetzt wird. Diese Arbeit setzt sich allerdings wieder in Wärme um. Dieselbe wird aber auf verschiedene Weise abgeführt. Bei den Dampfmaschinen geht z. B. die durch die Kolbenreibung entstehende Wärme an den Abdampf über, die durch Lagerreibung erzeugte dagegen in Form von Leitung und Strahlung verloren. Bei Dampfturbinen kommt nur die Lagerwärme in Frage, welche in der Hauptsache durch Öl nach einem Ölkühler abgeführt wird. Bei Verbrennungsmotoren geht die Kolbenreibungswärme in die Abgase oder in das Kühlwasser über. Sollte daher in den Wärmebilanzen kein besonderer Posten für Reibungsarbeit vorgesehen werden, so ist dieselbe je nach dem betreffenden Falle dem Abdampf oder der Abgaswärme oder der Kühlwasserwärme zuzuschlagen bzw. auf das Konto für Leitungs- und Strahlungsverluste zu buchen. Abb. 3 zeigt die graphische Darstellung über die Wärmeverteilung in Dampfmaschinen und Dampfturbinenanlagen. Man erkennt daraus, daß der große Betrag *H*, welcher die Abdampfwärme darstellt, auf jeden Fall auf die Gewinnseite herübergezogen werden muß, und zwar durch möglichst wirtschaftliche Verwertung des Abdampfes zu allen möglichen Zwecken.

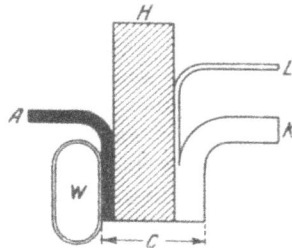

Abb. 3. In der Abbildung ist $C =$ der mit den Kohlen zugeführten Wärme, $K =$ Kesselverluste, $L =$ Leitungs- und Strahlungsverluste der Rohrleitungen und der Dampfmaschine, $A =$ der in effektive Arbeit umgesetzten Wärme, $H =$ zu Heizzwecken verfügbare Abdampfwärme, $W =$ Wärmeumlauf im Kondensat.

4. Die Ab- und Zwischendampfverwertung von Kolbendampfmaschinen und Turbinen.

Für alle Dampfkraftmaschinen — gleichgültig, ob Kolbenmaschinen oder Turbinen gewählt werden — ergeben sich zwei Möglichkeiten der Dampfentnahme: Entweder kann der gesamte Abdampf auf die Abdampf-Verwertungsanlage arbeiten oder die Dampfentnahme für die angeschlossene Verwertungsanlage kann an einer oder mehreren Anzapfstellen an der Ma-

schine selbst vorgenommen werden, oder es können bei Einzel-
fällen beide Möglichkeiten angewendet werden.

Soll der gesamte Abdampf von der nachgeschalteten Verwertungsanlage aufgenommen werden, so hat die zur Verwendung gelangende Gegendruckmaschine auf den gesamten
Gegendruck der angeschlossenen Abwärmeverwertungsanlage
zu arbeiten. Der Druck des Abdampfes (und auch des Zwischendampfes) hat sich dabei nach dem Verwendungszweck zu
richten. Während man z. B. bei Vakuumheizungen mit Unterdruck auskommt, erfordern Niederdruckdampfheizungen einen
geringen Überdruck von 1—1,4 ata und Mitteldruckheizungen
einen solchen von 1,4—2 ata, während für Hochdruck-Dampf-
heizungen oder zur Fernleitung des Dampfes Drücke von
6—8 ata in Frage kommen.

Je höher der gewünschte Gegendruck ist, um so größer ist
der Dampfverbrauch pro PSh. Deshalb sollte auf keinen Fall
der Gegendruck hinter der Maschine durch vermeidbare Widerstände, z. B. zu enge Rohrleitungen oder unnötige Einzelwiderstände, höher als absolut erforderlich gesteigert werden.

Die Gegendruckmaschinen arbeiten ohne Kondensation
und sind dann am Platze, wenn die abzugebende Heizdampf-
menge $>$ 50 v.H. der Dampfmenge beträgt, welche der
Kraftmaschine zur Arbeitsleistung zugeführt wird, Voraussetzung ist aber eine einigermaßen gleichbleibende Belastung
der Maschine und der Heizdampfentnahme.

Für die zweite Möglichkeit der Dampfentnahme bei verschiedenen Spannungen kommen Anzapfmaschinen in Frage,
welche in der Mehrzahl auf Kondensation arbeiten. Sie kommen
zur Anwendung, wenn der Dampfverbrauch der angeschlossenen
Verwerteranlage unregelmäßig und unabhängig von der Arbeitsleistung der Kraftmaschine erfolgt oder wenn der Dampfbedarf des Verwerters—auch im Höchstfalle—unter 50 v.H.
der zur Kraftleistung notwendigen Dampfmenge bleibt.

Gewöhnlich findet die Entnahme von Dampf bei einem
zwischen 1,1 und 4 ata liegendem Druck statt. Ein Entnahmedruck von 8 ata ist für Turbinen günstig.

Nun ist noch eine oft in Papier-, chemischen oder Zucker-
fabriken verwendete Zusammenschaltung beider besprochenen
Einzelsysteme zu einer „Anzapf-Gegendruckmaschine" mög-

lich, welche je nach Bedarf Dampfmengen von verschiedenem Druck abgeben kann. Hinzu kommt als weitere Abart, die „Anzapf-Gegendruck-Kondensationsmaschine", welche sowohl auf Gegendruck, als auf Kondensation arbeiten kann.

Die Frage, unter welchen Umständen einer Kolbenmaschine oder einer Turbine der Vorzug gegeben werden soll, ist an Hand des vorliegenden Betriebes zu entscheiden. Allgemein wird über 1000 kW Leistung der Turbine der Vorzug gegeben, obwohl bei Dampfturbinen im Hochdruckgebiet die Spaltverluste wegen kleiner spezifischer Volumen groß werden und daher den Wirkungsgrad ungünstig beeinflussen. Heute, wo das Hochdruckgebiet mehr und mehr zur Arbeitsleistung herangezogen wird, verdient die Tatsache Beachtung, daß die Hochdruck-Kondensationsmaschine eine wesentliche Steigerung des Wärmegefälles mit wachsendem Frischdampfdruck bei gleicher Frischdampftemperatur nur bis 35 ata zeigt, weil — wie an Hand der *IS*-Tafel leicht festzustellen ist — infolge des Verlaufes der Kurven gleicher Temperatur ein wesentlicher Zuwachs an Wärmegefälle von einem Frischdampfdruck oberhalb 35 ata auf Kondensatorspannung nicht mehr gewonnen werden kann. Bei reinen Gegendruckmaschinen kann die Grenze höher gezogen werden. Im Hochdruckgebiet zwischen 35 und 100 ata ist vorläufig die Kolbenmaschine als geeigneter zu betrachten, weil die Materialfrage für die Beschaufelung von Turbinen für solche hohen Drücke noch nicht geklärt ist. Das Niederdruckgebiet von 1 ata bis 0,04 ata gehört der Turbine bzw. der Gleichstromdampfmaschine. In Grenzfällen, und zwar bei Gegendruckmaschinen des Mitteldruckgebietes, entscheiden andere Eigenschaften wie Tourenzahl, ölfreier Dampf, Umsteuerbarkeit usw. die Geeignetheit dieser oder jener Kraftmaschine im jeweilig vorliegenden Sonderfall.

Als Gegendruckmaschine im Mitteldruckgebiet von ∼ 13—1,5 ata, arbeitet die Turbine besonders günstig, weil der Hochdruckteil oberhalb 13 ata und der Niederdruckteil unterhalb 1,5 ata abgeschnitten sind, also die beiden Druckteile, welche den Wirkungsgrad der Turbine besonders beeinträchtigen, und zwar der Hochdruckteil wegen seiner Spaltverluste und der Niederdruckteil wegen der dort auftretenden Dampffeuchte, wobei 10 v.H. Dampffeuchtigkeit eine Ver-

schlechterung des Gesamtwirkungsgrades der Turbine von
ungefähr 1 v.H. zur Folge hat.

Als Anzapfmaschine arbeitet die Turbine wegen der teil-
weisen Arbeitsverlegung in das Unterdruckgebiet sehr wirtschaftlich. Desgleichen kommt auch nur die Turbine bei Ausnutzung des Abdampfes auf Zechen- und Hüttenwerken zur
weiteren Krafterzeugung in Frage, weil die gewöhnliche
Kolbenmaschine gegenüber höherem Vakuum ($\geq$ 85 v.H.)
unempfindlich ist.

5. Der Dampfverbrauch von Gegendruck und Anzapf-maschinen.

Über den Dampfverbrauch von Gegendruck-Kolben-
maschinen und Gegendruck-Dampfturbinen geben die Zahlentafeln 5 und 6 Aufschluß[1]). Den die Dampfturbinen betreffenden Angaben (s. Zahlentafel 5) sind für Leistungen bis hinunter
auf 2000 PS Drehzahlen von n = 3000 Uml./min zugrunde
gelegt. Für kleinere Leistungen können rascher laufende Turbinen gewählt werden, wenn zwischen Dampfturbine und
Generator ein Vorgelege eingeschaltet wird. In diesem Falle
gelten die in der Zahlentafel 5 gemachten Angaben auch für
höhere Drehzahlen $\lessgtr$ 6000 Uml./min. Zahlentafel 6 bezieht
sich auf den Dampfverbrauch von Kolbendampfmaschinen,
und zwar beziehen sich die Werte für 0,06 ata auf Einzylinder-
Gleichstromdampfmaschinen mit Einspritzkondensation. Alle
übrigen Angaben dagegen gelten für Abdampfmaschinen,
welche nach dem Wechselstromprinzip gebaut sind.

Wie schon gesagt, kommt es bei Gegendruckmaschinen
— gleichgültig, ob Kolbenmaschinen oder Turbinen — weniger
darauf an, wie groß der Dampfverbrauch pro PS ist, sofern
sich der Abdampf in einer Menge von $>$ 50 v.H. verwerten läßt.
Es können zutreffendenfalls, z. B. bei einkränzigen Kleindampfturbinen und bei Dampfanfangsdrücken von 2—3 ata,
100—150 und noch mehr kg Dampf verbraucht werden,
ohne daß die Wirtschaftlichkeit der Gesamtanlage darunter
zu leiden braucht.

---

[1]) Hottinger: „Abwärmeverwertung". Verlag Raustein,
Zürich 1922, jetzt Verlag J. Springer, Berlin.

Zahlentafel 5. Dampfverbrauch in kg/PSh von Dampfturbinen bei verschiedenen Maschinengrößen, Anfangs- und Gegendrücken des Dampfes. (Nach Hottinger.)

Maschinenleistungen in PS an der Turbinenwelle		500	1000	5000	10000	15 000
Dampfzustand vor der Maschine	Gegendruck hinter der Maschine ata	Dampfverbrauch in kg/PSh				
20 ata 300° C	0,06	4,4	4,0	3,7	3,6	3,6
	0 5	6,8	6,0	5,6	5,6	
	1,0	8,8	7,6	6,8	6,8	
	2,0	10,8	9,4	8,6		
	4,0	14,0	12,0	11,0		
	6,0	16,8	15,0	13,9		
13 ata 300° C	0,06	5,0	4,5	3,9	3,8	3,8
	0,5	8,0	7,0	6,1	6,0	
	1,0	10,0	8,8	7,8	7,7	
	1,5	11,5	9,8	8,7	8,6	
	2,0	13,0	11,0	9,6	9,5	
	4,0	17,0	15,0	14,0		
9 ata trockengesättigt	0,06	7,0	6,0	5,0	4,9	4,8
	0,5	10,0	9,5	8,2	8,1	8,0
	1,0	13,0	11,8	10,0	9,9	9,9
	1,5	16,0	13,5	11,8	11,7	
	2,0	18,0	15,5	13,8	13,7	
	3,0	44,0	21,0	19,2		

Zahlentafel 6. Dampfverbrauch in kg/PS₀h von Kolbendampfmaschinen bei verschiedenen Maschinengrößen, Anfangs- und Gegendrücken des Dampfes. (Nach Hottinger.)

Maschinenleistung in PS₀		50	100	500	1000	1500	2000
Dampfzustand vor d. Maschine	Gegendruck hint.d.Maschine ata	Dampfverbrauch in kg/PS₀h					
20 ata 300° C	0,06	5,50	5,30	5,00	4,85	4,70	4,55
	0,5	6,75	6,55	6,30	6,15	6,00	5,85
	1,0	7,40	7,25	7,00	6,85	6,70	6,55
	1,5	8,00	7,80	7,55	7,40	7,35	7,20
	2,0	8,60	8,40	8,15	8,00	7,85	7,70
	4,0	10,90	10,70	10,45	10,30	10,15	10,00
	6,0	13,30	13,10	12,85	12,70	12,55	12,4
13 ata 300° C	0,06	5,50	5,30	5,00	4,85	4,70	4,55
	0,5	7,00	6,85	6,65	6,50	6,35	6,20
	1,0	7,80	7,65	7,45	7,30	7,15	7,00
	1,5	8,40	8,25	8,05	7,90	7,75	7,60
	2,0	9,20	9,05	8,85	8,70	8,55	8,40
	4,0	12,80	12,65	12,45	12,30	12,15	12,00
9 ata trocken gesättigt	0,06	7,85	7,55	7,20	7,00	6,85	6,70
	0,5	9,50	9,20	8,90	8,70	8,55	8,40
	1,0	10,60	10,30	10,00	9,80	9,65	9,50
	1,5	11,80	11,50	11,20	11,00	10,85	10,70
	2,0	13,10	12,80	12,50	12,30	12,15	12,00
	3,0	17,00	16,70	16,40	16,20	16,05	15,90

Abb. 4 zeigt den Dampfverbrauch einkränziger Kleindampfturbinen je PS (nach Hottinger)[1]) bei verschiedenen
Dampfanfangsdrücken und Drehzahlen und einem Gegendruck
hinter der Turbine von 1,2 ata. Allgemein läßt sich sagen, daß
der Dampfverbrauch und damit auch die Abdampfmenge bei
gleichbleibendem Gegendruck um so kleiner ausfällt, je höher
der Dampfdruck vor der Turbine und die Umlaufzahl des
Turbinenrades gesteigert wird. Wie aus der Abb. 4 weiter
hervorgeht, können kleine Unterschiede im Kraftbedarf oder
in der Umlaufzahl oder in dem Zudampfdruck ganz erhebliche
Verschiedenheiten im Dampfverbrauch mit sich bringen, und
zwar besonders dann, wenn der vor der Turbine zur Verfügung stehende Dampfdruck 3 ata unterschreitet. Je
tiefer der Zudampfdruck von 3 ata aus abfällt, um so erheblicher steigt der Dampfverbrauch und wird außerordentlich
hoch bei Drücken unter 1 ata. Ferner

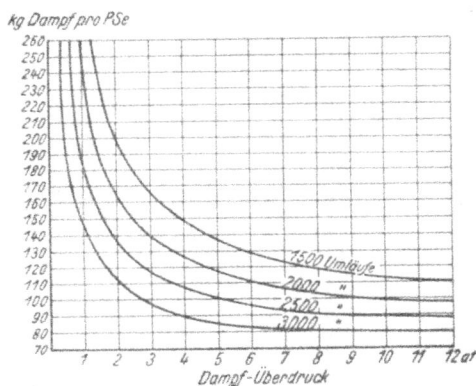

Abb. 4. Dampfverbrauch einkränziger Kleindampfturbinen pro PS bei verschiedenen Dampfanfangsdrücken und Drehzahlen und einem Gegendruck hinter der Turbine von 1,2 ata.

zeigt die Abb. 4, daß der Dampfverbrauch je PS durch Steigerung des Zudampfdrucks vor der Turbine bei konstant ge-
haltener Umlaufszahl sich nur unter 10 ata beeinflussen läßt,
weil er darüber hinaus mit wachsendem Anfangsdruck konstant bleibt.

Diese Umstände sind nun für den Abwärmetechniker von
Bedeutung, wenn der Abdampf in einer Heizeinrichtung ohne
Überschuß aufgebraucht werden soll, d. h. wenn eine be-
stimmte Abdampfmenge nicht überschritten werden darf.
Soll z. B. die Turbine bei $n = 1500$ Uml./min 1,0 PS leisten

---

[1]) Hottinger: „Abwärmeverwertung". Verlag Raustein,
Zürich 1922, jetzt Verlag J. Springer, Berlin.

und dabei nicht mehr als 220 kg Abdampf von 1,2 ata ergeben, so muß nach Abb. 4 der Dampfdruck vor der Turbine mindestens 1,7 ata betragen.

Die Benutzung von Kleindampfturbinen einfachster Bauart und damit mit verhältnismäßig hohem Dampfverbrauch zur Belieferung von Heizungsanlagen ist in Amerika wesentlich verbreiteter wie bei uns. Z. B. werden mit besonderer Vorliebe Kleindampfturbinen zum Antrieb von Kondensationspumpwerken zu solchen Zwecken verwendet. Der Amerikaner ist großzügiger wie der Deutsche, es kommt ihm in solchem Falle viel mehr auf die Einfachheit und damit Billigkeit der Turbine an, als wie auf einen mit kostspieligen Mitteln möglichst verringerten Dampfverbrauch, und zwar oft auch in solchen Fällen, wo der Abdampf nicht mehr weitgehend in einer Verwertungsanlage ausgenutzt wird.

Kolbendampfmaschinen mit Zwischendampfentnahme aus dem zwischen Hoch- und Niederdruckzylinder eingeschalteten Aufnehmer passen sich in günstiger Weise allen vorkommenden Fällen der Verwertung von Anzapfdampf an, weil sie:

1. Heizdampf in ziemlich weiten Grenzen unabhängig von der Belastung abgeben können,
2. die Heizdampfabgabe mit veränderlicher Spannung ohne Verschlechterung des thermo-dynamischen Wirkungsgrades der Maschine einfach durch Verstellung des Druckreglers erfolgt,
3. die Zwischendampfspannung vollständig selbsttätig auf dem einmal gewählten Druck gehalten werden kann.

Wenn der Umbau alter Verbundmaschinen in Entnahmemaschinen gelingen soll, so muß der Dampfdruck vor der Maschine zum Entnahmedruck in einem geeigneten Verhältnis stehen, da andernfalls weder die alte Maschinenleistung erzielt werden kann noch eine ruhige Regulierung erreichbar ist. Bei 3, 4, 5 ata Entnahmedruck soll der zulässige Dampfanfangsdruck nicht unter 11,5, 12,5, 13,5 ata liegen[1]).

Der Vorteil der Entnahmemaschine gegenüber einer reinen Gegendruckmaschine ist darin zu sehen, daß die Heiz-

[1]) Dr.-Ing. Ludw. Schneider: „Abwärmeverwertung". Verlag Julius Springer, Berlin 1923.

18

dampfentnahme der ersten Maschinengattung in viel weiteren Grenzen von der Maschinenbelastung unabhängig ist. Diese Eigenschaft ist um so mehr von Wichtigkeit, als in der Abwärmetechnik Kraft- und Heizdampfbedarf zeitlich zumeist nicht zusammenfallen.

Versuchsergebnisse über Dampfverbrauch und Wirkungsgrade ausgeführter Entnahmemaschinen sind in Zahlentafel 7 zusammengestellt. Die indizierten Wirkungsgrade des Hoch- (*HD*) und Niederdruckzylinders (*ND*) η_H und η_N berechnen sich aus den Gleichungen:

$$632\,N_{i\,HD} = D \cdot \eta_H \cdot \lambda_H$$
und
$$632\,N_{i\,ND} = (D - E) \cdot \eta_N \cdot \lambda_N.$$

In diesen Gleichungen bedeutet λ_N das adiabatische Wärmegefälle des Dampfes im Niederdruckzylinder. Dasselbe ist dem *IS*-Diagramm zu entnehmen, und zwar zwischen dem Entnahmedruck p_e und der Drosselungshorizontalen $\lambda_H \cdot \eta_H$ einerseits und dem Gegendruck im Niederdruckzylinder $= p_K$ anderseits, d. h. unter Berücksichtigung des Dampfzustandes, wie er sich tatsächlich hinter dem Hochdruckzylinder einstellt. Es muß $\lambda_H + \lambda_N$ größer sein als das rein adiabatische Wärmegefälle $\lambda_{th} = i_1 - i_2'$ zwischen Frischdampf und Abdampf im *IS*-Diagramm. Der effektive thermo-dynamische Wirkungsgrad η_e der ganzen Maschine berechnet sich nach der Formel:

$$632\,N = [D \cdot (\lambda_H + \lambda_N) - E \cdot \lambda_N] \cdot \eta_e.$$

In vorstehenden Formeln bedeutet:

Ni_{HD} die indizierte Leistung des Hochdruckzylinders,
Ni_{ND} die indizierte Leistung des Niederdruckzylinders,
N die Nutzleistung der Maschine,
D die der Maschine stündlich zugeführte Dampfmenge,
E die der Maschine stündlich entnommene Dampfmenge,
λ_H das adiabatische Wärmegefälle im Hochdruckzylinder bis zum Entnahmedruck,
λ_N das adiabatische Wärmegefälle im Niederdruckzylinder bis zum Gegendruck in demselben.

Zahlentafel 7.

Versuche an Kolben-Dampfmaschinen mit Zwischendampfentnahme.

Nr.	Norm.-Leistung PS	Anfangs-druck ata	Dampf-temperatur °C	Ent-nahme-druck ata	Dampfentnahme in v.H. d. Dampf-verbrauchs d. Masch. ohn.Entn. v.H.	Dampfentnahme in v.H. des der Maschine zugeführten Dampfes v.H.	Dampf-Mehrverbrauch gegenüber der Maschine ohne Entnahm. v.H.	Indiz. thermo-dyn. Wirk.-Grad η_i im HD v.H.	Indiz. thermo-dyn. Wirk.-Grad η_i im ND v.H.	Effektiv. thermo-dyn. Wirk.-Grad η_e v.H.	Quelle
1	600	9,9	250	2,5	68	47,5	43	79	65	63,1	Z. bayr. Rev.-V., S. 165, 1912
2	400	11,6	260	1,82	115	75,5	52	76,5	70	63,4	,,
3	120	10	240	1,36	—	62,5	—	79	71	59,0	,,
4	450	13,9	304	2,29	59	48	22	77	71	68,2	Z. bayr. Rev.-V., S. 189, 1915
5	200	12,4	247	2,1	—	9,2	—	70	65,5	56,0	,,
6	200	11,5	225	2,3	69	56	24	76	61	62,5	Z. bayr. Rev.-V., S. 101, 1915
7	200	11,6	233	2,4	66	54	19	78	62,5	61,0	,,
8	270	13,2	266	3,6	—	50,5	—	88	57	65,0	,,
9	300	9,0	Sattd.	2,1	81,5	55,2	46	67	57	57	z. Dampfk. Maschbtr., S.204, 1912
10	300	8,8	206	2,3	99	64,7	52	74,5	54	60	Z. V. d. I., S. 11, 1912
11	300	9	207	2,1	63	47,4	33	69,5	60	58,5	,,
12	1400	13	282	3,0	28,2	24,7	14	81,5	52	63	,,
13	1400	13,4	275	3,0	123	77,2	61	81	55	69	,,
14	1400	13,5	268	2,0	113	75,5	50	78,5	64	70	,,

Zu der Zahlentafel 7 ist noch zu bemerken, daß für die Berechnung von η_e der mechanische Wirkungsgrad bei Versuch Nr. 4 = 92 v.H., bei Versuch Nr. 5, 9, 10 und 11 = 90 v.H. angenommen worden ist. Die Versuche sind durchgeführt mit der in der Zahlentafel 7 angegebenen Normalleistung. Nur Versuch Nr. 13 und·14 wurden mit $^3/_4$ Belastung durchgeführt.

Die Wahl zwischen Entnahme-Kolbenmaschine und Entnahme-Turbine hängt von vielen Gesichtspunkten ab. Im allgemeinen ist die Ausnutzung des Dampfes in der Kolbenmaschine eine bessere als in der Turbine. Die Kolbenmaschine ist also vorzuziehen, wenn nicht z. B. gewichtige Gründe gegen ihre Anwendung sprechen; wie z. B. die Entölung des Zwischendampfes.

Die Entnahmeturbine wird sowohl als reine Druck- als auch als kombinierte Druck- und Überdruckturbine gebaut. Im ersteren Falle wird sie mit 2—3 Curtisrädern ausgeführt, von welchen in der Regel jedes zweikränzig gebaut wird. Bei hohen Anzapfdrücken kann aber das erste Rad auch nur mit einem Kranz ausgestattet werden.

Mit fallender Belastung geht bei jeder Turbine der Druck in den einzelnen Turbinenkammern zurück, so daß bei geringer Maschinenleistung solche Stufen, die bei Vollast unter Überdruck stehen, bei niedriger Belastung in das Vakuumgebiet fallen. Ist nun die betreffende Turbinenkammer für Entnahme von Heizdampf eingerichtet, so würde nicht nur kein Heizdampf abgegeben werden können, sondern die Hcizkörper würden sogar evakuiert werden. Sodann wird in den meisten Betrieben eine genaue Einhaltung der Dampftemperatur gefordert.

Aus diesen Gründen ergibt sich die Notwendigkeit, die Entnahmeturbine von vornherein mit einer Einrichtung zu versehen, die bei allen Belastungen zwischen Vollast und Leerlauf den Druck des Heizdampfes in engen Grenzen unveränderlich hält. Diese Einrichtung besteht in einem Überströmventil, welches durch die Heizdampfspannung selbsttätig gesteuert wird und den Übertritt des nicht für Heizzwecke verwendeten Dampfes in den Niederdruckteil der Turbine derart regelt, daß nur so viel Dampf in die Niederdruckstufen gelangen kann, wie erforderlich ist, um die Bedingung konst. Gegendruckes im Heizdampfstutzen zu erfüllen.

Zahlentafel 8.

Versuche an Turbinen mit Zwischendampfentnahme.

Nr.	Normal-Leistung PS	Anfangs-druck ata	Dampf-temperatur °C	Entnahme-druck ata	Dampfentnahme in v.II. des Dampfverbrauches der Turbine ohne Entnahme v.II.	Dampfentnahme in v.II. des der Turbine zugeführten Dampfes v.II.	Dampf-mehrverbrauch gegenüber der Turbine ohne Entnahme v.II.	Effektiver thermodyn. Wirkungsgrad % v.II.	Quelle
1	900	13	300	4,5	68	44	50	57,4	Z. bayr. Rev.-V. 1912, S. 176
2	900	13	300	4,5	110	58	84	55,4	„
3	900	13	300	4,5	141	66	115	53,3	„
4	1500	14	300	4,5	41,5	30,5	36	63,4	„
5	1500	14	300	4,5	136	63,7	113	59,2	„
6	1500	14	300	4,5	227	79	188	55,1	„
7	1500	14	300	4,5	302	87,5	245	55,0	„
8	1100	13	250	4	119	63,5	86	60,3	„
9	450	15	325	5,5	—	69	100	44,5	Z. Dampfk. Maschbtr. 1915, S.125
10	1700	15,7	326	2,85	71	46	54	62,5	„
11	900	10,5	286	3,5	43,5	32	35	51,7	„
12	900	11	280	3,5	62	40	56	44,5	„

Die Entnahmeturbine arbeitet somit mit Drosselung vor der Niederdruckstufe.

Sehr oft liegt aber der Fall so, daß die Heizdampfentnahme im Verhältnis zum Dampfverbrauch nur gering ist. Auch werden sehr oft Schwankungen des Gegendruckes mit Belastungsschwankungen in Kauf genommen. Es kann alsdann der Heizdampf aus einer Stufe der im übrigen normal gebauten Turbine entnommen werden[1]).

Zahlentafel 8 gibt den Dampfverbrauch und den thermodynamischen Wirkungsgrad von ausgeführten Turbinen mit Zwischendampfentnahme an. Der effektive thermo-dynamische Wirkungsgrad η_e ist wie bei der Dampfmaschine berechnet. Er erreicht im Durchschnitt nicht die Werte der Kolbenmaschine. Der bei den Turbinen etwas höhere Entnahmedruck gegenüber den Kolbenmaschinen entspricht auch einem höheren Anfangsdruck.

Versuche Nr. 1, 2, 3 und 4—7, 11 und 12 sind je an den gleichen Turbinen ausgeführt, und zwar ungefähr mit Normallast bis auf die Versuche Nr. 11 und 12, bei welchen mit etwa ¾ bzw. ½ Last gefahren wurde. Zur Berechnung von η_e wurde der elektrische Wirkungsgrad der Dynamo bei Versuch Nr. 9 und 11 = 90 v.H., bei Versuch Nr. 12 = 85 v.H. geschätzt.

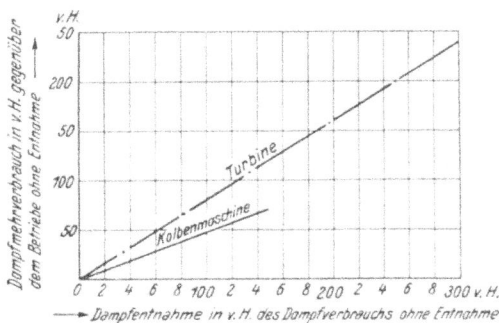

Abb. 5. Zunahme des Dampfverbrauches mit der Zwischendampfentnahme bei Kolbenmaschine und Turbine.

Abb. 5 veranschaulicht die Beziehung zwischen Dampfentnahme in v. H. des Dampfverbrauches bei reinem Kondensationsbetrieb und des Dampfmehrverbrauches gegenüber reinem Kondensations-

---

[1]) Dr. Ing. Ludwig Schneider verbreitet sich in seinem Buche über Abwärmeverwertung, Verlag Julius Springer 1923, sehr ausführlich über die hier nur kurz gestreiften Verhältnisse.

betrieb nach Zahlentafel 7 und 8 für Kolbenmaschine und Turbine[1]). Auch hier erscheint die Kolbenmaschine vom thermo-dynamischen Standpunkte aus vorteilhafter als die Entnahmeturbine. Als Faustregel für die Bemessung der Kesselanlage kann unabhängig vom Entnahmedruck nach Schneider folgendes angenommen werden:

1. Für die Kolbenmaschine:

> Je 10 v.H. Dampfentnahme in Prozent vom Dampfverbrauch bei Betrieb ohne Entnahme (reinem Kondensationsbetrieb) bedingen gegenüber dem reinen Kondensationsbetrieb einen Dampfmehrverbrauch von 5 v.H.

2. Für die Turbine:

> Je 10 v.H. Dampfentnahme in Prozent vom Dampfverbrauch bei Betrieb ohne Entnahme (reinem Kondensationsbetrieb) bedingen gegenüber dem reinen Kondensationsbetrieb einen Dampfmehrverbrauch von 8 v.H.

6. Die Betriebskontrolle und Aufstellung von Wärmebilanzen im Maschinenbetrieb.

Im Dampfmaschinenbetrieb kann nur wirtschaftlich gearbeitet werden, wenn eine dauernde Wärmeüberwachung vorhanden ist. Der thermische Wirkungsgrad der Maschine muß darüber Aufschluß geben, wie diese arbeitet. Im allgemeinen wird unter dem thermischen Wirkungsgrad einer Dampfmaschine das Verhältnis verstanden zwischen der Wärme, die der geleisteten Arbeit gleichwertig ist, zu dem Wärmeinhalt, welchen der eintretende Dampf besitzt. Dieser Wirkungsgrad liegt zwischen 7—24 v.H. und zeigt in deutlicher Weise, wie verschwenderisch jede Dampfmaschine arbeitet. Für die Überwachung aber ist dieser Wirkungsgrad nicht eindeutig, denn er kennzeichnet nicht den Dampfdruck und die Dampftemperatur für die das Kesselhaus verantwortlich ist. Ein Bild über die Güte der Maschine gibt er also keinesfalls.

Zur Kontrolle ist deshalb auch die Feststellung des thermodynamischen Wirkungsgrades notwendig, der das Verhältnis kennzeichnet zwischen der Wärmemenge, die der geleisteten Arbeit gleichwertig ist, und der Wärme, die bei dem

---

[1]) Siehe Dr.-Ing. Ludw. Schneider: „Abwärmeverwertung". Verlag Julius Springer, Berlin 1923. S. 119.

theoretisch günstigsten Arbeitsprozeß in Arbeit umgesetzt werden könnte.

Zur Aufstellung von Wärmebilanzen im Maschinenbetrieb sind Betriebsaufschreibungen an Hand von Messungen notwendig, welche periodisch vorgenommen werden müssen, um alle auftretenden Fehlerquellen sofort zu erkennen und zu beseitigen. Die folgende Zahlentafel 9 zeigt den allgemeinen Aufbau solcher Wärmebilanzen.

Am sparsamsten arbeitet eine Dampfmaschine gewöhnlich bei Vollast, es ist daher die volle Belastung anzustreben. Wie aus der Errechnung der Wirkungsgrade ersichtlich ist, spielt der Zustand des Dampfes vor und hinter der Maschine eine große Rolle. Nicht nur muß der Dampfdruck und die Dampftemperatur möglichst hoch und konstant gehalten werden, sondern es dürfen Kesselhaus und Maschine überhaupt nicht getrennt behandelt werden.

Z a h l e n t a f e l 9.

Anleitung zur Aufstellung von Wärmebilanzen im Maschinenhaus.

1. N o t w e n d i g e   M e s s u n g e n.

1. Mittlerer Dampfdruck $= p_m$ . . . . ata
2. Mittlere Dampftemperatur $= t$ . . . . ⁰C
3. Dampfverbrauch $= D$ . . . . kg
4. Mittlere effektive Leistung $= N$ . . . . PS
5. Wärmeinhalt des eintretenden Dampfes $= i_1$ .... kcal/kg
6. Gegendruck $= p$ . . . . ata
7. Wärmeinhalt des austretenden Dampfes $= i_2$ .... kcal/kg
8. Arbeitszeit $= T$ . . . . Std.

W ä r m e b i l a n z.

Einnahmen:

In die Maschine hineingeschickte Wärme:

$D \cdot i_1 =$ . . . . kcal . .... v.H.

Ausgaben:

1. In Arbeit umgesetzt:

$632{,}5 \cdot N \cdot T =$ . . . . kcal . .... v.H.

2. Verluste im Abdampf:

$D \cdot i_2 =$ . . . . kcal . .... v.H.

3. Verluste durch Leitung,

Strahlung, Undichtigkeiten $=$ .... kcal . .... v.H.

Insgesamt . . . . kcal . .... v.H.

Berechnung des **thermischen** Wirkungsgrades.
Der thermische Wirkungsgrad beträgt:

$$\frac{N \cdot T \cdot 632.5}{D \cdot i_1} = \ldots \ldots \ldots \text{v.H.}$$

Berechnung des **thermo-dynamischen** Wirkungsgrades.

1. In Arbeit umgesetzt sind:

$$632,5 \cdot N \cdot T = \ldots \ldots \ldots X \cdot \text{kcal}$$

2. Theoretisch umsetztbar sind:

$$D \cdot (i_1 - i_2) = \ldots \ldots \ldots Y \cdot \text{kcal}$$

3. Der thermo-dynamische Wirkungsgrad beträgt somit:

$$X/Y = \ldots \ldots \ldots \ldots \ldots \text{v.H.}$$

Die Aufstellung solcher Wärmebilanzen muß auch durchgeführt werden, wenn eine sich in Betrieb befindliche Kraftmaschine nachträglich mit einer Abwärmeverwertungsanlage ausgestattet werden soll. Bei Kondensationsmaschinen wird dabei oft eine nachträgliche Umstellung auf Auspuff notwendig. Es muß deshalb vorher festgestellt werden, ob diese Maßnahme nicht nur überhaupt möglich, sondern auch wirtschaftlich ist; denn bei einem großen Zylinderverhältnis wird die Maschine nicht mehr mit Vollast fahren können. Ferner muß mit Hilfe von Diagrammen die Steuerung so umgestellt werden, daß eine Schleifenbildung weder am Anfang des Hubes (durch die zu große Kompression) noch am Hubende (durch die Erhöhung des Gegendrucks) stattfindet. Eine solche Umstellung kann nur dann empfohlen werden, wenn der gesamte Auspuffdampf in der nachzuschaltenden Verwerteranlage ausgenutzt werden kann[1]).

I b) Die Abgase.

Die Abgase zerfallen in 2 Gruppen, in
die Rauchgase und in
die Abhitzegase.

Unter Rauchgasen sind im folgenden nur die Abgase von Dampfkesselanlagen verstanden, unter Abhitzegase fallen die

---

[1]) Näheres s. Buch d. Verfassers „Organisation der Wärmeüberwachung in techn. Betrieben", welches als Band IV der Abwärmetechnik 1928 im Verlage R. Oldenbourg München - Berlin erscheint.

Abgase von industriellen Öfen und Verbrennungskraftmaschinen. Es läßt sich in bezug auf die Temperaturgrenzen eine klare Scheidungslinie ziehen: Temperatur der Rauchgase 200—300⁰ max.; Temperatur der Abhitzegase 300⁰ minimal bis 1000⁰.

1. Der Verbrennungsvorgang.

Wärme wird z. B. dadurch erzeugt, daß Kohlenstoff, Wasserstoff und andere geeignete Elemente mit dem Sauerstoff der Luft unter Wärmeentwicklung eine chemische Verbindung eingehen, die mit Verbrennen bezeichnet wird. Ein jeder Brennstoff hat einen bestimmten Heizwert, d. h. 1 kg desselben erzeugt bei vollkommener Verbrennung eine bestimmte Wärmemenge. Es gibt feste, flüssige und gasförmige Brennstoffe, deren wichtigste Heizwerte in Zahlentafel 10 zusammengesetzt sind.

Zahlentafel 10.

Zusammenstellung von Heizwerten (H_u) für einige feste, flüssige und gasförmige Brennstoffe.

Steinkohlen	7000—7500	kcal/kg
Anthrazit	8000	,,
Koks	6500—7000	,,
Rohbraunkohlen (rheinische)	1700—2100	,,
Braunkohlen-Briketts	2000—2400	,,
Steinkohlenteeröl	8500—9000	,,
Kreosotöl aus Braunkohlenteer	8700	,,
Rohnaphthalin.	9600	,,
Horizontalofenteer	8150—8350	,,
Vertikalofenteer	8700	,,
Rohölrückstände (Masut)	10000—11000	,,
Rohöl	9500—11500	,,
1 m³ Erdgas	8000—10000	kcal/m³
1 ,, Leuchtgas	5000	,,
1 ,, Koksofengas	3500—4000	,,
1 ,, Wassergas	2700	,,
1 ,, Mischgas	1300	,,
1 ,, Luftgas	1000	,,
1 ,, Hochofengas	800	,,
1 ,, Gichtgas	800	,,

Die Verbrennungsgase verlassen die Feuerung mit einer höheren Temperatur als die der Umgebung. Hierdurch entsteht ein Verlust, welcher gleich dem Wärmeinhalt Q_s der abziehenden Gase ist und sich in kcal für 1 kg Brennstoff nach der folgenden Formel berechnen läßt[1]).

$$Q_s = (t_2 - t_1) \left\{ \frac{c}{12} \left[M c_p \right]_0^{t_2} \mathrm{CO_2} + \right.$$

$$\left(\frac{h}{2} + \frac{w}{18} \right) \left[M c_p \right]_0^{t_2} \mathrm{H_2O} + (\lambda - 0{,}21) L_m \left[M c_p \right]_0^{t_2} \mathrm{N_2O_2} \right\} \quad . . (1)$$

Soll Q_s auf Grund einer angestellten Abgasanalyse berechnet werden, so wird:

$$Q_s = (t_2 - t_1) \left\{ \mathrm{V_t CO_2} \left[M c_p \right]_0^{t_2} \mathrm{CO_2} + \right.$$

$$V_t (1 - \mathrm{CO_2}) \left[M c_p \right]_0^{t_2} \mathrm{N_2O_2} + \left(\frac{h}{2} + \frac{w}{18} \right) \left[M c_p \right]_0^{t_2} \mathrm{H_2O} \right\} \quad . . (2)$$

In Formel 1 ist im einzelnen:

$t_2 - t_1$ = dem Temperaturunterschied zwischen den abziehenden Rauchgasen t_2 und der Umgebung t_1.

c, h, o, s, w = dem Gehalt an Kohlenstoff, Wasserstoff, Sauerstoff, Schwefel und Wasser in kg für 1 kg Brennstoff.

$\left[M c_p \right]_0^{t_2}$ = der mittleren spez. Wärme für un veränderlichen Druck, bezogen auf 1 Mol. 1 Mol. ist die Menge von M kg, wobei M in allen folgenden Erörterungen das Molekulargewicht des betreffenden Stoffes bedeutet.

Nach dem Avogadroschen Gesetze nimmt 1 Mol bei gleichen Drücken und gleichen Temperaturen für alle vollkommenen Gase den gleichen Raum ein. Es ist also 1 Mol eine Raumeinheit.

Im übrigen handelt es sich bei obigem Ausdruck um mittlere spezifische Wärmen zwischen 0° und t_2° bei konst. Druck. In der folgenden Zahlentafel 11 sind die mittleren spez. Wärmen $[M c_p]_0^{t_2}$ zwischen 0° und $t_2 = 1000°$ bei konst. Druck für 1 Mol zusammengesetzt.

---

[1]) Siehe Hütte 1, Wärme VII, „Verbrennungen". — Ferner als wichtige Literaturquelle „Richtlinien für die Auswertung der Ergebnisse der Feuerungsuntersuchung", Archiv f. Wärmewirtschaft 1926, Heft 10.

Zahlentafel 11.

Mittlere spezifische Wärme Mc_p zwischen 0^0 und t_2^0 bei konst. Druck für 1 Mol.

Temperatur t^0	N_2O_2 CO	H_2O	CO_2
0	6,98	8,25	8,67
100	7,01	8,32	9,19
200	7,03	8,39	9,64
300	7,06	8,46	10,01
400	7,09	8,54	10,32
500	7,11	8,61	10,58
600	7,14	8,69	10,79
700	7,17	8,77	10,97
800	7,20	8,86	11,13
900	7,23	8,95	11,28
1000	7,26	9,04	11,41

Um die spez. Wärme c_p für 1 kg zu bestimmen, sind diese Tafelwerte durch das jeweilige Molekulargewicht des betreffenden Gases zu dividieren. Die wichtigsten Molekulargewichte sind in Zahlentafel 12 zusammengestellt. Wird die spez. Wärme für 1 m³ gewünscht, so sind die Tafelwerte durch 22,41 bei 0^0 C und 760 mm QS oder durch 24 bei 10^0 C und 1 ata zu dividieren.

Zahlentafel 12.

Zusammenstellung der Molekulargewichte [d. h. das Gewicht von 1 kg-Molekül ($= 1$ Mol)] der wichtigsten Gase.

Gas	M
Stickstoff N_2	28,08
Sauerstoff O_2	32,00
Wasserstoff H_2	2,016
Luft	28,95
Argon Ar	39,9
Kohlenoxyd CO	28,00
Kohlensäure CO_2	44,00
Wasserdampf H_2O	18,02
Methan CH_4	16,03

$L_{min} =$ der theor. zur Verbrennung notwendigen Luftmenge. Diese ist, da die Luft 0,21 Raumteile (R.-T.) Sauerstoff enthält:

$$L_{min} = 9,6 \left[c + 3 \left(h + \frac{s - o}{8} \right) \right] \text{ncbm/kg.}$$

In dieser Formel ist ein ncbm = der Menge, welche in
1 m³ bei 1 ata und 10⁰ C enthalten sein würde, wenn das
Gas den Gesetzen der vollkommenen Gase genau gehorchen
würde = $^1/_{24}$ Mol. Das ncbm ist für Verbrennungsrechnungen sehr bequem. Das Gewicht des ncbm eines Stoffes
in kg ist = $^1/_{24}$ des Molekulargewichtes = $M/24$ des betreffenden Stoffes. Z. B. wiegt:

$$1 \text{ ncbm } H_2 = {}^1/_{12} \text{ kg}$$
$$1 \quad ,, \quad O_2 = {}^4/_3 \quad ,,$$
$$1 \quad ,, \quad N_2 = {}^7/_6 \quad ,,$$
$$1 \quad ,, \quad CO = {}^7/_6 \quad ,,$$
$$1 \quad ,, \quad H_2O = {}^3/_4 \quad ,,$$

Bei Stoffen, die kein bestimmtes Molekulargewicht
haben, wird das Atomgewicht eingesetzt. Es wiegt z. B.:

$$1 \text{ ncbm } C = 0,5 \text{ kg}$$
$$1 \quad ,, \quad S = {}^4/_3 \quad ,, {}^1).$$

Würde genau so viel Luft zugeführt werden wie theoretisch notwendig, so tritt praktisch eine unvollkommene
Verbrennung ein; denn ein Teil des Kohlenstoffes verbindet
sich mit dem Luftsauerstoff zu Kohlenoxyd statt zu CO_2.
Während bei der Verbrennung von 1 kg Kohlenstoff zu
CO_2 8100 kcal frei werden, entstehen durch die Verbrennung zu CO nur 2500 kcal. Diese Erscheinung liegt daran,
daß die zugeführte Luft sich nicht gleichmäßig über den
ganzen Brennstoff verteilt und sich mit ihm auch nicht
innig genug mischt, so daß an einzelnen Stellen Luftüberschuß, an einzelnen Stellen Luftmangel besteht.

Die theoretisch zur vollkommenen Verbrennung notwendige Luftmenge L_{min} genügt also nicht, es muß mehr
Luft hinzugegeben werden und man bezeichnet als Luftüberschuß λ das Verhältnis:

$$\frac{L}{L_{min}} = \frac{\text{wirklich zugeführte Luftmenge}}{\text{theor. notwendige Luftmenge}} = \lambda.$$

Im allgemeinen wird mit einer Luftmenge gearbeitet, die
1,3—1,5 mal so groß ist als die theoretische. Es hat sich

---

[1]) Siehe Hütte, Band I, VII: Wärme.

herausgestellt, daß hierbei im Betriebe am sparsamsten gefahren wird.

Wird Luft aber im Überschuß zugeführt, so befinden sich in den Verbrennungserzeugnissen noch der Überschuß — Sauerstoff + dem gesamten Stickstoff der insgesamt zugeführten Luftmenge.

Bezeichnet O_{min} die zur vollkommenen Verbrennung der Mengeneinheit des Brennstoffes notwendige Sauerstoffmenge in ncbm, so ist in den abziehenden Rauchgasen vorhanden:

an Sauerstoff $= (\lambda - 1) O_{min}$ ncbm oder Mol

„ Stickstoff $= \dfrac{79}{21} \lambda \cdot O_{min}$ „ „ „

zusammen $= \left(\dfrac{\lambda}{0,21} - 1\right) O_{min}$ ncbm oder Mol

$= (\lambda - 0,21) L_{min}$ „ „ „

O_{min} ist dabei $= \dfrac{c}{12} + \dfrac{h}{4} + \dfrac{s}{32} - \dfrac{o}{32}$ in Mol/kg

oder $= 2\left[c + 3\left(h - \dfrac{o-s}{8}\right)\right]$ in ncbm/kg.

Um die Rauchgasmenge zu bestimmen, welche bei einem Luftüberschuß λ entsteht, ist zu ermitteln, welche Produkte sich aus 1 kg Brennstoff bei vollkommener Verbrennung bilden:

Unter einer vollkommenen Verbrennung versteht man die Oxydation des Kohlenstoffes zu CO_2, des Wasserstoffs zu H_2O und des Schwefels zu SO_2. In diesem Falle entstehen aus 1 kg Brennstoff:

1) an CO_2 ..... $\dfrac{c}{12}$ Mol/kg $=$ $2\,c$ ncbm/kg $= \ldots\ldots$

2) „ H_2O ... $\dfrac{h}{2} + \dfrac{w}{18}$ „ $=$ $12\,h + \dfrac{4}{3}\,w$ „ $= \ldots\ldots$

3) „ SO_2 .... $\dfrac{s}{32}$ „ $=$ $^3/_4\,s$ „ $= \ldots\ldots$

dazu kommt bei gewöhnlicher Verbrennung
  infolge des Luftüberschusses:

Sauerstoff . . . . . $= (\lambda - 1) O_{min}$ ncbm/kg $= \ldots\ldots$

Stickstoff . . . . . $= \dfrac{79}{21} \lambda\, O_{min}$ „ $= \ldots\ldots$

Gesamtrauchgasmenge . . . . , $=$ ncbm/kg

oder als Formel ausgedrückt:

$$Q = \frac{c}{12}\, CO_2 + \left(\frac{h}{2} + \frac{w}{18}\right) H_2O + (\lambda - 0,21)\, L_{min} + \frac{s}{32}\, SO_2.$$

Multipliziert man die Rauchgasmenge Q mit dem Temperaturunterschied $t_2 - t_1$ sowie die einzelnen Verbrennungsprodukte mit ihren jeweiligen spez. Wärmen Mc_p zwischen den Temperaturgrenzen 0 bis t_2, so erhält man den mit dieser Rauchgasmenge abziehenden Wärmeinhalt Q_s. Dieser Wärmeinhalt Q_s stellt einen Verlust dar, welcher als Schornsteinverlust bezeichnet wird und der so weitgehend in der Abwärmetechnik ausgenutzt werden muß, wie es die Aufrechterhaltung des Zuges im Schornsteine erlaubt. Anderseits darf aber auch die Temperatur t_2 durch Ausnutzung der Abgase nicht soweit fallen, daß der Wasserdampf in den Abgasen den Taupunkt erreicht, denn in diesem Moment würde das in den Abgasen enthaltene SO_2 mit dem sich niederschlagenden Wasser H_2SO_4 bilden, welche das Material des Abwärmeverwerters in kürzester Zeit zerfressen würde.

Der hier abgeleitete Schornsteinverlust Q_s entspricht der unter 1 (S. 27) angegebenen Formel.

In der Formel 2 für Q_s (S. 27) bedeutet:

V_t das Volumen der trockenen Abgase und ist hier in Mol einzusetzen.

CO_2 den Gehalt der Rauchgase an Kohlensäure in Raumteilen (R.-T.), wenn Wasserdampf und SO_2 nicht berücksichtigt werden.

Die Zahlentafel 13 (S. 32) ist der „Hütte" entnommen[1]), sie enthält die besonders wichtigen Wärmeverluste in v.H. des unteren Heizwertes H_u bei verschiedenen Abgastemperaturen. Dieser untere Heizwert H_u ist für den Abwärmetechniker allein maßgeblich, und zwar aus folgenden Gründen:

Bei normaler Verbrennung würde das Gemisch von Brennstoff und trockener Luft unter einem konstanten Druck von 1ata vollkommen verbrennen, wobei die Verbrennungserzeugnisse wieder auf die Ausgangstemperatur 0^0 abgekühlt werden. Die bei einer solchen normalen Verbrennung freiwerdende Wärme

---

[1]) Siehe Hütte I, Wärme VII.

Zahlentafel 13.

Abwärmeverluste in v.H. des unteren Heizwertes bei verschiedenen Abgastemperaturen.

λ	CO_2-Gehalt der Heizgase in v.H.	theoretische Verbrennungs-temperatur in °	Wärmeverlust in v.H. von H_u bei einer Abgastemperatur von °				
			100	200	300	400	500

Steinkohle 0,78 C, 0,05 H, 0,08 O, 0,02 H_2O,
$H_u = 7500$ kcal/kg

λ	CO_2	theor.	100	200	300	400	500
1,0	18,7	2280	3,7	7,4	11,3	15,3	19,2
1,25	14,9	1925	4,5	9,1	13,8	18,6	23,4
1,5	12,4	1660	5,3	10,8	16,3	21,9	27,6
2,0	9,2	1305	7,0	14,1	21,3	28,6	36,0
2,5	7,4	1075	8,6	17,4	26,3	35,3	44,4
3,0	6,1	915	10,3	20,7	31,3	42,0	52,8

Braunkohlenbriketts 0,53 C, 0,045 H, 0,20 O, 0,15 H_2O,
$H_u = 4800$ kcal/kg

λ	CO_2	theor.	100	200	300	400	500
1,0	19,0	2090	4,0	8,1	12,4	16,7	21,0
1,25	15,3	1780	4,9	9,8	14,9	20,1	25,4
1,5	12,7	1550	5,7	11,6	17,5	23,5	29,7
2,0	9,5	1230	7,4	15,0	22,6	30,4	38,3
2,5	7,6	1025	9,1	18,4	27,7	37,3	47,0
3,0	6,3	875	10,8	21,7	32,8	44,1	55,6

Braunkohle 0,28 C, 0,02 H, 0,08 O, 0,54 H_2O,
$H_u = 2300$ kcal/kg

λ	CO_2	theor.	100	200	300	400	500
1,0	19,4	1640	5,3	10,6	16,1	21,7	27,4
1,25	15,5	1430	6,2	12,5	18,9	25,5	32,2
1,5	12,8	1265	7,1	14,4	21,7	29,3	36,9
2,0	9,6	1030	8,8	18,1	27,3	36,8	46,3
2,5	7,7	870	10,8	21,8	32,9	44,3	55,8
3,0	6,4	750	12,7	25,5	38,5	51,8	65,2

Gichtgas 0,03 H_2 + 0,29 CO + 0,08 CO_2 + 0,60 N_2,
$H_u = 880$ kcal/m³

λ	CO_2	theor.	100	200	300	400	500
1,0	23,6	1565	5,5	11,2	17,0	23,0	29,1
1,25	21,0	1430	6,2	12,4	18,9	25,5	32,2
1,5	19,0	1320	6,8	13,7	20,7	28,0	35,3
2,0	15,9	1140	8,0	16,1	24,4	33,0	41,5
2,5	13,7	990	9,2	18,6	28,1	37,9	47,8
3,0	12,1	895	10,4	21,0	31,8	42,9	54,0

wird als Heizwert des Brennstoffes bezeichnet. Er ist somit gleich dem Unterschied des Wärmeinhaltes des brennbaren Gemisches und der Verbrennungserzeugnisse bei gleicher Temperatur. Für Brennstoffe aber, in deren Verbrennungserzeugnissen Wasser auftritt, ist zur Bestimmung des Heizwertes noch eine Angabe über den Aggregatzustand des Verbrennungswassers erforderlich. Es werden dabei zwei Grenzfälle unterschieden, je nachdem das Verbrennungswasser flüssig oder dampfförmig im Verbrennungserzeugnis enthalten ist. Diese beiden Grenzfälle werden als oberer Heizwert H und als unterer Heizwert H_u bezeichnet, wobei H auf flüssiges Wasser und H_u auf Wasserdampf im Verbrennungserzeugnis bezogen wird.

Der Unterschied zwischen den beiden Heizwerten ist bei vielen Brennstoffen beträchtlich, und zwar gleich dem Betrag der Verdampfungswärme der in 1 kg Verbrennungserzeugnis enthaltenen Wassermenge $= w$ kg. Da diese Verdampfungswärme r für 1 kg Wasser ≤ 600 kcal bei 0^0 C ist ($= 450$ kcal für 1 ncbm Wasser), so wird der untere Heizwert H_u vom oberen H um den Betrag $= r \cdot w$ kcal verschieden sein. Wie gesagt, kommt dieser untere Heizwert H_u für die Abwärmetechnik nur in Frage; denn zur Verhütung der Bildung von Schwefelsäure ist es notwendig, daß die Austrittstemperatur der Abgase aus dem Verwerter beim Übergang in die Esse über der Kondensationsgrenze des Wasserdampfes gehalten werden muß. Man geht daher mit derselben nicht unter $t_2 = 150^0$. Nur im Sonderfalle genauer Untersuchungen ist es geboten, vom oberen Heizwert auszugehen und die Wärmeabgabe des abziehenden bzw. sich etwa kondensierenden Wasserdampfes zu berücksichtigen.

In der Zahlentafel 13 sind die theoretischen Verbrennungstemperaturen mit eingetragen. Unter derselben ist die Temperatur zu verstehen, welche die Verbrennungserzeugnisse annehmen würden, wenn bei dem Verbrennungsvorgang keine Wärme nach außen abgegeben würde. Da solche Wärmeverluste aber niemals zu vermeiden sind, ist die Verbrennungstemperatur, welche sich in Wirklichkeit einstellt, in jedem Falle wesentlich kleiner. Ihre Höhe richtet sich u. a. nach dem Heizwert des Brennstoffes, dem Luftüberschuß und der Vorwärmung der

Verbrennungsluft. Abb. 6 zeigt die Rauchgasverluste für verschiedene Brennmaterialien bei vollkommener Verbrennung
und verschiedenen Luftüberschußzahlen (nach Schüle: Leitfaden der techn. Wärmemechanik 1917).

Bisher ist die Verbrennung bei konst. Druck betrachtet
worden, zuweilen aber ist auch die Verbrennung bei konst.
Volumen, z. B. bei Verbrennungsmotoren, von Bedeutung.

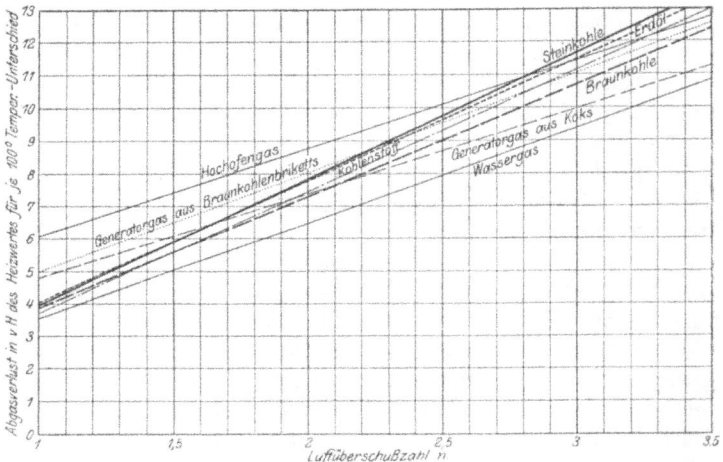

Abb. 6. Rauchgasverlust für verschiedene Brennmaterialien bei vollkommener
Verbrennung und verschiedenen Luftüberschußzahlen (nach Schüle).

Die Wärme unterscheidet sich in beiden Fällen um den Wärmewert, der bei konst. Volumen zu leistenden äußeren Arbeit von
der Größenordnung

$$A \cdot 10^4 \, (V'' - V'),$$

wenn V'' das Volumen der Verbrennungserzeugnisse und V'
das Volumen des brennbaren Gemisches vor der Verbrennung
bedeutet. Dieser Wärmewert kann positiv oder negativ sein,
je nachdem, ob bei der Verbrennung unter konst. Druck V''
$\gtrless V'$ ist. Der Unterschied der Heizwerte bei konst. Druck und
konst. Volumen ist mit Ausnahme von Wasserstoff gering-
fügig.

Die Temperaturen t_2, mit welchen die Verbrennungsgase
zur Esse streichen, sind sehr verschieden. Sie betragen bei

Rauchgasen von Dampfkesseln 200—300⁰, bei Abgasen gewisser Öfen und technischer Feuerungen (wie Einsatz-, Schmelz- und Glühöfen) 300—1000⁰ und bei Verbrennungsmotoren 300—600⁰.

2. Die Wärmeverluste bei Feuerungsanlagen.

Bei Feuerungsanlagen sind drei Verlustgruppen festzustellen:

1. Schornsteinverluste.

Diese betragen bei Dampfkesselanlagen 10—30 v.H. des Heizwertes des Brennstoffes, bei industriellen Feuerungsanlagen $\gtrless$ 60 v.H.

Dieser Verlust setzt sich im einzelnen zusammen aus:

    a) der freiwerdenden (fühlbaren) Wärme,
    b) den unverbrannt fortstreichenden Gasen (CO, CH_4, C_2H_4, H_2),
    c) dem notwendigerweise abziehenden Wasserdampf.

2. Verluste durch Rückstände.

Diese betragen 1—3 v.H. des Heizwertes des Brennstoffes, und zwar setzen sich diese Verluste zusammen aus:

    a) unverbrannten Teilen in der Schlacke und Asche,
    b) Ruß, welcher unverbrannten Kohlenstoff darstellt.

3. Verluste durch Leitung und Strahlung.

Diese betragen:

bei normalem Dampfkesselbetrieb   . . . 5—8 v.H.
  „ schwachem Dampfkesselbetrieb . . . $\leqq$ 20 v.H.
  „ industriellen Feuerungen . . . . . . $\leqq$ 40 v.H.
des Heizwertes des Brennstoffes.

Die Verlustquellen der Gruppe 1 sind unter Abschnitt I b_1) (der Verbrennungsvorgang) klargelegt worden. Zu den beiden anderen Gruppen ist das Folgende zu sagen:

Die Verluste durch unverbrannte Teile in der Asche und den Schlacken können durch Verwendung geeigneten Brennmaterials, zweckmäßiger Rostkonstruktionen, Rückgewinnung der noch vorhandenen Kohlenteile aus der Asche und Wiederverwendung derselben möglichst klein gehalten werden. Bei einem Brennstoffwechsel muß der Rost geändert werden, wenn die brennbaren Bestandteile in den Feuerungsrückständen ein erträgliches Maß nicht übersteigen sollen.

Der Verlust durch Rußbildung wird nach Möglichkeit dadurch vermieden, daß man durch gute Luftzufuhr zur Feuerung die Temperatur hoch hält, um eine vollständige Verbrennung zu erzielen. Es ist aber zu beachten, daß eine nachträgliche Zuführung von Luft zu den Verbrennungsgasen auf jeden Fall unwirksam ist, wenn hierdurch die Temperatur der Rauchgase unter die Entzündungstemperatur herabgedrückt wird, und außerdem sehr schädlich, weil nicht nur durch die Abkühlung der Zug des Schornsteines beeinträchtigt wird, sondern auch die Abgase infolge verringerter Temperatur eine stark verringerte Ausnutzungsmöglichkeit erhalten[1]).

3. Die Rauchgase.

a) Die Betriebskontrolle und Aufstellung von Wärmebilanzen im Kesselbetrieb.

Zur Aufdeckung und Vermeidung von Verlusten muß wie im Maschinenhaus auch im Kesselhaus eine restlose Betriebskontrolle durchgeführt werden. Es ist selbstverständlich, daß Einnahmen und Ausgaben sorgfältig verbucht werden müssen. Um festzustellen, wo die in der Feuerung erzeugte Wärmemenge bleibt, müssen verschiedene Messungen — am besten mit selbstaufschreibenden Apparaten — in Zeitabständen ausgeführt werden. Welcher Apparat sich für den gegebenen Betrieb am besten eignet, kann nicht generell festgestellt werden, weil die Betriebsverhältnisse zu verschiedenartig sind[2]). Die Zahlentafel 14 gibt eine Anleitung zur Aufstellung von Wärmebilanzen im Kesselhaus, und zwar zur Feststellung der Einnahmen und Ausgaben und damit der Verluste. Es ist ratsam, solche Aufstellungen täglich, und zwar namentlich bei Verwendung von Brennstoffen mit schwankendem Wassergehalt und damit schwankendem Heizwerte vorzunehmen.

. [1]) Über die zahlenmäßige Erfassung der „falschen" Luft siehe Abwärmeverwertung des Verf. VDI-Verlag 1926, S. 81, Anm.

[2]) Siehe Band IV: Die Organisation der Wärmeüberwachung.

Die prozentualen Wärmeverluste durch die Rauchgase können mit genügender Genauigkeit nach der folgenden Formel von Siegert ermittelt werden. Es ist:

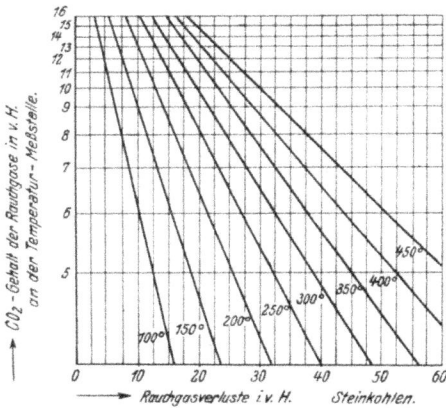

Abb. 7. Rauchgasverluste in v.H. des Heizwertes bei Steinkohlen.

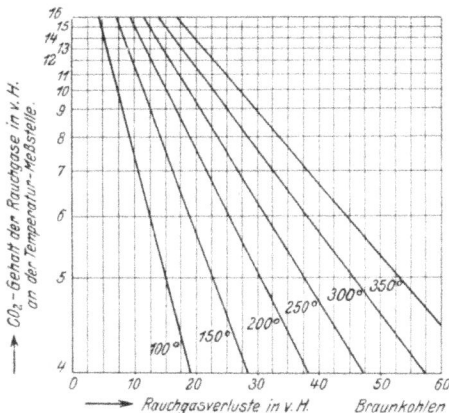

Abb. 8. Rauchgasverluste in v.H. des Heizwertes bei Braunkohlen.

1. für Steinkohle: V_s (v.H.) $= 0{,}65 \dfrac{t_A - t_L}{s}$

2. für Braunkohle: V_s (v.H.) $= 0{,}75 \dfrac{t_A - t_L}{s}$.

Anleitung zur Aufstellung

1. Notwendige Meßapparate.

1. Speisewassermesser.
2. Thermometer zum Messen der Temperatur des Dampfes.
3. Thermometer zum Messen der Temperatur des Speisewassers:
   a) vor dem Ekonomiser,
   b) hinter dem Ekonomiser.
4. Thermometer zum Messen der Rauchgase:
   a) vor dem Ekonomiser,
   b) hinter dem Ekonomiser.
5. Thermometer zum Messen der Temperatur der Verbrennungsluft.
6. Kohlensäuremesser.
7. Kohlenwagen.
8. Schlackenwagen.
9. Differenzzugmesser.
10. Bombe zum Feststellen des Heizwertes des Brennstoffes.
11. Belastungsmesser.

3. Wärme-

Einnahmen:

1. Mit dem Brennstoff der Feuerung zugeführt:

$$B \cdot H_u = \ldots \ldots \ldots \ldots \text{kcal} \quad \ldots \ldots \text{v.H.}$$

2. Mit dem Speisewasser dem Kessel zugeführt:

$$W \cdot t_s = \ldots \ldots \ldots \ldots \text{kcal} \quad \ldots \ldots \text{v.H.}$$

Insgesamt = $\ldots \ldots \ldots \ldots$ kcal $\ldots \ldots$ v.H.

---

[1]) 8100 kcal/kg = Heizwert von Kohlenstoff.

tafel 14.

von Wärmebilanzen im Kesselhaus.

2. Notwendige Messungen.

1. Speisewasserverbrauch $= W =$ . . . . kg
2. Temperatur des Speisewassers $= t_s =$ . . .... ^{0}C
3. Dampfspannung $= p =$ . . . . ata
4. Dampftemperatur $= t_D =$ . . . . ^{0}C
5. Kohlensäuregehalt der Abgase $= s =$ . . .... v.H.
6. Temperatur der Abgase $= t_A =$ . . . . ^{0}C
7. Temperatur der Verbrennungsluft $= t_L =$ . .... ^{0}C
8. Kohlenverbrauch $= B =$ . . . . kg
9. Unterer Heizwert der Kohle $= H_u =$ . . .... kcal/kg
10. Gewicht der Rückstände $= R =$ . . . . kg
11. Brennbares in den Rückständen $= a =$ . .... v.H.
12. Wärmeinhalt des überhitzten Dampfes $= i_a =$ .... kcal/kg

bilanz.

Ausgaben:

1. Zur Erzeugung des Dampfes:

   $i_a \cdot W =$ . . . . kcal . . .... v.H.

2. Verlust in den Rückständen:

   $R \cdot a / 100 \cdot 8100[1]) =$ . . . . kcal . . .... v.H.

3. Verlust in den Abgasen:

   $(t_A - t_L)\ 0{,}65/s[1]) =$ . . . . kcal . . .... v.H.

4. Restverluste $=$ . . . . kcal . . .... v.H.

   Insgesamt $=$ . . . . kcal . . .... v.H.

---

[1]) s. Formeln 1) und 2) v. Siegert S. 37.

In diesen Formeln bedeutet t_A die Temperatur der Abgase in ^{0}C, t_L die Temperatur der Verbrennungsluft und s den Kohlensäuregehalt der Abgase in v.H. Bei Braunkohle liegen die Werte etwas höher wie bei Steinkohlen, sie ändern sich im übrigen mit dem Wassergehalt. Abb. 7 und Abb. 8 zeigen Schaubilder zur Ermittlung der Wärmeverluste an Feuerungen für Steinkohle und Braunkohle. Für die täglichen Bilanzrechnungen genügen diese Überschlagswerte vollkommen.

Aus der Zahlentafel 15 und 16 ist zu ersehen, welchen Einfluß die Luftmenge auf den Rauchgasverlust ausübt.

Zahlentafel 15[1]).
Einfluß der Luftmenge auf den Rauchgasverlust.

Kohlensäuregehalt s in vH	2	3	4	5	6	7	8	9	10	11	12	13	14	15 v.H.
Luftüberschuß λ . .	9,5	6,3	4,7	3,8	3,2	2,7	2,4	2,1	1,9	1,7	1,6	1,5	1,4	1,3 fach
Rauchgasverluste bei 270^0	90	60	45	36	30	26	23	20	18	16	15	14	13	12 v.H.

Die Luftüberschußzahl λ ist abhängig vom Kohlensäuregehalt. Der Kohlensäuregehalt ist verhältnismäßig einfach festzustellen, und zwar durch selbstaufzeichnende Kohlensäuremesser am Ende des Kessels.

An Hand der Kurven Abb. 7 und 8 können dann jederzeit die Rauchgasverluste abgelesen werden, wenn gleichzeitig an derselben Meßstelle auch die Temperatur der Abgase gemessen wird.

Der Kohlensäuregehalt der Abgase ist bei guter Feuerführung und bei konstanter Belastung von dem Differenzzug zwischen dem Rauchgasschieber und der Feuerung abhängig. Fast alle Kohlensäuremesser haben die schlechte Eigenschaft, daß sie mit „Verzug" arbeiten, d. h. sie zeigen den Kohlensäuregehalt an, der vor einigen Minuten vorhanden gewesen ist. Es muß deshalb der Heizer einen Differenzzugmesser zur Verfügung haben, um den für einen bestimmten Kohlensäuregehalt notwendigen Differenzzug herauszufinden. Es erscheint daher geraten, jede Kesselanlage mit einem Differenzzugmesser auszustatten.

---

[1]) Siehe Möller, „Wärmewirtschaft". Verlag Steinkopff, Dresden und Leipzig 1926.

Zahlentafel 16.

Der Einfluß der Luftmenge auf den Rauchgas(Schornstein)verlust. Nach Spitznas¹).

Kohlenstoff-menge	Vielfaches d. Luftmenge / Theor. Luftmenge für 1 kg Kohlenstoff = 11,5 kg Luft	Luftmenge	Rauch-gasmenge	150°C Mit Rauchgas-vorwärmer erreichbar		200°C Ohne Rauchgas-vorwärmer erreichbar		250°C		300°C		350°C		400°C	
				Von 8100 kcal f. 1 kg Kohlenst. kcal	Vom Heizwert d. Kohlenstoffes v. H.	Von 8100 kcal f. 1 kg Kohlenst. kcal	Vom Heizwert d. Kohlenstoffes v. H.	Von 8100 kcal f. 1 kg Kohlenst. kcal	Vom Heizwert d. Kohlenstoffes v. H.	Von 8100 kcal f. 1 kg Kohlenst. kcal	Vom Heizwert d. Kohlenstoffes v. H.	Von 8100 kcal f. 1 kg Kohlenst. kcal	Vom Heizwert d. Kohlenstoffes v. H.	Von 8100 kcal f. 1 kg Kohlenst. kcal	Vom Heizwert d. Kohlenstoffes v. H.
kg		kg	kg	kcal	v. H.	kcal	v. H.	kcal	v. H.	kcal	v. H.	kcal	v. H.	kcal	v. H.
1	—	—	1	37,5	0,46	50	0,62	62,5	0,77	75	0,93	87,5	1,08	100	1,24
1	1fache (1×11,5)	11,5	12,5	469	5,8	625	7,7	781	9,6	937	11,6	1094	13,5	1250	15,4
1	1,5fache (1,5×11,5)	17,25	18,25	684	8,4	912	11,3	1140	14,1	1369	16,9	1597	19,7	1825	22,5
1	2fache (2×11,5)	23,00	24,00	900	11,1	1200	14,8	1500	18,5	1800	22,2	2100	26,0	2400	29,6
1	2,5fache (2,5×11,5)	28,75	29,75	1115	13,8	1487	18,4	1859	23,0	2231	27,5	2603	32,1	2975	36,7
1	3fache (3×11,5)	34,50	35,50	1331	16,4	1775	21,8	2219	27,4	2662	32,9	3106	38,3	3550	43,8

Wärmeaufnahmefähigkeit (Spez. Wärme) für 1 kg Rauchgas u. pro 1°C im Mittel = 0,25 kcal

Abgastemperatur = t₂ C } t₂-t₁ =
Außentemperatur = t₁ C }

Schornsteinverluste (bezogen auf 1 kg reinen Kohlenstoff mit 8100 kcal)

¹) Spitznas: „Unterrichtsblätter für Heizerschulen." Verlag R. Oldenbourg, München und Berlin.

b) Möglichkeiten der Wärmeverwertung von Rauch-gasen.

Zeigen die Messungen, daß die Rauchgasverluste trotz guten CO_2-Gehaltes noch zu hoch sind, so müssen sie dadurch herabgesetzt werden, daß man mit den noch sehr heißen Rauchgasen Wasser oder Luft erwärmt[1]). Bei normalen Anlagen ist es vorteilhaft, das dem Kessel zufließende Speisewasser in einem Ekonomiser zu erwärmen, weil der Ausnutzungsfaktor in diesem Falle sehr groß ist. Nur bei Anlagen, welche nach dem Regenerativverfahren — also mit stufenweiser Vorwärmung — des Speisewassers arbeiten, ist eine Erwärmung des Speisewassers durch die Rauchgase nicht möglich, weil das Wasser aus den Stufenvorwärmern zu heiß in die Ekonomiser eintreten würde. Liegt ein solcher Fall vor, so kann die dem Kessel zuzuführende Verbrennungsluft durch die Rauchgase in einem zweckentsprechend ausgebildeten Lufterhitzer vorgewärmt werden; es muß dann aber auch die Feuerung zweckentsprechend ausgebildet werden.

Vor dem Einbau eines Ekonomisers in den Rauchgaskanal müssen genaue Messungen und Berechnungen angestellt werden, damit die Zugverhältnisse nicht derart verschlechtert werden, daß bei der Inbetriebsetzung der Anlage Rückschläge eintreten.

4. Die Abhitzegase.

a) Die Anfallende Abwärmemenge aus den Abgasen von techn. Öfen und Verbrennungskraftmaschinen.

Der zweckmäßigen Ausnutzung der mit den Abgasen von Verbrennungsmotoren und metallurgischen oder technischen Öfen anfallenden Abwärmemengen fällt heute eine große Bedeutung in der Abwärmewirtschaft zu. Bei Siemens-Martinöfen gehen z. B. 33 v.H. des Heizwertes der dem Generator zugeführten Kohle mit den Abgasen fort, welche den Ofen mit etwa 600⁰ verlassen. Bei Schmelzöfen für Tafelglas entführen die Abgase etwa 30 v.H. der primären Wärme. Bei den Hochöfen ist der Abwärmeverlust in den Gichtgasen bei günstigster Arbeitsweise und sorgfältigster Ausnutzung derselben zur Deckung des Eigenverbrauches (für Winderhitzer, Gasgebläse,

---

[1]) oder beides zugleich.

Gasdynamos usw.) doch noch 38—42 v.H. der dem Hochofen zugeführten Gesamtwärme. Bei Gaswerken finden sich selbst bei Verwendung von Sammelgaserzeugern noch 25—30 v.H. des Heizwertes des Unterfeuerungskokses in den Abhitzegasen der Öfen bei Temperaturen, die für eine weitere Nutzbarmachung noch ein ausreichendes Wärmegefälle bieten.

Eine sehr große Zukunft steht der Verwendungsmöglichkeit der im Kokereibetrieb als Abfallprodukt anfallenden Koksofengase bevor, weil sie sich infolge ihrer Hochwertigkeit und hohen Temperatur vorzüglich zur Fernleitung eignen.[1] Die Kokereien führen die Destillation durch geeignete Auswahl der Kohlensorten so durch, daß sie möglichst viel hochwertigen Koks erhalten. Sie erzielen durchschnittlich etwa 320 m³ Koksofengas und 780 kg Koks je t Kohle, gegenüber etwa 450 bis 500 m³ Leuchtgas und 500 bis 450 kg Koks bei den Gaswerken; diese verwenden einen Teil ihres Kokses zur Erzeugung von verdünnendem Zusatzwassergas, einen anderen Teil zum Beheizen ihrer Retorten. Im Gegensatz hierzu beheizen die Kokereien ihre Koksöfen mit Gas, da sie bisher keinen hinreichenden Absatz dafür haben.

Die Kokserzeugung des deutschen Bergbaues belief sich nach Angaben der A.-G. für Kohleverwertung im Jahre 1925 auf rd. 26,8 Mill. t, wovon etwa 23 Mill. t im rheinisch-westfälischen Steinkohlenbergbau gewonnen wurden. Hierzu wurden rd. 34,5 Mill. t Steinkohle, d. h. reichlich ein Viertel der gesamten deutschen Steinkohlenförderung (131 Mill. t) verwendet. Es entstanden dabei etwa 10,5 bis 11 Milliarden m³ Gas. Reichlich die Hälfte dieses Gases wurde in Ermangelung besserer Verwendung zum Beheizen der Koksöfen verbraucht. Dazu könnte ebensogut Generatorgas aus Koks oder geringwertigen Kohlensorten gewonnen werden. — Die andere, kleinere Hälfte deckte den Werkselbstverbrauch der Bergwerke und angegliederter Hütten und wurde vornehmlich in Gasmaschinen oder zur Beheizung der Dampfkessel verbraucht. Nur ein bescheidener Teil (im Ruhrgebiet rund 300 Mill. m³ von 9 Milliarden m³ Gesamtanfall) wird an Gemeinden, zum Teil auf größere Entfernungen, abgegeben.

---

[1] S. Aufsatz d. Verfassers in der Kongreßnummer d. Ges.-Ing. 1927 Heft 37. Die Gasfeuerung in der Zentralheizungsindustrie.

Die Abgase von Verbrennungsmotoren fallen mit 500⁰ an, die untere Ausnutzungsgrenze ist wie bei den Feuergasen 150⁰ und im übrigen durch die Notwendigkeit der Verhütung von Wasserdampf-Kondensation aus den Gasen bestimmt. Wasserdampf darf sich, wie schon erwähnt, auf keinen Fall niederschlagen, da sich in diesem Falle die zumeist mit den Abgasen mitgeführte schweflige Säure in Schwefelsäure umwandelt und als solche das Rohrmaterial der Abhitzeverwerter in kürzester Zeit zerstören würde.

Um einen Überblick über die Wärmemengen zu erhalten, die mit den Abhitzegasen von Verbrennungskraftmaschinen verloren gehen, sei hier die Wärmebilanz einer Großgasmaschine in Mittelwerten angeführt (Zahlentafel 17).

Zahlentafel 17.

Wärmebilanz einer Großgasmaschine.

(Mittlere Erfahrungswerte.)

Von dem Gesamtwärmeverbrauch von 3000 kcal/PSh werden etwa folgende Wärmemengen umgesetzt:

Mechanische Leistung	. . . . 21 v.H.	= 632	kcal/PSh
Reibung.	6 „	= 180	„
Im Kühlwasser abgeführt. . .	35 „	= 1050	„
In den Abgasen	33 „	= 990	„
Rest, Strahlung usw..	5 „	= 148	„
	100 v.H.	= 3000	kcal/PSh

Es gehen also je PSh — 990 kcal/h mit den Abgasen fort. Bei einer 1000-PS-Maschine würde somit je Std. die beträchtliche Abwärmemenge von 990000 kcal/h mit den Abgasen (bei Temperaturen von 500—600⁰) zur Esse ziehen.

Die Wärmeausnutzung verschiedener Gasmaschinen ist in Zahlentafel 18 nach Schneider[1]) zusammengestellt. Die Zahlen gelten für volle Maschinenbelastung, die prozentualen Angaben beziehen sich auf die jeweils den Maschinen zugeführten Wärmemengen.

---

[1]) Dr.-Ing. Ludw. Schneider: „Abwärmeverwertung", Verlag Julius Springer, Berlin 1923.

Zahlentafel 18.
Die Wärmeausnutzung bei verschiedenen Gasmaschinenarten.

Bezeichnungen	Gasverbrauch	Heizwert des Gases	In Nutzarbeit umgesetzte Wärme	Reibungsarbeit	Kühlwassermenge	Kühlwasserablauftemperatur	Im Kühlwasser enthaltene Wärme	Temperatur der Abgase
Einheiten	m³/PSh	kcal/m³	v.H.¹)	v.II.¹)	1 PSh	°C	v.II.¹)	°C
Leuchtgasmotor.	0,50—0,65	4500—6000	20—25	6—10	30—35	50—55	35—40	350—600
Koksofengasmaschine .	0,8	3500—4500	20—25	6—10	30—40	35—40	35—40	400—500
Generatorgasmaschine .	2—2,3	1100—1500	20—25	6—10	30—35	50—55	35—40	350—500
Gichtgasmaschine . . .	2,8	750—900	22—28	6—10	30—40	35—40	30—35	400

¹) In von Hundert der der Maschine zugeführten Wärme und bei Vollast.

45

Die Zahlentafel 19 zeigt den Wärmeverbrauch von 1 PSh für einen Gleichdrucköelmotor:

Zahlentafel 19.
Der Wärmeverbrauch für einen Gleichdrucköelmotor.

Stündl. Verbrauch
für 1 PS 2000—1850 kcal
Stündl. Abwärme
für 1 PS 1150—1000 „
Davon Kühlwasser-
wärme . . 500— 450 „
und dementsprechend
eine Abgaswärme
650— 550 „

Danach gehen je PSh 1800—1500 kcal/h mit den Abgasen zur Esse, und zwar mit Temperaturen von 600 bis 200⁰ je nach der Belastung.

In den Abgasverwertern können bei Großgasmaschinen etwa 500 kcal/PS und bei Gleichdrucköelmotoren etwa 350 kcal/PS aus den Abgasen nutzbar gemacht werden.

Zahlentafel 20 zeigt die Versuchsergebnisse an einer MAN-Dieselmotorenanlage von 1200 PS für eine Zwirnerei. Man erkennt aus der an Hand dieser Versuche aufgestellten Wärmebilanz, daß, bezogen auf den Heizwert des zugeführten Brennstoffes und bei Normalbelastung etwa

31 v.H. in Nutzleistung umgesetzt werden, während 41 v.H. in das Kühlwasser übergehen und 28 v.H. als Abgas und Strahlungsverlust zu buchen sind. Setzt man den Strahlungsverlust mit 5 v.H. an, so sind in den Abgasen etwa 23 v.H. der Brennstoffwärme enthalten[1]). Wie weiter aus der Zusammenstellung der Versuchswerte zu ersehen ist, werden die Verluste mit fortschreitender Unterbelastung größer.

Zahlentafel 20.

Wärmebilanz eines M.A.N.-Dieselmotors von 1200 PS.

Nutz-leistung	Mechanischer Wirkungsgrad		Wärme-verbrauch	Von der Brennstoffwärme entfallen auf		
	mit | ohne Luftpumpe			Nutz-leistung	Kühl-wasser-erwärmung	Verluste durch Ab-gase und Strahlung
PS	v.H.	v.H.	kcal/PSh	v.H.	v.H.	v.H.
628,10	67,94	74,99	2343	26,99	42,00	31,01
629,98	68,76	75,66	2376	26,61	41,33	32,06
953,01	75,22	82,92	2113	29,92	39,87	30,21
951,46	74,39	82,13	2096	30,16	41,08	28,76
1224,55	77,55	85,28	2031	31,12	40,76	28,12
1228,08	77,24	85,00	2031	31,14	40,61	28,25
1341,83	78,84	86,64	2030	31,17	38,96	29,87

b) Die Bestimmung der ausnutzbaren Wärmemengen aus Abhitzegasen.

Bei der Berechnung der frei werdenden Wärmemenge bei technischen Öfen muß beachtet werden, daß der Rauminhalt der Gase bei gleichbleibendem Druck (bezogen auf 760 mm QS) sich nach dem Gesetz von Gay-Lussac proportional mit der absoluten Temperatur ändert. Ändert sich also die Temperatur der Abgase von ϑ_1' auf ϑ_1'', so ändert sich das Gasvolumen von V_1 auf V_2 nach der Formel:

$$\frac{V_1}{V_2} = \frac{273 + \vartheta_1'}{273 + \vartheta_1''} = \frac{1 + \dfrac{\vartheta_1'}{273}}{1 + \dfrac{\vartheta_1''}{273}};$$

oder es wird

$$V_2 = V_1 \frac{1 + \dfrac{\vartheta_1''}{273}}{1 + \dfrac{\vartheta_1'}{273}} \; m^3 \text{ bei } \vartheta_1''^{0} \text{ und } 760 \, mm \, QS.$$

---

[1]) Näheres hierüber Z. d. V. d. I. Nr. 31 v. 1. 8. 14, S. 1242ff.

Herrscht nun nicht der Druck von 760 mm QS, sondern ein gewisser Druck „h", so ändert sich das Volumen V_2 auf V nach dem Boyle-Mariotteschen Gesetz wie folgt:

$$V = V_2 \cdot \frac{h}{760} \text{ m}^3 \text{ bei } \vartheta_1'' \text{ und } h \text{ mm QS.}$$

Ist das spez. Gewicht des Gases $= \gamma$, so ist das Gewicht des Gases $G = V \cdot \gamma$ kg/h. Ist nun die Wärmeabgabe „q" für 1 kg des betreffenden Gases bei dem Temperaturunterschied $\vartheta_1' - \vartheta_1''$ bekannt, so ist die in einem Verwerter noch ausnutzbare Wärmemenge aus den Abgasen durch die Formel bestimmt:

$$Q = V \cdot \gamma \cdot q \text{ kcal/h.}$$

Die Zahlentafel 21 nach Hottinger[1]) bringt die gebräuchlichen „q"-Werte von Feuergasen zwischen ϑ_1' von 1000^0 bis $\vartheta_1'' = 0^0$.

Zahlentafel 21.

Wärmeabgabe q in kcal für 1 kg reines Feuergas bei einer Abkühlung im Verwerter:

	von			
auf	1000^0	800^0	600^0	400^0
800^0	68	—	—	—
600^0	131	63	—	—
400^0	191	123	60	—
200^0	245	177	114	54
0^0	296	228	165	105

Sehr oft liegt folgender Fall vor: Es soll nachträglich festgestellt werden, wie viel kcal/h aus den Feuergasen eines bereits in Betrieb befindlichen technischen Ofens durch einen einzubauenden Verwerter nutzbar gemacht werden können. In diesem Falle ist folgendes festzustellen:

1. Der freie Querschnitt „F" des Rauchzuges.
2. Die Geschwindigkeit des Gases „v" in m/sek im Rauchzug.
3. Der Unterdruck „h" im Rauchzug.
4. Die Temperatur der Feuergase „ϑ_1'" an der Einbaustelle des vorgesehenen Verwerters.
5. Die zulässige Abkühlung der Gase im Verwerter durch Wärmeentzug bis auf die Temperatur „ϑ_1''".

---

[1]) Hottinger, „Abwärmeverwertung" 1922, Zürich.

Zur Erläuterung sei folgendes Rechnungsbeispiel hier angeführt[1]).

Beispiel: Es ist festgestellt worden, daß $F = 1,5\,m^2$, $v = 2\,m/sek$, $h = 640\,mm$ QS, $\vartheta_1' = 800^0$ ist und $\vartheta_1'' = 200^0$ sein soll.

Die ausnutzbare Wärmemenge Q berechnet sich dann wie folgt:

V_1 bei $\vartheta_1' = 800^0$ und $760\,mm = h \cdot v \cdot 3600 = 10\,800\,m^3/h$

V_2 bei $\vartheta_1'' = 200^0$ und $760\,mm = 10\,800 \; \dfrac{1 + \dfrac{200}{273}}{1 + \dfrac{800}{273}} = 6265\,m^3/h$

V bei $\vartheta_1'' = 200^0$ und $h = 640\,mm$ QS $= \dfrac{6265 \cdot 640}{760}$
$= \sim 4000\,m^3/h$

G bei $\gamma = 1,34 = 4000 \cdot 1,34 \qquad\qquad = 5360\,kg/h$

Q bei $q = 177\,kcal/kg$ (Zahlentafel 21) $\quad = 5360 \cdot 177$
$= \sim 948\,700\,kcal/h.$

Das vorstehende Rechnungsbeispiel läßt eindringende falsche Luft unberücksichtigt. Es ist aber bei der Verwertung von Abwärme von Rauch- und Feuergasen sorgfältig darauf zu achten, daß sich die Abgase nicht infolge Einströmens kalter „falscher" Luft durch Undichtigkeiten des Rauchkanals vor dem Verwerter zu stark abkühlen. Andernfalls kann die Mischungstemperatur des Feuergas-Luftgemisches soweit herabgedrückt werden, daß die Möglichkeit einer Verwertung der Abwärme in Frage gestellt wird[2]).

Bei der Ermittlung der stündlichen Abgasmengen von Verbrennungskraftmaschinen ist zu beachten, daß diese Menge grundsätzlich abhängig ist von der Maschinenart, der Belastung und vom Brennstoff.

Eine Verbrennungsmaschine habe eine effektive Leistung von N PSh und laufe mit Vollast, sie verbrauche unter diesen Umständen m kg Brennstoff pro PSh, dann ist der gesamte Brennstoffverbrauch pro $h = N \cdot m$ kg/h.

Es werde ermittelt, daß bei der angenommenen Belastung für 1 kg Brennstoff L kg Verbrennungsluft benötigt werden.

---

[1]) Siehe Abwärmeverwertung des Verf. S. 80 VdI-Verlag 1926.

[2]) Den Einfluß falscher Luft hat Verf. in seinem Buch „Abwärmeverwertung", VdI-Verlag 1926, S. 81, Fußnote **, an Hand eines Rechnungsbeispieles dargetan.

In diesem Falle sind dem Verbrennungsmotor $m \cdot L \cdot N$ kg/h Luft zuzuführen.

Das gesamte Abgasgewicht ist dann:

$$G_a = N \cdot m + N \cdot L \cdot m$$
$$= N \cdot m \cdot (1 + L) \text{ kg/h}$$

Bei Annahme eines spez. Gewichts = 1,3 für Luft errechnet sich dann aus G_a das Volumen pro h der Abgase, und zwar bezogen auf 0^0 und 760 mm QS.

Die Verhältnisse sind für jeden Verbrennungsmotor bei Vollast am günstigsten, weil die Auspuffmenge am geringsten ist. Die Auspuffmenge steigt mit fallender Belastung[1]). Auch die Temperatur der Auspuffgase ist je nach der Art der Maschine und der Höhe der Belastung verschieden. Versuche ergaben, daß eine Abgasverwertung bei Zweitakt-Motoren nicht lohnend ist, weil die zwischen $100-300^0$ liegenden Abgastemperaturen eine zu große Verwerterheizfläche erfordern. Die Temperatur der Abgase bei Viertakt-Motoren liegt je nach der Belastung zwischen 200 und 600^0 und ist demnach fast doppelt so hoch wie bei Zweitaktmotoren und gut ausnutzbar.

c) Möglichkeiten der Verwertung von Abhitzegasen.

Die Verwertung der Abgase von industriellen Öfen und von Verbrennungskraftmaschinen stieß anfänglich wegen der hohen Temperaturen und Strömungsgeschwindigkeiten, ferner wegen des geringen Wärmeinhaltes und der sehr schlechten Wärmeabgabefähigkeit der Abgase auf große Schwierigkeiten. Bis auf Kraftgas von Kokereien sind aus den genannten Gründen Abgase zu einer Fernleitung völlig ungeeignet. Es muß vielmehr der Abgasverwerter so nahe wie möglich an die Maschine oder an den Ofen herangesetzt werden. Im übrigen kann je nach der Bauart des Verwerters aus den Abgasen warmes Wasser, Niederdruck- oder Hochdruckdampf oder Destillat oder heiße Luft erzeugt werden. Die Verwerter werden im nächsten Abschnitt eingehend besprochen.

---

[1]) Siehe auch Zahlentafel 20.

I c) Nutzbare Abwässer.

Für die Abwärmeverwertung kommen auch noch im Betriebe anfallende warme Abwässer in Frage, und zwar vornehmlich das warme Kühlwasser von Kondensationsdampfmaschinen und von Verbrennungskraftmaschinen,
ferner von Kompressoren, Kühlbalken, Feuerbrücken, Wanderrosten und Kokereien u. a. m.

Sie sollen im folgenden einzeln besprochen werden:

1. Die Kondensationsdampfmaschinen.

Dampfmaschinen können mit und ohne Kondensation
arbeiten. Die Auspuffmaschinen sind unter I a) besprochen
worden. Es sind also an dieser Stelle noch die Kondensationsmaschinen zu behandeln.

Dieselben dienen zur möglichst wirtschaftlichen Krafterzeugung bei möglichst geringem Dampfverbrauch, wobei im
Kondensator bei Dampfturbinen ein Vakuum von > 97 v.H.,
bei Kolbendampfmaschinen eine Luftleere von 85—90 v.H. in
Frage kommt.

Im allgemeinen arbeiten solche Kondensationsmaschinen
ohne Abdampfverwertung. In steigendem Maße wird jedoch
das aus dem Kondensator ablaufende warme Kühlwasser als
Warmwasser verwendet, und zwar namentlich dann, wenn das
Vakuum weniger hoch sein darf, so daß eine höhere Dampftemperatur und damit auch höhere Kühlwasserablaufstem-
peraturen zur Verfügung stehen. In diesem Falle können
Warmwasserheizungen von den Kondensatoren aus betrieben
werden, wobei der Kondensator die Rolle eines Vorwärmers
übernimmt. Auch kann Luft als Kühlmittel verwendet werden. Es müssen in diesem Falle statt Wasser- dann Luftkondensatoren verwendet werden, in denen Luft zu Heiz-,
Trocken- oder anderen Zwecken erwärmt wird. Man unterscheidet Misch- und Oberflächen-Kondensatoren[1]),
je nachdem, ob das Kühlwasser mit dem niederzuschlagenden
Abdampf in unmittelbare Berührung tritt oder von diesem
getrennt gehalten wird. Demzufolge geht bei Mischkonden-

---

[1]) Eingehenderes s. „Kondensatwirtschaft" des Verf. Verlag
R. Oldenbourg 1927, Abschn. 1 u. 2.

satoren das Dampfdestillat in das Kühlwasser über und damit verloren, bei Oberflächen-Kondensatoren wird es als hochwertiges Speisewasser wieder zurückgewonnen.

Mischkondensationen sind wesentlich billiger wie Oberflächenkondensationen. Trotzdem hat die Oberflächenkondensation den Mischkondensator mit der Einführung der Dampfturbine mehr und mehr verdrängt. Man kann in neuzeitlichen Dampfkraftbetrieben, welche auf höchste Wirtschaftlichkeit zu sehen haben, nicht auf das durch Niederschlagung des Dampfes zu gewinnende hochwertige Kondensat verzichten, welches ein vorzügliches Speisewasser darstellt und dessen Lieferung den höheren Anschaffungspreis gegenüber einer Mischkondensation reichlich aufhebt.

Bezeichnet man den Wärmeinhalt von 1 kg des der Maschine zugeführten Frischdampfes mit i_1 und den Wärmeinhalt von 1 kg des in den Kondensator eintretenden Maschinenabdampfes mit i_2, ferner die Temperatur des eintretenden Kühlwassers mit t_e (^{0} C) und die Temperatur des austretenden Warmwassers mit t_a (^{0} C), so muß die stündlich abzuführende Wärmemenge gleich der vom Kühlwasser aufgenommenen Wärmemenge sein, wenn von Wärmeverlusten abgesehen wird. Die stündlich an das Kühlwasser abzuführende Wärmemenge kann gleich $D\,(i_2 - t_a)$ gesetzt werden, wenn man die spez. Wärme des Wassers $c = 1$ annimmt. In diesem Falle wird nämlich die Flüssigkeitswärme von 1 kg Kondensat $= t_a$[2]). Die Kühlwassermenge erwärmt sich je kg durch die Wärmeaufnahme von t_e auf t_a, so daß also die stündlich vom Wasser aufgenommene Wärmemenge bei einer spez. Wärme $c = 1$ gleich $W\,(t_a - t_e)$ ist. Es besteht somit die Gleichung

$$D\,(i_2 - t_a) = W\,(t_a - t_e).$$

Schreibt man vorstehende Gleichung in der Form:

$$\frac{W}{D} = \frac{i_2 - t_1}{t_1 - t_e} = n,$$

so gibt diese Beziehung an, wie vielmal größer die Kühlwassermenge als die Dampfmenge sein muß — und zwar bezogen auf 1 kg Dampf — wenn eine Erwärmung des Kühl-

---

[2]) Unter Voraussetzung eines verlustlosen Kondensators.

4*

wassers um $t_a - t_e$ zugelassen werden soll. Man bezeichnet aus diesem Grunde den Quotienten $W/D = n$ als die **spez. Kühlwassermenge**. Ist n gegeben, so erlaubt die gefundene Formel die Ermittlung der Austrittstemperatur t_a aus dem Kondensator (und umgekehrt).

Eine Einspritzkondensation hat eine spez. Kühlwassermenge von $n = 15$—30, während die Oberflächenkondensation ein $n = 50 - 60$ erfordert. Die Abhängigkeit der spez. Kühlwassermenge von dem im Kondensator zugelassenen Temperaturunterschied $t_a - t_e$ bei Oberflächenkondensationen zeigt Abb. 9.

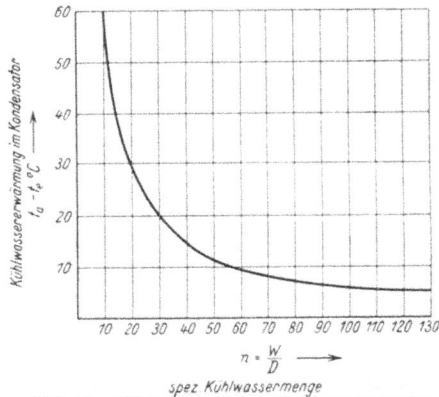

Abb. 9. Abhängigkeit der Kühlwassererwärmung im Kondensator von der spez. Kühlwassermenge.

2. Dampfverbrauchszahlen bei Kondensationsmaschinen.

Die in Zahlentafel 22 angegebenen Durchschnitts-Dampfverbrauchsziffern gelten für Kondensationsdampfmaschinen von 10 ata, für Zweifach- und von 12 ata für Dreifach-Expansionsmaschinen bei günstigster Füllung und bei einem Belastungsfaktor von $f = 1$, d. h. 8760 Betriebsstunden im Jahr. Bei geringerem Belastungsfaktor als $f = 1$ steigt der Dampfverbrauch und der Kohlenverbrauch. Bei Auspuffmaschinen und ebenso bei Anzapfmaschinen ist der Dampf- und Wärmeverbrauch naturgemäß viel größer als bei Kondensationsmaschinen, weil der thermische Wirkungsgrad schlechter ist. Dies gilt aber nur für die Maschine an sich. Der wirtschaft-

liche Wirkungsgrad η_w[1]) einer aus Gegendruck- bzw. Anzapfmaschine mit nachgeschalteter Verwertungsanlage bestehenden Gesamtanlage ist in jedem Falle viel höher als bei Kondensationsmaschinen mit eingeschalteter Kühlwasserverwer-
tungsanlage oder mit Luftkondensator. Es kann z. B. niemals
die gesamte Kühlwasserabwärme nutzbar gemacht werden.
Der größte Teil geht bei Rückkühlanlagen im Kaminkühler
verloren, welcher die Rückkühlung des Wassers auf die
Kühlwassereintrittstemperatur t_e in den Kondensator vorzunehmen hat und welcher einen leider nicht entfernbaren ungeheuerlichen Energievernichter darstellt. Nur in ganz seltenen
Fällen kann der Kühlturm vollkommen durch eine Graben-
heizung ersetzt werden[2]).

Zahlentafel 22.

Dampfverbrauchszahlen für liegende und stehende Dampfmaschinen.

PS$_e$	Liegende Verbund- und Tandemmaschine		Stehende Verbundmaschine	
	Dampfverbrauch in kg/PS$_i$		Dampfverbrauch in kg/PS$_i$	
	Sattdampf	Überhitzter Dampf 300° C	Sattdampf	Überhitzter Dampf 300° C
	kg	kg	kg	kg
50	7,5	6,3	7,7	6,4
75	7,3	6,1	7,5	6,3
100	7,1	6,0	7,3	6,1
150	7,0	5,9	7,1	6,0
200	6,9	5,8	7,0	5,9
300	6,8	5,7	6,9	5,8
400	6,7	5,6	6,8	5,7
500	6,6	5,5	6,7	5,6
750	6,5	5,4	6,6	5,5
1000	—	—	6,5	5,4
Dreifachexpansionsmaschine.				
1000	5,6	4,9	5,7	5,9
1500	5,5	4,8	5,6	4,9
2000	5,4	4,7	5,5	4,3
3000	5,2	4,5	5,3	4,6

[1]) $\eta_w = \eta_{th} \cdot \eta_g \cdot \eta_m$,
   worin η_{th} den theor. therm. Wirkungsgrad,
      η_g den Gütegrad,
      η_m den mech. Wirkungsgrad bedeutet.
[2]) Siehe „Kondensatwirtschaft" des Verf. Verlag R. Oldenbourg, München 1927, Anhang.

Bei Dampfturbinen jedoch liegt der geringste Dampfverbrauch bei dem höchsten erreichbaren Vakuum, das mit Kühlwasser von 15⁰ C etwa 95—96 v.H., mit solchem von 27⁰ etwa 92 v.H. beträgt. In diesem Bereich entspricht einer Vakuumänderung um 1 v.H. eine Dampfverbrauchsänderung von etwa 2—2,5 v.H. Vgl. Abb. 10.

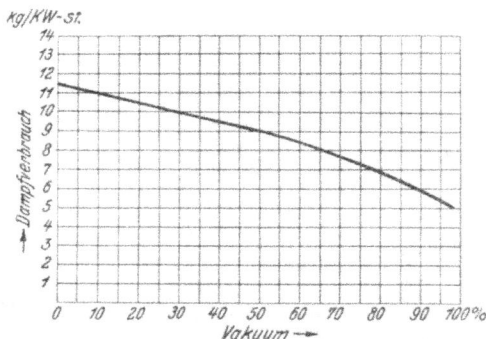

Abb. 10. Spez. Dampfverbrauch einer Groß-Dampfturbine in Abhängigkeit vom Vakuum. Anfangszustand: 15 ata, 350⁰.

3. Das Kühlwasser von Verbrennungskraftmaschinen.

Bei den Verbrennungskraftmaschinen ist die mit dem Kühlwasser abgehende Abfallwärme nicht so groß, wie bei den Dampfkraftmaschinen; sie bewegt sich zwischen 30 und 33 v.H., der der Maschine zugeführten Wärmemenge, gegenüber 60 v.H. bei Kondensationsdampfmaschinen (im übrigen s. Zahlentafel 17—20!).

Infolge der hohen Verpuffungstemperatur in den Zylindern von Gasmaschinen müssen die Wandungen gekühlt werden. Das Kühlwasser verläßt den Zylindermantel im allgemeinen mit einer Temperatur von 40—60⁰. Man ist aber neuerdings bestrebt, nach Angaben von Semmler durch Herabmindern der umlaufenden Kühlwassermenge die Austrittstemperatur desselben aus dem Zylinder bei Gasmaschinen und Dieselmaschinen auf 90—120⁰ zu erhöhen und somit durch künstliche Vergrößerung des ausnutzbaren Temperaturgefälles die Verwertungsmöglichkeit dieser Abfallenergie wesentlich günstiger zu gestalten, als es beim Kühlwasser von Kondensationsdampf-

maschinen sein kann. Dies Verfahren bezeichnet man als
Heißkühlung und die an einer großen Versuchsanlage auf
den Rombacher Hüttenwerken gemachten Erfahrungen be-
rechtigen dazu, diesem Verfahren eine große Zukunft vorauszu-
sagen. Es haben sich nicht nur keine Betriebsstörungen bei der
Anwendung des Heißkühlverfahrens gezeigt, sondern die Großgasmaschinen sind wesentlich elastischer gelaufen, als bei der
normalen Kühlung. Auf die Anwendung des Verfahrens zum
Zwecke der Erzeugung von Heißwasser und Niederdruckdampf
wird im Band II eingegangen werden.

4. Ausnutzungsmöglichkeiten des Kühlwassers.

Die in Band II u. III eingehend zu besprechenden Aus-
nutzungsmöglichkeiten seien an dieser Stelle nur kurz auf-
geführt:

Das warme Kühlwasser von Kondensationsanlagen läßt
sich unter Hinzuziehung anderer Abwärmequellen zur Weiter-
vorwärmung auf 90° teilweise zu Fernheizzwecken und zur
Bereitung von Warmwasser, z. B. für die Waschkauen von
Zechen- und Hüttenwerken verwenden. Es sind auch Bestrebungen im Gange, den energievernichtenden Kühlturm ganz
oder zeitlich begrenzt durch Bodenheizungen zu ersetzen.
Ferner kann das Kühlwasser zur Bereitung des Zusatzspeisewassers herangezogen werden, welches benötigt wird, um die im
Dampfkreislauf einer geschlossenen Kraftanlage auftretenden
Verluste zu decken. Es ist dies sogar ratsam, um den wirtschaftlichen Wirkungsgrad der Gesamtanlage zu verbessern[1]).
Das Kühlwasser von Verbrennungskraftmaschinen, Kühlbalken, Wanderrosten usw. kann ebenfalls zur Bereitung von
Warmwasser zu Wasch- und Heizzwecken herangezogen werden, besonders das Kühlwasser von Verbrennungskraftmaschinen unter Anwendung des Heißkühlverfahrens. In
diesem Falle ist es sogar möglich, aus dem warmen Kühlwasser
Niederdruckdampf zum Betrieb von Abdampfturbinen zu
gewinnen[2]). Ausführlich wird im Band II auf den Aufbau
solcher Anlagen eingegangen werden.

---

[1]) Siehe „Kondensatwirtschaft" des Verf. Verlag R. Oldenbourg, München u. Berlin 1927, Anhang.

[2]) Siehe auch „Abwärmeverwertung und Heizung und Krafterzeugung" des Verf. VdI-Verlag 1926.

Id) Die elektrische Abfallenergie.

1. Die elektrische Wärmeverwertung im In- und Auslande.

In neuester Zeit zeigt sich mehr und mehr das Bestreben, elektrische Nachtstrom- und elektrische Abfallenergie von Wasserkraftwerken zur Wärmeverwertung heranzuziehen, und zwar ganz besonders in solchen Gegenden (Schweiz, Österreich, Süddeutschland), wohin die Anfuhr von Brennmaterial mit Schwierigkeiten verbunden ist, z. B. für hochliegende Hotels und Ortschaften.

Das Bestreben der Bevölkerung, billigen Kraftstrom aus-zunutzen, wird von den Elektrizitätswerken gefördert, da sich für diese die dringende Notwendigkeit ergibt, den Stromabsatz zu erhöhen ohne die Erzeugungs- und Verteilungsanlagen er-weitern zu müssen; denn die Wirtschaftlichkeit der Elektrizi-tätswerke hebt sich mit der Erhöhung der Benutzungsziffer.

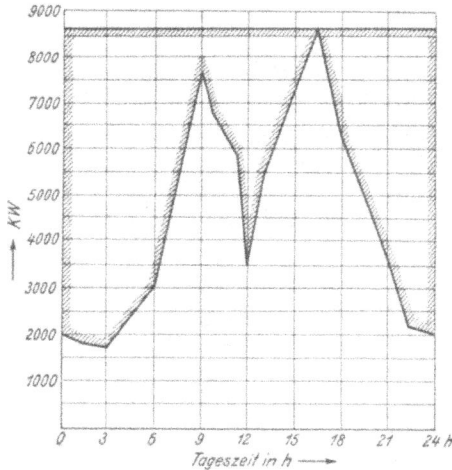

Abb. 11. Tagesbelastungslinie eines Elektrizitätswerkes.

Um hierüber ein Bild zu gewinnen, ist es zweckmäßig, sich zunächst einmal klar zu werden, in welcher Form die Aus-nutzung der elektrischen Energie bewerkstelligt werden kann.

Die Beleuchtung erreicht morgens und abends ihre größte Spitze und fällt dann sehr rasch ab. Die Kurve des Kraftverbrauches steigt früh bei Arbeitsbeginn an, erhält mittags einen nach abwärts gerichteten Knick und fällt abends nach Betriebsschluß der Industrie weiter ab. Die Leistung der Elektrizitätswerke muß jedoch der Spitze von Licht und Kraft zusammengenommen gleich sein. Man erkennt demnach aus dem Diagramm, Abb. 11, welche Zusatzbelastung das Werk noch vertragen würde, um eine auch nur annähernd gleichmäßige Belastung zu erreichen. Es muß daher für den zusätzlich anfälligen elektrischen Strom eine andere Verwendungsform geschaffen werden und diese andere Form bietet sich in der Wärmeverwertung des elektrischen Stromes für Haushalt und Industrie.

In England und Amerika ist man in dieser Richtung sehr weit vorgeschritten. Es zeigt sich hier ein rapides Wachstum des Stromverbrauches für industrielle Zwecke, bei denen der elektrische Strom als Wärmequelle benutzt wird, und zwar beim Schmelzen und Herstellen von Eisen und Stahl, beim Einschmelzen von Messing, Bronze, beim Emaillieren, Lackieren und Glasieren, zur Entfernung der Feuchtigkeit aus Nahrungs- und Futtermitteln, beim Trocknen von Holz, beim Ausglühen, Abschrecken und Ziehen von Metallen u. a. m.

Auf dem Gebiete der amerikanischen Eisenhüttentechnik bzw. Eisenverarbeitung wurden im Jahre 1923 2 Mill. t von 35 Mill. t Jahresproduktion unter Mithilfe des elektrischen Stromes einer Wärmebehandlung unterzogen. Ferner wurde der elektrische Strom herangezogen zur Lufterhitzung bei Warmluftheizungen und Unterwindfeuerungen zur Herstellung von warmem Gebrauchswasser und Heißwasser für Fernheizungen, zuletzt zur Herstellung sogar von Hochdruckdampf.

2. Die Energieumsetzung.

Für die Energieumsetzung gilt das Gesetz, daß sich mit 1 kWh 860 kcal erzeugen lassen. Praktisch ist selbstverständlich diese Zahl nicht erreichbar, doch kann man ihr durch guten Wärmeschutz und geringe strahlende Kesseloberfläche sehr nahekommen.

Unter Berücksichtigung des Wirkungsgrades können mit 1 kWh 1,25—1,3 kg Dampf oder eine der zugeführten Wärmemenge entsprechende Warmwassermenge von t_e auf t_a erwärmt werden. Im Vergleich zu einer mit Kohlen gefeuerten Anlage ergibt sich bei fünffacher Verdampfung für 1 kWh eine gleichwertige Kohlenmenge von 0,25 kg. An Hand dieser Zahlen läßt sich sehr leicht die Wirtschaftlichkeit einer Anlage überblicken. Hierfür folgendes Beispiel[1]):

Die Dampfkesselanlagen des Elektrizitätswerkes in München „Muffat-Werk" besitzen eine Aufnahmefähigkeit von 2500 kW bei unmittelbarem Anschluß an eine 5000-V-Drehstromleitung. Das entspricht, wenn diese Überschußleistung etwa 6 h zur Verfügung steht: 2500 kW · 6 · 0,25 = 3700 kg Kohlenersparnis. Mit berücksichtigt werden muß außerdem der Wegfall von Wartung, Kohlenzutransportkosten und Flugaschenentfernung. Aus diesen Gründen wird sich eine Elektroanlage um so rentabler einer Kohlenfeuerung gegenüber gestalten, je billiger der Strom zur Verfügung gestellt werden kann, also ganz besonders dann, wenn Abfallstrom für solche Zwecke bereitgestellt wird. Dies ist in München der Fall; denn als Energiequelle dient im oben besprochenen Falle die Abfallkraft der Leitzachwerke während der Nachtstunden.

3. Möglichkeiten von wirtschaftlicher Elektrowärmeverwertung.

1. Der Idealfall liegt dann vor, wenn aus einer Anlage Überschußenergie aus eigenen Wasserkräften derart zur Verfügung steht, daß sie sich zeitlich mit dem Wärmeverbrauch deckt. In diesem Falle kann der Energieanfall als kostenlos bewertet werden, da die volle Ausnutzung der bisher nur teilweise belasteten Zentrale keine Mehrkosten verursacht. Hierbei gilt als Voraussetzung, daß die Anlagekosten niedrig oder sogar abgeschrieben zu Buch stehen.

2. Wesentlich ungünstiger liegen die Verhältnisse, wenn Energie aus fremden Netzen bezogen werden muß. Für den Fall aber, daß für das betreffende Netz für lange Zeit eine volle Ausnutzung nicht zu erwarten ist, wird sich immerhin ein günstiger Preis und damit eine Wirtschaftlichkeit der Verwerteranlage erzielen lassen.

3. Der häufigste Fall ist jener, bei welchem zwar aus eigenem Werk Überschußenergie zur Verfügung steht, daß sich

---

[1]) Näheres s. Elektro-Wärmeverwertung von Rob. Kratochwil. Verlag R. Oldenbourg, München-Berlin 1927.

dieser jedoch nicht mit dem zeitlichen Wärmebedarf deckt. In diesem Falle ist zu untersuchen, ob nicht Fabrikations- einrichtungen, welche viel Wärmebedarf (z. B. Heizdampf) benötigen und anderseits wenig Bedienung erfordern, in der Nachtschicht, also in der Zeit des Anfalles von Überschuß- energie, betrieben werden können. Dies ist z. B. möglich bei Zellulosekochern, in Spinnereien und Webereien, bei Garn- kochern, in verschiedenen Bleichapparaten. Sollte dieser Weg nicht gangbar sein oder über den Bedarf hinaus Überschuß- energie zur Verfügung stehen, so müssen Speicher eingebaut werden. In dem hier beschriebenen Fall steht die Energie wiederum kostenlos zur Verfügung, äußerstenfalls kommen einige Bedienungskosten zur Belastung.

4. Der letzte Fall tritt bei Bezug von Nachtenergie aus fremden Werken und einer Speicherung in einer Elektro- speicheranlage ein.

Bei der Projektierung und dem Bau solcher Wärmever- wertungsanlagen für elektrische Überschußenergie muß das der elektrischen Energie innewohnende Wärmeäquivalent, d. i. für 1 kWh rund 860 kcal, möglichst restlos gewonnen werden. Hierzu gehört vor allem ein guter Wärmeschutz, besonders der Kessel, um die Strahlung herabzudrücken. Bei einer guten Isolierung kann mit einem Wirkungsgrad von 95 v.H. ge- rechnet werden. Dies ergibt z. B. unter Annahme einer mittel- hohen Speisewassertemperatur die Erzeugung von 1,2 kg Dampf aus 1 kWh.

Die Grundelemente der Abwärme-verwertungsanlagen.

Allgemeines.

Die Elemente aller Abwärmeverwertungsanlagen sind die gleichen und leiten sich aus den Funktionen ab, die diese zu erfüllen haben:

Als Abwärmequellen stehen Dampf von verschiedener Spannung, Abhitzegase von technischen Öfen, Rauchgase, Abgase von Verbrennungskraftmaschinen sowie neuerdings elektrischer Abfallstrom zur Verfügung (siehe Abschnitt I). In dieser Form ist die Abwärme zur weiteren unmittelbaren Verwertung nicht brauchbar. Man benötigt vielmehr als Träger für die Verbrauchswärme Warmwasser, Dampf verschiedenster Spannung und Warmluft. Es sind also Wärmeumformer notwendig, welche gebräuchlicher als Wärmeaustauscher oder Abwärmeverwerter bezeichnet werden.

Der Wärmeaustausch vollzieht sich zumeist nicht unmittelbar, sondern durch eine Trennwand hindurch vom wärmeabgebenden zum wärmeaufnehmenden Stoff. Die Trennwand wird je nach dem Verwendungszweck als Platten, Röhren oder Taschen auszubilden sein. Im übrigen richtet sich die Bauart im einzelnen nach den Anforderungen, die gestellt werden, d. h. einerseits nach der Art und Temperatur des wärmeabgebenden Stoffes und anderseits nach dem Aggregatzustand, Art und Spannung des aus der Abwärme zu erzeugenden Wärmeträgers. Demnach ist das erste Grundelement einer jeden Abwärmeverwertungsanlage ein

A. Wärmeaustauscher.

Bei der Verwertung von Abwärmequellen tritt eine starke zeitliche Verschiebung zwischen dem Anfall der Abwärme und der Verbrauchsmöglichkeit ein. Auch fällt die Abwärme sehr oft stoß- oder wechselweise an (z. B. Abdampf von Fördermaschinen, Dampfhämmern, Haspeln oder Walzenzugmaschinen), während die Verbrauchswärme in gleichförmigem Strom, aber in wechselnder Menge je nach der Tages- und Jahreszeit benötigt wird.

Zur Überbrückung der vorstehend gekennzeichneten Unterschiede in der Wärmegestellung und dem Wärmebedarf müssen

B. Wärmespeicher

eingebaut werden. Sie sind also der zweite Grundbestandteil von Abwärmeverwertungsanlagen.

Die Wärmespeicher haben alle eine oder mehrere der folgenden Aufgaben zu erfüllen: Die Aufbewahrung von Wärme für kürzere oder längere Zeit, den Ausgleich von Schwankungen in der Wärmeauf- und Entnahme, die Umwandlung stoßweiser oder in der Menge wechselnder Wärmeabgabe in einen Wärmegleichstrom zur Weitergabe an Verbrauchsstellen mit gleichmäßigem Wärmebedarf.

Für die Konstruktion solcher Wärmespeicher ist ausschlaggebend, in welcher Form die aufgenommene Wärme an die Verbraucherstellen abgeliefert werden soll (als Hochdruck- oder Niederdruckdampf, als Heißwasser oder warmes Gebrauchswasser oder als Warmluft). Als Speicherfüllung dienen Wasser oder feste Füllstoffe mit möglichst hoher spez. Wärme bei zugleich möglichst kleinem Rauminhalt.

Die in den Wärmeaustauschern (Grundelement A) oder in den Wärmespeichern (Grundelement B) umgeformte bzw. aufgespeicherte Wärme ist nun den Verbraucherstellen zuzuleiten. Infolgedessen tritt als dritter Grundbestandteil einer jeden Abwärmeverwertungsanlage ein

C. Wärmefortleitungsnetz

hinzu. Die Wärme kann in verschiedener Form weitergeleitet werden, nämlich als Hochdruck- oder Niederdruckdampf, als Mischdampf (zusammengeleiteter Dampf verschiedener Spannungen) oder als Warmwasser. Je nach der Art des gewünschten Wärmeträgers ist das Netz auszugestalten.

Das vierte Element bilden die

D. Armaturen.

Sie ermöglichen bei richtiger Auswahl und Einordnung in die Anlage dieselbe auf größtmögliche Leistung und Wirtschaftlichkeit zu bringen, ferner die Betriebssicherheit zu steigern und neue Verwendungsmöglichkeiten zu erschließen (z. B. in der Zusammenschaltung ungleich gespannter Kesselgruppen und Speicher).

Neben diesen Grundbestandteilen A bis D müssen beim Zusammenbau von Abwärmeverwertungsanlagen auch noch einige Nebenelemente berücksichtigt werden, wie Kocher, Destillatoren oder Eindampfapparate. Sie werden in Band II und III, soweit notwendig, bei den einzelnen Anlagen besprochen werden.

A. Die Wärmeaustauscher.

1. Die Theorie des Wärmeaustausches.

Wärme kann von einem Körper K_1 auf einen anderen K_2 übertragen werden, wenn der wärmeabgebende Körper K_1 eine höhere Temperatur T_1 besitzt als der wärmeaufnehmende Körper K_2 von der Temperatur T_2. Der Wärmeübergang dauert in diesem Falle so lange, bis K_1 und K_2 ein und dieselbe Temperatur T_m angenommen haben, welche zwischen T_1 und T_2 liegt, so daß $T_1 > T_m > T_2$ ist.

Statt der Körper K_1 und K_2 können nun auch zwei benachbarte Elemente ein und desselben Körpers betrachtet werden, falls dieselben nur im betrachteten Augenblick verschiedene Temperaturen besitzen. Man kann sich vorstellen, daß die Wärme von einem Element des Körpers zum andern und so fort durch den materiellen Körper hindurchwandert. Dieses Wandern der Wärme wird als „Wärmeleitung" bezeichnet. Es ist aber auch möglich, daß ein Übergang von Wärme zwischen zwei nicht in materieller Verbindung miteinander stehenden Körpern stattfindet, sofern diese Körper nur verschiedene Temperaturen haben, und zwar durch Strahlung. Diese Art des Wanderns der Wärme wird als „Wärmestrahlung" bezeichnet.

Zur Ermittlung der Gesetze der Wärmeleitung denke man sich — wie in Abb. 12 angedeutet — eine materielle Platte von großer Oberfläche und von der Dicke δ. Es wird ferner angenommen, daß auf beiden Seiten sich eine Flüssigkeit von verschiedener, aber konstanter Temperatur T_1 und T_2 befindet — etwa siedendes Wasser (I) und schmelzendes Eis (II). Es erfolgt dann eine Wanderung der Wärme von I → II durch die Platte hindurch, und zwar derart, daß durch die Flächeneinheit der Platte in der Zeiteinheit z stets gleiche Wärmemengen hindurchgehen oder daß der Differentialquotient $\dfrac{d\,W}{d\,z}$, der

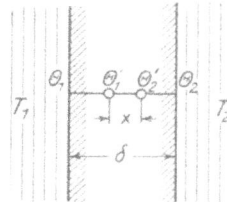

Abb. 12. Schema zur Ermittlung der Gesetze der Wärmeleitung.

als „Wärmestrom" bezeichnet werden kann, dem Platten- oder Stromquerschnitt proportional ist. Ändern sich T_1 und T_2, so steigt oder verringert sich der Wärmestrom mit der Größe von $T_1 - T_2$.

Sind Θ_1' und Θ_2' die Temperaturen zweier um die Entfernung x voneinander entfernten Elemente in der Linie des Wärmestroms, so ergibt sich, daß die Größe des Wärmestroms proportional dem Temperaturgefälle

$$\frac{\Theta_1' - \Theta_2'}{x} = \frac{\varDelta\,\Theta}{x}$$

ist. Rücken die beiden Meßstellen ∞ nahe zusammen, d. h. wird x ∞ klein, so wird das Temperaturgefälle durch den Differentialquotienten $-\dfrac{d\,\Theta}{d\,x}$ dargestellt. Es ergibt sich abschließend für die Größe des Wärmestromes die Beziehung:

$$\frac{d\,W}{d\,z} = -\,F\cdot\lambda\cdot\frac{d\,\Theta}{d\,x}\,.$$

In dieser Formel ist F die Plattenoberfläche in m² und λ eine noch näher zu untersuchende Beizahl. Das negative Vorzeichen deutet an, daß der Wärmestrom in der Richtung der Temperaturabnahme fließt.

Wird nun vorausgesetzt, daß 1. das Temperaturgefälle unabhängig von der Zeit, der Wärmestrom also stationär ist und 2. daß die Beizahl λ von der Temperatur unabhängig ist, so wird $\dfrac{dW}{dz} =$ konst., und weiter:

$$W = \lambda \cdot F \, \frac{\Theta_1' - \Theta_2'}{x} \cdot z;$$

für $x = \delta$ ist alsdann:

$$W = \lambda \cdot F \, \frac{\Theta_1 - \Theta_2}{\delta} \cdot z \quad \ldots \ldots \ldots (1)$$

Setzen wir nun $F = 1\,\mathrm{m^2}$, $\Theta_1 - \Theta_2 = 1^0\,\mathrm{C}$, $z = 1$ h und $\delta = 1$ m, so wird

$$W = \lambda.$$

Die Beizahl λ gibt also die Wärmemenge in kcal an, welche bei stationärer Strömung durch eine Fläche von 1 m² bei einem Temperaturgefälle von 1⁰ C auf 1 m Länge in der Einheit der Zeit hindurchgeht. Man bezeichnet daher λ als „Wärmeleitzahl“. λ hat nach obiger Definition die Dimension kcal/m h⁰.

Nun aber findet an den Grenzoberflächen ein Übergang der Wärmemenge W von dem Stoff I an die Wand und an der anderen Grenzfläche der Übergang der gleichen Wärmemenge W von Wand an Stoff II statt. Wärmeübergänge sind nur möglich bei Temperaturunterschieden, d. h. es muß die Bedingung erfüllt sein, daß $T_1 > \Theta_1 > \Theta_2 > T_2$ ist (siehe Abb. 12)

Für diese Wärmeabgabe W bzw. Wärmeaufnahme W bei stationärer Strömung setzt man nun willkürlich:

und

$$\left.\begin{array}{l} W = a_1 \cdot F \cdot (T_1 - \Theta_1) \cdot z \\[2mm] W = a_2 \cdot F \cdot (\Theta_2 - T_2) \cdot z \end{array}\right| \quad \ldots \ldots \ldots (2)$$

und bezeichnet die Faktoren a_1 und a_2 als Wärmeübergangszahlen.

Analog obiger Definition für λ gibt die Wärmeübergangszahl „a“ diejenige Wärmemenge in kcal an, welche bei stationärer Strömung von einem Stoff an eine Wand und umgekehrt auf 1 m² in 1 h übergeht, wenn der Temperaturunterschied zwischen Stoff und Wand 1⁰ C (bzw. umgekehrt) beträgt.

Die Dimension von a ist demnach kcal/m²h⁰. a ist kein Festwert, sondern abhängig vom Zustand des Stoffes, vornehmlich von dem Bewegungszustand, von den Temperaturen der Wand und des wärmeabgebenden Stoffes, von der Form, den Abmessungen und besonders von der Beschaffenheit der Grenzfläche.

Die Temperaturen T_1 und T_2 der Wand entziehen sich nun der unmittelbaren Beobachtung, es ist daher zweckmäßig, sie in der Formel (1) mit Hilfe der Formel (2) zu eliminieren. Man erhält dann:

$$W = \frac{F(T_1 - T_2)}{\frac{1}{a_1} + \frac{1}{a_2} + \frac{\delta}{\lambda}} \cdot z \qquad \ldots \ldots \quad (3)$$

Der Nenner der rechten Seite dieser Gleichung ist eine die Intensität des Wärmedurchgangs Stoff I → Wand → Stoff II kennzeichnende Größe. Man setzt daher den Ausdruck:

$$\frac{1}{a_1} + \frac{1}{a_2} + \frac{\delta}{\lambda} = \frac{1}{k}$$

und bezeichnet:

$$k = \frac{1}{\frac{1}{a_1} + \frac{1}{a_2} + \frac{\delta}{\lambda}}$$

als »Wärmedurchgangszahl«. Es wird somit:

$$W = k \cdot F(T_1 - T_2) \cdot z.$$

Wird wieder

$$F = 1 \text{ m}^2, \quad T_1 - T_2 = 1^\circ C \text{ und } z = 1 \text{ h}$$

gesetzt, so wird:

$$W = k.$$

Die Wärmedurchgangszahl „k" gibt also diejenige Wärmemenge in kcal an, welche in 1 h durch 1 m² der Trennfläche bei 1°C Temperaturunterschied zwischen dem wärmeabgebenden und aufnehmenden Stoff von dem abgebenden auf den aufnehmenden übergeht. Die Dimension von k ist also kcal/m²h⁰.

Es waren bisher die Temperaturen T_1 und T_2 als konstant angenommen worden. Bei der Wärmeübertragung ändern sich aber zumeist die Temperaturen T_1 und T_2, und zwar bei ruhenden Flüssigkeiten im Verlauf der Zeit oder bei längs der Trennungsfläche bewegten Flüssigkeiten längs dieser Trennungsfläche, wobei in letzterem Falle die Flüssigkeiten I und II sich in gleicher (Gleichstrom) oder in entgegengesetzter Richtung (Gegenstrom) oder vertikal zueinander (Kreuzstrom) bewegen können.

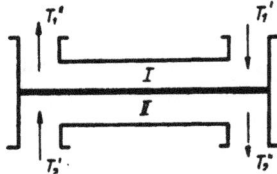

Abb. 13. Schematische Darstellung eines Gegenstrom-Wärmeaustauschers.

Nach den Untersuchungen von Prof. Nusselt ist es aber gleichgültig, wie die Strömungsrichtung der Stoffe I und II gegeneinander erfolgt, stets ist die Heizfläche in der Richtung der heißen Flüssigkeit zu rechnen.

Die einfachste Form eines Gegenstrom-Wärmeaustauschers zeigt Abb. 13.

Bezeichnen T_1' und T_2' die Anfangstemperaturen und entsprechend T_1'' und T_2'' die Endtemperaturen der beiden Stoffe und wird weiter

$$T_1' - T_2' = \Delta'$$

und entsprechend

$$T_1'' - T_2'' = \Delta''$$

gesetzt, so ergibt sich als mittlerer Temperaturunterschied nach Grashoff:

$$\Delta_m = \frac{\Delta' - \Delta''}{\ln \dfrac{\Delta'}{\Delta''}}.$$

Bei siedendem Wasser oder kondensierendem Dampf ist die Temperatur des Wärmeträgers = konst., d. h. es wird wieder $T_1' = T_1'' = T_1$ bzw. $T_2' = T_2'' = T_2$.

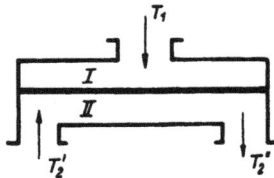

Abb. 14. Schematische Darstellung eines Abdampf-Oberflächen-Vorwärmers.

Ein solcher Fall tritt nun offenbar in einem Abdampfvorwärmer ein. Abb. 14 zeigt die einfachste Form. Auf der einen Seite der Trennfläche befindet sich kondensierender Dampf von der Temperatur T_1; welcher seine freiwerdende Wärme an eine strömende Flüssigkeit (zumeist Wasser) abgibt, dessen Eintrittstemperatur T_2' und Austrittstemperatur T_2'' ist.

Der mittlere Temperaturunterschied ist dann:

$$\Delta_m = \frac{T_1 - T_2' - T_1 + T_2''}{\ln \dfrac{T_1 - T_2'}{T_1 - T_2''}} = \frac{T_2'' - T_1}{\ln \dfrac{T_1 - T_2'}{T_1 - T_2''}}$$

Es ist nun bei kondensierendem Dampf als Stoff 1:

$T_1 = 273 + t_D$ = der Dampftemperatur

$T_2' = 273 + t_e$ = der Eintrittstemperatur $\}$ der zu erwärmen-

$T_2'' = 273 + t_a$ = der Austrittstemperatur $\}$ den Flüssigkeit (zumeist Wasser)

und demnach:

$$\Delta_m = \frac{t_a - t_e}{\ln \dfrac{t_D - t_e}{t_D - t_a}}$$

Die zu übertragende Wärmemenge ist bei allen Wärmeaustauschern nunmehr gleich:

$$W = F \cdot k \cdot \Delta_m \cdot z.$$

Es verbleibt nun noch die Betrachtung der beiden hier noch nicht näher festgelegten Größen „F" und „k", besonders in ihrer Wechselwirkung aufeinander.

Bei den von Oberflächenwärmeaustauschern verlangten Wärmeübertragungsleistungen läßt sich nun die Trennfläche nicht mehr als ebene Platte ausbilden. Es ist notwendig, die verlangte große Oberfläche durch Rohrbündel zu erzeugen. Theoretisch sind dabei die Betrachtungen über den Wärmedurchgang bei ebenen Platten nicht ohne

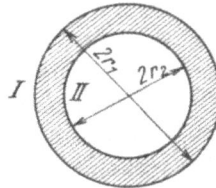

Abb. 15. Bestimmung der Wärmeaustauschfläche bei Rohren.

weiteres auf Rohre übertragbar, weil die Eintritts- und Austrittsflächen für die Wärme bei Rohren nicht mehr einander gleich sind.

Die Eintrittsfläche der Wärme hat nach Abb. 15 die Größe

$$F_e = 2\,\pi \cdot r_1 \cdot l,$$

wenn l die Länge des Rohres ist; die Austrittsfläche hat nur die Größe:

$$F_a = 2\,\pi\,r_2 \cdot l.$$

wenn angenommen wird, daß der Wärmestrom von außen nach innen geht.

5*

Die Formeln (2) gehen dann über in:

$$\frac{W}{r_1} = 2\,\pi\,l \cdot a_1\,(T_1 - \Theta_1) \cdot z$$

$$\frac{W}{r_2} = 2\,\pi\,l \cdot a_2\,(\Theta_2 - T_2) \cdot z$$

. . . . . . (2a)

In der Rohrwandung ist aber r auch veränderlich, es wird dann in der Gleichung:

$$\frac{d\,W}{d\,z} = -\,F \cdot \lambda \cdot \frac{d\,\Theta}{d\,x}\,.$$

$d\,x = \pm\, d\,r.$

Bei stationärer Strömung ist $\frac{W}{z}$ = konst. und infolgedessen wird

$$\frac{W}{z} = \mp\, 2 \cdot \lambda\,\pi\,l \cdot r\,\frac{d\,\Theta}{d\,r}\,.$$

Durch Integration zwischen den Grenzen r_1 und r_2 mit $\Theta_1 > \Theta_2$ ergibt sich dann:

$$\frac{W}{z}\,\ln\frac{r_1}{r_2} = \pm\, 2\,\lambda \cdot \pi \cdot l\,(\Theta_1 - \Theta_2),$$

und zwar mit dem Vorzeichen $\pm$, je nachdem ob $r_1 \gtrless r_2$ oder die Wärme von außen nach innen bzw. umgekehrt strömt.

Werden abermals die durch Beobachtung nicht erfaßbaren Oberflächentemperaturen Θ_1 und Θ_2 auf demselben Wege wie früher eliminiert, so erhält man:

$$W\left\{\frac{1}{a_1 \cdot r_1} + \frac{1}{\lambda}\,\ln\frac{r_1}{r_2} + \frac{1}{a_2 \cdot r_2}\right\} = 2\,\pi\,l\,(T_1 - T_2) \cdot z.$$

Es ist somit die Wärmedurchgangszahl:

$$\frac{1}{k'} = \frac{1}{a_1 \cdot r_1} + \frac{1}{\lambda}\,\ln\frac{r_1}{r_2} + \frac{1}{a_2 \cdot r_2}\,.$$

Bei der Entwicklung war wieder T_1 = konst. und T_2 = konst. angenommen. Ist dies nicht der Fall, so ist wieder Δ_m — wie früher angegeben — zu entwickeln. Es ergibt sich jedenfalls für W die allgemeine Formel:

$$W = 2\,\pi\,l \cdot k' \cdot \Delta_m \cdot z.$$

Es wird sich nun stets ein Wert r_m zwischen r_1 und r_2 ermitteln lassen, für welchen $k' = k$ wird. Würde $a_1 = a_2$ sein, so wäre

$r_m = \dfrac{r_1 + r_2}{2}$. Ist aber eine der beiden Zahlen a_1 oder a_2 sehr klein gegenüber der anderen, so ist r_m von dem, dem kleinen Werte zugeordneten Radius r_1 oder r_2 nur unwesentlich verschieden.

Bei den hier in Betracht kommenden Wärmeaustauschern kann jedenfalls ohne großen Fehler stets von der allgemeinen Grundform

$$\frac{1}{k} = \frac{1}{a_1} + \frac{1}{a_2} + \frac{\delta}{\lambda}$$

ausgegangen werden.

Die möglichst einwandfreie Ermittlung der Wärmedurchgangszahl k ist für die Errechnung der Größe der notwendigen Übertragungsfläche „F" von ausschlaggebender Bedeutung. Seit Joule und Mollier[1]) ist diese Wärmedurchgangszahl für die verschiedensten Stoffe I und II bei den verschiedensten Zuständen Gegenstand zahlreicher und in ihrem Ergebnis zum großen Teil recht unbefriedigender Versuche gewesen. Es hat sich fast niemals eine angenäherte Konstanz der Werte von k ergeben, ohne daß man dabei immer in der Lage gewesen wäre, die Ursache dieser Schwankungen eindeutig festzustellen. Die angestellten Versuche ließen aber anderseits deutlich erkennen, daß bei tropfbaren Flüssigkeiten, welche infolge von Wärmeaustausch durch eine Trennungswand hindurch nur ihre Temperatur, nicht aber z. B. ihre Mengen änderten, die Strömungsgeschwindigkeit längs der Wärmedurchgangsfläche auf den k-Wert von erheblichem Einfluß ist.

Theoretisch läßt sich diese Erscheinung wie folgt begründen:

Die Strömung hat eine Reibung der Flüssigkeitsteilchen an der festen Wand und damit Wirbelbildung zur Folge, deren Heftigkeit mit der Strömungsgeschwindigkeit wächst. Durch diese Wirbelbildung treten stets neue Teilchen der Flüssigkeit mit der Trennungswand in Wärmeaustausch, um nach stattgefundenem Austausch sich sofort wieder mit den übrigen Teilchen zu mischen. Die angestellten Versuche bestätigen denn auch, daß sich die Wärmedurchgangszahl ungefähr proportional der Wurzel aus der Strömungsgeschwindigkeit ändert.

[1]) Vgl. Mollier, „Über den Wärmedurchgang und die darauf bezüglichen Versuchsergebnisse". Z. d. V. d. I. 1897.

Der Quotient $\frac{\delta}{\lambda}$ kennzeichnet den Einfluß des Wandungsmaterials auf den Wärmedurchgang. Es ist δ = der Wandstärke des Rohres in m, während λ die Wärmeleitzahl des Wandungsmaterials bedeutet. Diese ist z. B. für Kupfer = 320—345, Messing = 50—100, Eisen = 56, Zink = 95, Zinn = 54, Nickel = 50 kcal/m h°.

2. Die Ermittlung der k-Werte für die verschiedenen Wärmeaustauschmöglichkeiten.

Wie schon gesagt, ist eine möglichst einwandfreie Ermittlung des k-Wertes für die Bemessung der Heizfläche und für die Konstruktion der Wärmeaustauscher an sich von grundsätzlicher Bedeutung. Die für den Abwärmetechniker in Betracht kommenden Möglichkeiten des Wärmeaustausches sind:

1. Gruppe: Vorwärmer.

a) Dampf   → Wand → Wasser (Dampfvorwärmer).
b) Dampf   → Wand → Luft (Lufterhitzer).
c) Flüssigkeit → Wand → Flüssigkeit (Laugenvorwärmer).

2. Gruppe: Rauchgasverwerter.

a) Rauchgase → Wand → Wasser (Ekonomiser).
b) Rauchgase → Wand → Luft (Rauchgas-Luftvorwärmer).

3. Gruppe: Abgasverwerter.

a) Abgase → Wand → Wasser (Abhitzekessel).
b) Abgase → Wand → Luft (Abgas-Lufterhitzer).

4. Gruppe: Überhitzer.

a) Dampf → Wand → Dampf (Zwischendampf-Überhitzer).
b) Feuergase → Wand → Dampf (Frischdampf-Überhitzer).

Die Formeln für die jeweiligen k-Werte sollen hier kurz abgeleitet werden[1]).

---

[1]) Siehe auch „Abwärmeverwertung" des Verf. VDI-Verlag 1926.

Gruppe 1. Vorwärmer.

Die Vorwärmer werden zumeist als Oberflächenapparate gebaut, d. h. die wärmeabgebenden und aufnehmenden Stoffe sind durch eine Trennfläche geschieden, welche infolge ihrer Größe bei dieser Apparategattung in Röhrenbündel aufgelöst wird. Der wärmeabgebende Stoff kann um oder durch die Rohre fließen und somit der wärmeaufnehmende Stoff entsprechend umgekehrt.

a) Dampf $\rightarrow$ Wand $\rightarrow$ Wasser (Dampfvorwärmer).

Der gewöhnliche Oberflächenvorwärmer für Abdampf, Abb. 16, besteht aus einem gußeisernen oder schmiedeeisernen zylindrischen Mantel, der an beiden Enden mit Rohrböden verschlossen wird, die durch eine Anzahl eingewalzter Rohre miteinander verbunden werden. Den äußeren Abschluß bilden halbkugel- oder kegelförmig ausgebildete Deckel, die mit den Anschluß-stutzen für das die Rohre

Abb. 16. Normaler Oberflächenvor-wärmer für Abdampf Bauart Szamatolski, Berlin.

durchlaufende Medium versehen sind. Die Deckel sind vermittelst Flanschringen nur mit dem Mantel verschraubt, damit man bei einer Reinigung durch Lösen der Verschraubungen einen leichten Zugang zum Rohrsystem hat. Um eine noch bessere Reinigung zu ermöglichen, ist bei neueren Bauarten das Rohrbündel meist ausziehbar gestaltet.

Die Wärmeübergangszahl a_1 von Dampf an die Trennwand ist abhängig von der Spannung und der Lufthaltigkeit des Dampfes sowie nicht zuletzt von der Art der Kondensatabführung. Man kann setzen:

$a_1 = 19000 \rightarrow 10000$ je nachdem, ob Dampf von 5 ata bis 1,2 ata verwendet wird und je lufthaltiger der Dampf ist.

$a_1 = 10000 \rightarrow 8000$ für Abdampf, und zwar um so niedriger, je lufthaltiger der Dampf ist.

Die Übergangszahl a_2 von Wand an Wasser ist

$$a_2 = 4500 \sqrt{v_r},$$

worin v_w die Wassergeschwindigkeit bedeutet. v_w schwankt zwischen 0,25 bis 1,5 m/sek.

$\frac{\delta}{\lambda}$ ist = dem Einfluß der Wandung. δ bedeutet die Wandstärke des Rohres in m. Bei Vorwärmern wird $\delta =$ 0,001—0,002 m gewählt. Die Werte für die Wärmeleitzahl λ befinden sich auf S. 70.

Demnach ist für Abdampf mit geringem Luftgehalt die Wärmedurchgangszahl k_0 für die oberste Reihe des Bündels bei $\delta = 0,001$, $\lambda = 90$ kcal (Messing) und bei $v_w = 1,5$ m/sek:

$$k_0 = \cfrac{1}{\cfrac{1}{10\,000} + \cfrac{1}{4500\,\sqrt{1,5}} + \cfrac{0,001}{90}} = \sim 3400 \ \text{kcal/m}^2\text{h}^0.$$

Abb. 17 zeigt die gewöhnliche Rohranordnung eines Vorwärmers; je zwei nebeneinanderliegende vertikale Rohrreihen sind zwar gegeneinander versetzt angeordnet, es fließt aber das sich auf dem obersten Rohr einer vertikalen Rohrreihe bildende Kondensat auf das nächste darunterliegende u. s. f. Das auf die unteren Rohre auftreffende Kondensat umfließt die Rohrwandung und umhüllt sie mit einem Wassermantel. Nach Versuchen von Ginabat isoliert ein Wassermantel von der Stärke ≥ 1 mm den Dampf im Dampfraum des Vorwärmers vollkommen von der Rohrwandung. Es gilt also in diesem Falle nicht mehr die Wärmeübergangszahl a_1, sondern ein Wert $a_1{}'$ von der Form des Ausdrucks für a_2.

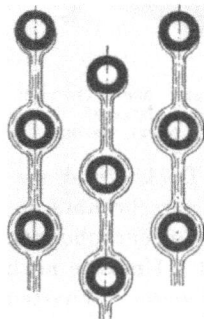

Abb. 17. Kondensatregen bei normaler Rohranordnung.

Die Wärmeübergangszahl $a_1{}'$ hat also die Form

$$a_1{}' = 4500 \sqrt{v_K},$$

worin die Kondensatgeschwindigkeit $v_K = 0,09$ m/sek nach Messungen von Ginabat[1]) gesetzt werden kann. Wann diese

---

[1]) Ginabat, Mémoires de l'Association Technique Maritime et Aéronautique. Paris, Session 1924. Deutsche Übersetzung von Dr.-Ing. L. Heuser in der Zeitschrift „Die Wärme" 1924, Nr. 48, 49, 50. S. a. Kondensatwirtschaft des Verf. S. 52.

vollkommene Isolation eintritt, richtet sich nach der Zahl der untereinanderliegenden Rohre einer vertikalen Reihe und der Dampfbelastung je m² Heizfläche und je Stunde. Im günstigsten Falle wird aber sicher das unterste Rohr isoliert werden. Es gilt alsdann für dieses unterste Rohr die Wärmedurchgangszahl

$$k_u = \frac{1}{\dfrac{1}{4500\,\gamma\,v_K} + \dfrac{1}{4500\,\gamma\,v_w} + \dfrac{\delta}{\lambda}} =$$

$$= \frac{1}{\dfrac{1}{4500\,\gamma\,0{,}09} + \dfrac{1}{4500\,\gamma\,1{,}5} + \dfrac{0{,}001}{90}} = 1070 \text{ kcal/m}^2\text{h}^0,$$

wenn $v_K = 0{,}09$ m/sek und $v_w = 1{,}5$ m/sek gesetzt wird.

Abb. 18 zeigt das Wärmedurchgangs-zahl-Diagramm für den ins Auge gefaßten günstigsten Fall. Unter der Annahme, daß k geradlinig vom obersten bis zum untersten Rohr des Bündels abnimmt, ist der mittlere k-Wert des Bündels:

$$k_m = 2240 \text{ kcal/m}^2\text{h}^0.$$

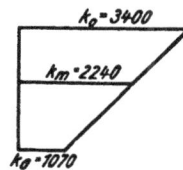

Abb. 18. Das Wärme-durchgangszahldia-gramm bei einem nor-malen liegenden Vorwärmer.

Da zumeist geringere Wassergeschwin-digkeiten als 1,5 m/sek gewählt werden, sind die eben errechneten Werte für k_o, k_u und k_m als Höchstwerte für normale mit Abdampf be-triebene Vorwärmer anzusprechen; normal ist:

$k_m = 1400 \rightarrow 2000$ kcal/m²h⁰ bei Abdampf von $1{,}1 \rightarrow 1{,}5$ ata
$k_m = 2000 \rightarrow 2500$ kcal/m²h⁰ bei Dampf von $1{,}5 \rightarrow 5$ ata.

Verfasser hat Konstruktionen z. B. nach Abb. 19 entwickelt, welche später besprochen werden sollen (Abschn. II A 5), bei denen in logischer Weiterverfolgung der entwickelten Theorie über den Kondensateinfluß, das Kondensat eines Rohres kein anderes darunter liegendes Rohr mehr berührt. Infolgedessen hat jedes Rohr die Wärmedurchgangszahl $k_0 = 3400$ und somit ist auch

$k_m = 3400$ kcal/m²h⁰ bei 1,5 m/sek Wassergeschwindigkeit.

Abb. 20 zeigt die Charakteristik eines normalen und eines k_0-Vorwärmers bei wachsender Wassergeschwindigkeit von 0 bis 1,0 m/sek. Es ist für beide Vorwärmer die gleiche Übergangszahl $a_1 = 10000$ kcal/m²h⁰ angenommen worden. Die zum Vergleich herangezogenen Vorwärmer sind mit Messingrohren von einer Wandstärke $\delta = 0,001$ m ausgerüstet. Die Wärmeleitzahl für Messing ist $\lambda = 90$ kcal/mh⁰ gesetzt worden.

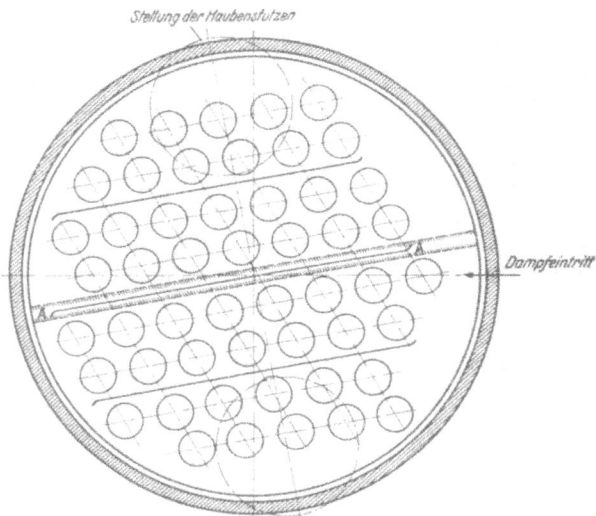

Abb. 19. Querschnitt durch einen k_0-Vorwärmer
Bauart Szamatolski-Dr. Balcke.

Sehr wesentlich ungünstiger liegen die Verhältnisse bei stehenden Vorwärmern nach Abb. 21. Das Kondensat rinnt hier bei senkrecht gestellten Rohren an denselben derart herab, daß das ganze Rohr auf ¾ seiner Länge von einem Wassermantel umhüllt ist, dessen Wandstärke ≥ 1 mm ist. Demnach ist hier das theoretische Wärmedurchgangszahldiagramm Abb. 22 ungünstiger. Es ist

$$k_m' = \frac{3400 + 3 \cdot 1070}{4} = \sim 1650 \text{ kcal/m}^2\text{h}^0$$

ein Wert, der in der Praxis für Abdampf oft festgestellt

worden ist. Als mittlere k_m'-Werte können angenommen werden:

$$k_m' = 600 - 1600 \text{ für Abdampf von } 1,1-1,5 \text{ ata,}$$
$$k_m' = 1650 \rightarrow 1900 \text{ für Dampf von } 1,5 \rightarrow 5 \text{ ata.}$$

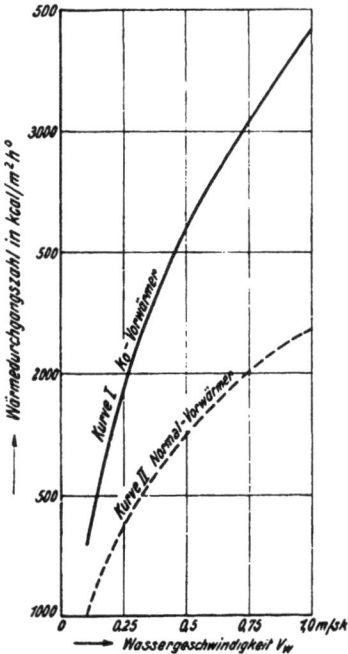

Abb. 20. Charakteristik des normalen und des k_0-Vorwärmers bei wachsender Wassergeschwindigkeit in den Rohren bei Abdampfbetrieb.

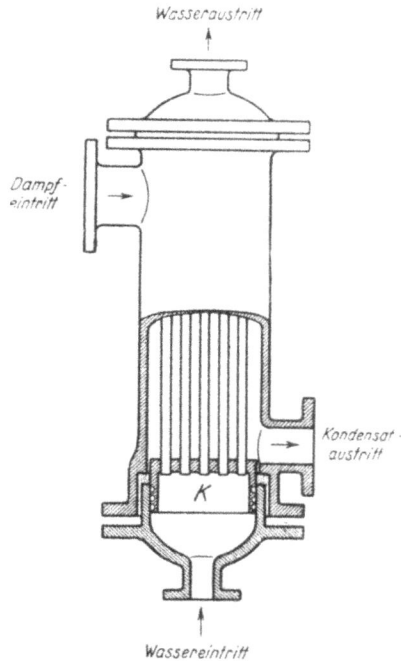

Abb. 21. Stehender normaler Vorwärmer Bauart Szamatolski, Berlin.

Schließlich kann der Dampf noch die Rohre durchfließen und das zu erwärmende Wasser dieselben umfließen (Abb. 23). Auf guten Kondensatabfluß ist auch hier streng zu achten. Bei Vorwärmern, welche mit Dampf von $1 \rightarrow 5$ ata betrieben werden und

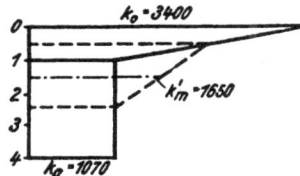

Abb. 22. Das Wärmedurchgangszahldiagramm bei einem normalen stehenden Vorwärmer.

bei denen das Rohrsystem U-förmig ausgebildet oder durch eine Heizschlange ersetzt ist (Abb. 24), erreicht k_m die verhältnismäßig hohen Werte:

$$k_m = 1800 \to 2200 \ \text{kcal/m}^2\,\text{h}^0 \left\{ \begin{array}{l} \text{für Dampf von } 1 \to 5 \text{ ata} \\ U\text{-Vorwärmer (Abb. 23)} \end{array} \right.$$

$$k_m = 2200 \to 2800 \quad ,, \quad ,, \quad \left\{ \begin{array}{l} \text{für Dampf von } 1 \to 5 \text{ ata} \\ \text{Spiral-Vorwärmer (Abb. 24)}. \end{array} \right.$$

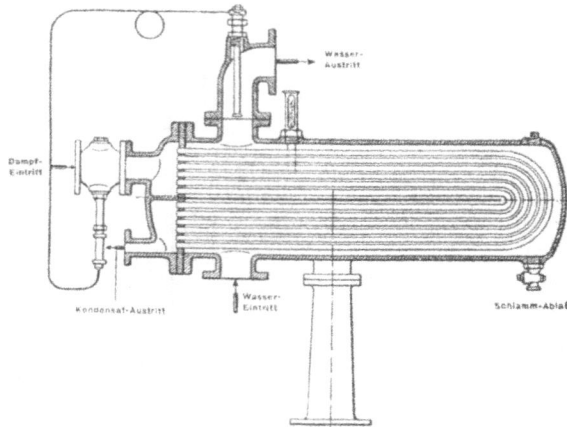

Abb. 23. „U"-Vorwärmer Bauart Schaffstaedt, Gießen.

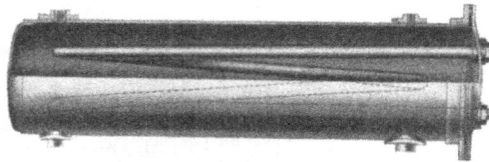

Abb. 24. Vorwärmer mit Heizschlange
Bauart Schaffstaedt, Gießen.

Die Abb. 25 erlaubt die Ablesung der Höhe der Erwärmung bzw. die Höhe des Dampfverbrauches für eine bestimmte Erwärmung bei gegebener Wassereintrittstemperatur unter Verwendung von Abdampf von 1,1 ata. Die Abb. 26 kennzeichnet als Sonderfall von Abb. 25 die Erwärmung z. B. von Speisewasser in Oberflächen-Vorwärmern bei Verwendung des Abdampfes von 1,3 ata Spannung von Duplex-Dampfpumpen.

b) Dampf → Wand → Luft (Lufterhitzer).

Der Wärmeaustausch kann derart durchgeführt werden, daß entweder:

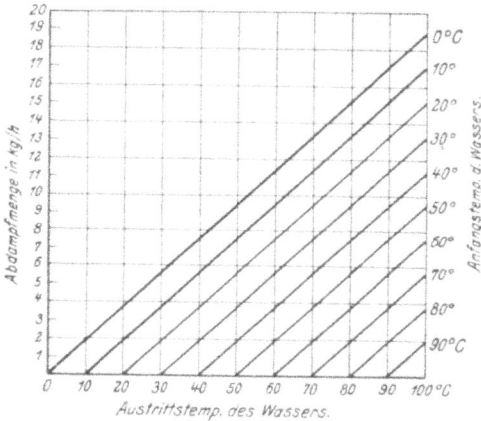

Abb. 25. Dampfverbrauch in kg/h zur Erwärmung von 100 kg Wasser von t_e auf t_a bei Verwendung von Abdampf von 1,1 ata (nach Szamatolski).

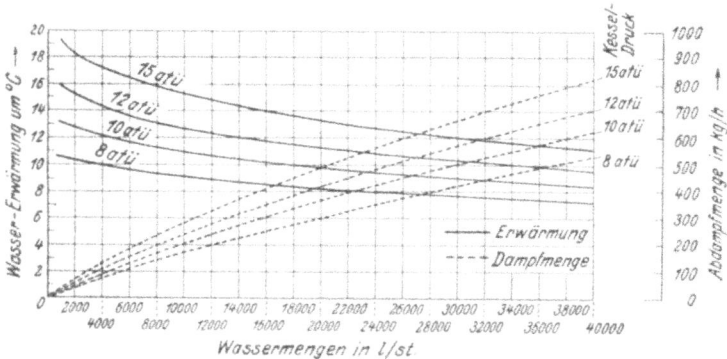

Abb. 26. Speisewassererwärmung durch Duplex-Dampfpumpen. Abdampfdruck etwa 1,3 ata (nach Szamatolski).

I. die wärmeaufnehmende Luft mit Hilfe eines Ventilators durch enge Messingrohre mit einer gewissen Geschwindigkeit hindurchgetrieben wird, wobei das Rohrsystem von außen von wärmeabgebendem Dampf umspült wird, welcher seinerseits durch Wärmeabgabe zur Kondensation gebracht wird (Röhrenvorwärmer Abb. 27),

II. die wärmeaufnehmende Luft das Rohrsystem umstreicht, während die Rohre dieses Systems von dem wärmeabgebenden Dampf durchflossen werden, welcher seinerseits durch Wärmeabgabe zur Kondensation gebracht wird.

Die Luft kann in diesem Falle:

a) durch Ventilatoren zwangläufig mit einer bestimmten Geschwindigkeit bewegt werden (Abb. 28, Lufterhitzer),

b) lediglich dem natürlichen Auftrieb unterliegen (Heizkörper).

Der wärmeabgebende und wärmeaufnehmende Stoff bewegen sich bei der Wärmeübertragung zumeist im Kreuzstrom zueinander, derselbe kann aber nach Prof. Nusselt[1]) in seiner Wirkung dem Gegenstrom gleich gesetzt werden. In der Grundformel:

$$\frac{1}{k} = \frac{1}{a_1} + \frac{1}{a_2} + \frac{\delta}{\lambda}$$

ist a_1 wiederum die Wärmeübergangszahl von Dampf auf Wand. Es gilt hierfür das auf Seite 71 unter a) Gesagte, d. h. es ist a_1 für das oberste Rohr und für liegende Anordnung des Rohrsystems = 8000—19000 kcal/m²h⁰, für das unterste Rohr des Bündels ist $a_1 = 4500 \sqrt{v_K}$ zu setzen. k_m berechnet sich dann nach S. 73. Bei stehender Ausführung ist k_m' entsprechend dem größeren Kondensateinflusse auf $^2/_5$—$^3/_4$ des Wertes für liegende Anordnung zu ermäßigen[2]). a_2 ist die Wärmeübergangszahl von Wand auf Luft. Sie ist zweifellos eine Funktion der Luftgeschwindigkeit Nach Versuchen der Prüfungsanstalt für Heizung und Lüftung Charlottenburg[3]) ist:

$$a_2 = 3,145 \cdot \frac{(\gamma \cdot v_L)^{0,79}}{d^{0,16}},$$

[1]) Nusselt, Z. d. V. d. I. 1911, S. 2021!

[2]) Und zwar steigend mit wachsender Spannung des Heizdampfes.

[3]) Mitteilungen der Prüfanstalt für Heizungs- und Lüftungseinrichtungen 1910, Heft 3, Oldenbourg-Verlag, München-Berlin.

worin v_L die Geschwindigkeit der Luft in m/sek, γ das spez. Gewicht der Luft und d den Querschnittsdurchmesser e i n e s Rohres in m bedeutet.

a_2 wird um so höher ausfallen, d. h. der Wärmeaustausch wird um so günstiger, je höher durch geeignete Maßnahmen die Luftgeschwindigkeit getrieben werden kann; deshalb ist die Luft mit Hilfe von Ventilatoren zwangläufig an der Trennwand vorbeizuführen.

Der Ausdruck für a_2 gilt nur für Luftgeschwindigkeiten oberhalb der kritischen, d. h. oberhalb derjenigen Geschwindigkeit, bei welcher eine geradlinige Luftströmung in Wirbel übergeht. Diese liegt nach Versuchen von Reynolds (Phil. Transact. Roy. Soc. London 1883) zwischen 1,53—0,28 m/sek. Die Formel für a_2 ist unabhängig von dem Temperatureinfluß entwickelt worden. Ihre Gültigkeit ist daher begrenzt auf das Gebiet der bei Luftvorwärmern in Praxis auftretenden Lufttemperaturen und für Sattdampftemperaturen entsprechend Spannungen von 1,0—5,6 ata.

Zu Fall I (Röhrenvorwärmer) hat die Forschungsanstalt für Heizung und Lüftung, Charlottenburg, Versuche über die Ermittlung der Wärmedurchgangszahlen k angestellt.

Sie streicht in der Grundformel

$$\frac{1}{k} = \frac{1}{a_1} + \frac{1}{a_2} + \frac{\delta}{\lambda}$$

die Summanden $\frac{1}{a_1}$ und $\frac{\delta}{\lambda}$ wegen ihres unbedeutenden Einflusses auf den

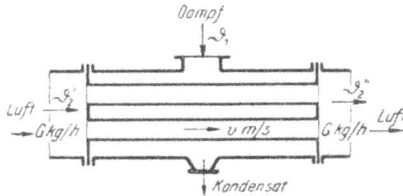

Abb. 27. Schematische Darstellung eines Luftröhrenkessels.

k-Wert gegenüber $\frac{1}{a_2}$. Sie setzt demnach mit Ungenauigkeit

$$k = a_2 = 3{,}145 \, \frac{(\gamma \cdot v_L)^{0,79}}{d^{0,16}} \quad \text{kcal/m}^2\text{h}^\circ.$$

Ist l die Länge eines Rohres, d der Durchmesser und ϱ die Zahl der Rohre, so ist die Wärmeübertragungsfläche:

$$F = \varrho \cdot \pi \cdot d \cdot l \, \text{m}^2.$$

Die übertragene Wärmemenge je Stunde ist nach den Aus-

führungen unter Abschnitt II A_1 (Theorie des Wärmeaustausches, S. 67)
$$W = F \cdot k \cdot \varDelta_m,$$
oder:
$$W = \varrho \cdot \pi \cdot d \cdot l \cdot k \cdot \varDelta_m \ldots \ldots \ldots (1)$$

Ist G das stündlich geförderte Luftgewicht,

c die spez. Wärme der Luft,

$\vartheta_2{}'$ die mittlere Eintrittstemperatur der Luft,

$\vartheta_2{}''$ die mittlere Austrittstemperatur der Luft,

so ist anderseits
$$W = G \cdot c(\vartheta_2{}'' - \vartheta_2{}').$$

Das Luftgewicht ist nun gleich:
$$G = 3600 \frac{\pi}{4} d^2 \gamma \cdot v_L \cdot \varrho$$
und somit wird:
$$W = 3600 \frac{\pi}{4} d^2 \cdot \gamma \cdot v_L \cdot \varrho \cdot c \, (\vartheta_2{}'' - \vartheta_2{}') \quad \ldots \quad (2)$$

Werden Gleichung (1) und (2) für W gleichgesetzt und die neue
entstandene Gleichung nach 1 aufgelöst, so ergibt sich der
Ausdruck:
$$l = 71,5 \frac{\vartheta_2{}'' - \vartheta_2{}'}{\varDelta_m} \cdot d^{1,16} \cdot v_L{}^{0,21} \ldots \ldots (3)$$

Die spez. Wärme der Luft kann gleich $c = 0,2375$ kcal/kg und
das spez. Gewicht der Luft $\gamma = 1,293$ bei einer mittleren Lufttemperatur von 0^0 und einem Barometerstand von 760 mm QS
gesetzt werden.

Demzufolge ist die rechte Seite der Gleichung (3) bei den
verschiedenen mittleren Lufttemperaturen mit folgenden Bei-
zahlen zu multiplizieren: Bei

10^0 C mit 0,99

20^0 C mit 0,985

30^0 C mit 0,98

40^0 C mit 0,97

50^0 C mit 0,965.

Die obige Versuchsanstalt hat nun an Hand der vorstehend
entwickelten Formel (3) Versuche zur Ermittlung der Wärmedurchgangszahl an Röhrenkesseln (Fall I) vorgenommen, deren
Ergebnisse in Zahlentafel 23 zusammengetragen sind.

Zahlentafel 23.

Wärmedurchgangszahlen für Luftröhrenkessel mittl. Lufttemp. 0° C, 760 mm QS. Heizdampf 1—5 ata.

Luft- geschw. v m/sek		Innerer Rohrdurchmesser							
		0,0215	0,0335	0,0460	0,0575	0,0700	0,0825	0,0945	0,1190
		$d^{1,16}$ m							
	0,21	0,0116	0,0195	0,0281	0,0364	0,0457	0,0554	0,0648	0,0846
		Abstand der Rohre in m							
		0,045	0,060	0,078	0,094	0,110	0,125	0,140	0,175
1,0	1,00	7,1	6,6	6,3	6,1	5,9	5,7	5,6	5,4
1,5	1,09	9,8	9,1	8,7	8,4	8,1	7,9	7,7	7,4
2,0	1,16	12,3	11,4	10,9	10,5	10,2	9,9	9,7	9,3
2,5	1,21	14,6	13,6	13,0	12,5	12,1	11,8	11,6	11,1
3,0	1,26	16,9	15,8	15,0	14,4	14,0	13,6	13,3	12,9
3,5	1,30	19,1	17,8	16,9	16,3	15,8	15,4	15,1	14,5
4,0	1,34	21,2	19,8	18,8	18,1	17,6	17,1	16,8	16,1
4,5	1,37	23,3	21,7	20.6	19,9	19,3	18,8	18,4	17,7
5,0	1,40	25,3	23,6	22,4	21,6	21,0	20,4	20,0	19,2
6,0	1,46	29,2	27,2	25,9	25,0	24,2	23,6	23,1	22,2
7,0	1,51	33,0	30,8	29,2	28,2	27,3	26.6	26,1	25,1
8,0	1,55	36,7	34,2	32,5	31,4	30,4	29,6	29,0	27,9
9,0	1,59	40,3	37,5	35,6	34,4	33,3	32,5	31,8	30,6
10,0	1,62	43,8	40,8	38,8	37,4	36,2	35,3	34,6	33,2
11,0	1,66	47,2	44,0	41,8	40,4	39,1	38,1	37,3	35,9
12,0	1,69	50,6	47,1	44,8	43,2	41,8	40,8	39,9	38,4
13,0	1,71	53,9	50,2	47,7	46,0	44,6	43,4	42,5	41,0
14,0	1,74	57,2	53,3	50,6	48,8	47,3	46,1	45,1	43,5
15,0	1,77	60,4	56,2	53,4	51,6	50,0	48,7	47,6	45,9
17,0	1,81	66,6	62,0	58,9	56,9	55,1	53,7	52,5	50,6
20,0	1,88	75,7	70,5	67,0	64,7	62.7	61,1	59,8	57,6
25,0	1,97	90,3	84,1	80,0	77,2	74,8	72,8	71,3	68,7
30,0	2,04	104,3	97,1	92,3	89,1	86,3	84,0	82,3	79,3

Korrektur: Die Werte dieser Zahlentafel sind bei einer mittleren Lufttemperatur von:

10° C mit 0,97 \
20° ,, ,, 0,95 \
30° ,, ,, 0,92 zu multiplizieren! \
40° ,, ,, 0,90 \
50° ,, ., 0,88

Des weiteren sind Versuche über die Wärmedurchgangszahl für Vorwärmerböden angestellt worden mit dem Ergebnis, daß dieselbe zwischen 87—211 v.H. des k-Wertes für Rohre schwankt. Diese an sich auf den ersten Blick nicht erklärbare Erscheinung ist damit zu begründen, daß im Gegensatz zur Rohrheizfläche keine wärmegegenstrahlenden Flächen vor-

Balcke, Abwärmetechnik I.   6

handen sind. Zudem geben die Böden zur heftigen Wirbelbildung Veranlassung, wodurch die Wärmedurchgangszahl
stark erhöht wird. Da aber die Bodenheizfläche gegenüber
der Rohrheizfläche nur gering ist, kommt ihr Einfluß kaum
zur Geltung und wird zumeist vernachlässigt.

Zur Wärmeaustauschmöglichkeit II a) ist zu sagen, daß
in Werksbetrieben heute Luftheizungen und Trockenanlagen
mit Lufterhitzern dieser Klasse bevorzugt werden. Sie bestehen aus zwei Teilen: dem Heizsystem und dem Ventilator.

Abb. 28.   Lufterhitzer für eine Holztrocknungsanlage
Bauart Balke-Bochum.

Das Heizsystem besteht aus gußeisernen oder schmiedeeisernen Rippenrohren. Sie werden in Reihen versetzt hintereinander angeordnet und untereinander durch Dampf und Kondenswasserleitungen derart verbunden, daß jedes Rohr für
sich Dampf erhält. Sie werden mit einer schmiedeeisernen
Ummantelung versehen, an welche sich der Ventilator unmittelbar anschließt. Die vom Ventilator angesaugte Luft
wird im Erhitzer auf eine Temperatur von 10—60° gebracht
und durch Blechrohrleitungen oder gemauerte Kanäle in die
zu beheizenden Räume oder in die Trockenanlage eingeblasen
(s. Abb. 28).

Zu Fall II b) gibt die Zahlentafel 24 mittlere k-Werte für natürlichen Auftrieb der wärmeaufnehmenden Luft (z. B. bei Heizkörpern). Vergleicht man diese k-Werte mit denen der Zahlentafel 23 für Röhrenkessel, so erkennt man das starke Anwachsen der Wärmedurchgangszahl bei künstlich erhöhter Geschwindigkeit der den Erhitzer umstreichenden Luft.

Zahlentafel 24.

k-Werte (bei Zentralheizungen), wenn die Bewegung der wärme-aufnehmenden Luft nur durch den natürlichen Auftrieb erfolgt.

Art des Wärmeaustauschers (Heizkörper)	Wärme-durchgangs-zahl k kcal/m²h° bei Wärme-übertragung v. Niederdruck-dampf → Luft	Wärme-durchgangs-zahl k kcal/m²h° bei Wärme-übertragung von Wasser → Luft
Schmiedeeiserne Rohrschlangen über 25 mm l. φ bis 1 m Höhe	11,0	8,5
Schmiedeeiserne Rohrschlangen über 25 mm l. φ über 1 m Höhe	9,5	7,5
Gußeisernes Rippenrohr mit runden Rippen	6,5	5,0
Desgl. Rippenheizkörper mit 3—6 übereinanderliegenden runden Rippen-rohren	4,5—4,0	4,0—3,0
Gußeiserne Radiatoren über 6 Elemente, und zwar:		
1. 1- und 2 säulig bei einer Bauhöhe von 500	8,5	6,8
700	8,0	6,5
1000	7,7	6,2
Desgl. wie oben, aber 3 säulig bei einer Bauhöhe von 500	7,3	6,2
700	7,0	5,9
1000	6,7	5,7

c) Flüssigkeit → Wand → Flüssigkeit (Laugenvorwärmer).

Nachdem unter a) Gesagten ist die Formel für den Wärmedurchgang sehr leicht zu entwickeln. Es ist:

$$a_1 = 4500 \sqrt{v_1} \text{ (wärmeabgebender Stoff)}$$
$$a_2 = 4500 \sqrt{v_2} \text{ (wärmeaufnehmender Stoff)}$$

und demnach:
$$k = \cfrac{1}{\cfrac{1}{4500 \sqrt{v_1}} + \cfrac{1}{4500 \sqrt{v_2}} + \cfrac{\delta}{\lambda}}.$$

Oft tritt der Fall ein, daß z. B. aus Destillationsanlagen fort-
fließende Laugen noch einen Teil ihrer Flüssigkeitswärme an
Speisewasser oder dergleichen in Oberflächenapparaten abgeben sollen. Es darf in diesem Fall nicht mit dem theoretischen k-Wert nach obiger Formel, sondern nur mit 0.25 k bis
0,5 k, je nach dem Salzgehalt der Lauge gerechnet werden.

Gruppe 2. Rauchgasverwerter.

Die Rauchgase können zur Vorwärmung des Speisewassers
oder zur Luftvorwärmung z. B. der Verbrennungsluft bei Kesselanlagen verwendet werden. Die Wärmedurchgangszahl
ist in jedem Fall verschieden und in folgendem entwickelt:

a) Rauchgase $\rightarrow$ Wand $\rightarrow$ Wasser (Ekonomiser).

Ein solcher Rauchgasvorwärmer wird zwischen Pumpe und
Kessel in die Druckleitung der Speisewasserleitung eingeschaltet. Er besteht aus einem Rohrsystem, das aus Gußeisen oder
Schmiedeeisen hergestellt ist und welches in den Fuchs so
eingebaut wird, daß die die Kesselheizfläche verlassenden

Abb. 29. Ekonomiser-Bauarten. Links: gußeiserner Rippenrohr-Ekonomiser
Rechts: gußeiserner Glattrohr-Ekonomiser.

Rauchgase die Rohre von außen bestreichen und hierbei ihre
Wärme z. T. an das durch die Rohre fließende Wasser abgeben.

Abb. 29 zeigt zum allgemeinen Verständnis rechts einen
gußeisernen Glattrohr- und links einen Rippenrohrekonomiser,
die Gase können dabei senkrecht zu den Rohren streichen oder
parallel zu denselben strömen. Abb. 30 zeigt einen in den Fuchs
eingebauten Glattrohrekonomiser (nach Abb. 29 rechts) Bauart Hartmann, Dresden, bei welchem die Rauchgase das Rohrsystem senkrecht treffen.

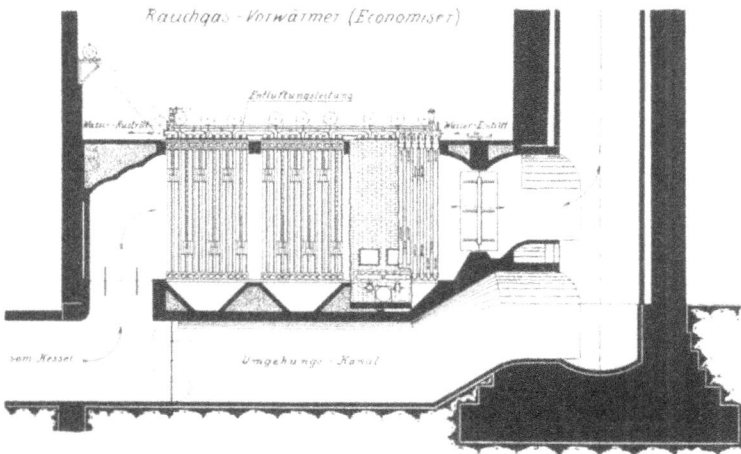

Abb. 30. Ekonomiser-Anlage, Bauart der Fa. Max und Ernst Hartmann,
Dresden.

Die Wärmeübergangszahl a_1 ist eine Funktion der Rauchgasgeschwindigkeit. Man hat aus Versuchen gefunden, daß:

$$a_1 = 2 + 10 \sqrt{v_R} \; [1])$$

ist für $v_R = 1 \; \geqslant 100$ m/sek.

---

[1]) Statt dieser einfachen und oft angewendeten Formel für a_1
bei Gasen, überhitzten Dämpfen und auch Luft, gibt es genauere,
aber umständlichere Formeln. Es ist aber angebracht, in der
Praxis mit obiger Formel zu rechnen und die berechnete Heizfläche reichlich nach oben abzurunden.

Ferner ist $a_2 = 300 + 1800 \sqrt{v_{w}}$,

worin v_w wiederum die Wassergeschwindigkeit bedeutet.

Die Grundformel für k nimmt also für Ekonomiser die Form an:

$$k = \cfrac{1}{\cfrac{1}{2 + 10\sqrt{v_R}} + \cfrac{1}{300 + 1800\sqrt{v_{w}}} + \cfrac{\vartheta}{\lambda}}.$$

Es ist aber unwesentlich, ob $v_w = 0,1$ oder 3 m/sek ist, weil der Wärmeübergang an das Wasser in jedem Falle erheblich leichter erfolgt als derjenige von den Rauchgasen an die Trennwand.

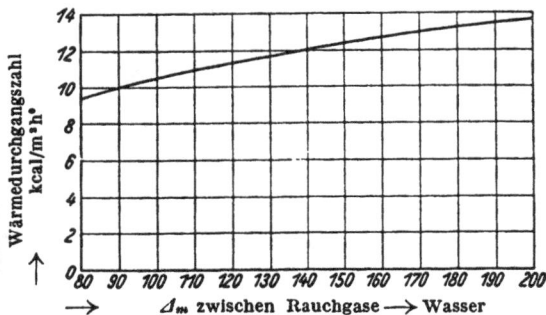

Abb. 31. Die Wärmedurchgangszahl „k" von Rauchgasen an Wasser in Abhängigkeit von dem mittleren Temperaturunterschied $\varDelta_m$ zwischen Rauchgase und Wasser.

Es ist nun darauf zu achten, daß die Trennfläche so rein wie möglich gehalten wird. Hierauf wird noch ausführlich in Abschnitt II A$_3$ zurückzukommen sein. Bei vollständiger Reinhaltung der Trennfläche von innen und von außen kann auch bei gebrauchtem Zustande der Ekonomiserrohre mit einem k von 10—14 kcal/m²h⁰ je nach der Gasgeschwindigkeit gerechnet werden. Abb. 31 kennzeichnet die Wärmeübertragung von Rauchgasen an Wasser nach Versuchen an Rauchgasvorwärmern mit reiner Trennfläche in Abhängigkeit von dem mittleren Temperaturunterschied $\varDelta_m$[1]).

---

[1]) Z. d. bayer. Rev.-V., S. 21, 1914.

Abb. 32 zeigt die Abhängigkeit der Wärmedurchgangszahl k von der Rauchgasgeschwindigkeit nach Hartmann[1]),
und zwar für gußeiserne Glatt- und Rippenrohrekonomiser
nach Abb. 29. Aus dem Schaubild ergibt sich, daß der Glattrohrvorwärmer günstiger arbeitet als der Rippenrohrapparat.
Es ist auch von Wichtigkeit die Rauchgase im Gegenstrom zum
Speisewasser zu führen und nicht senkrecht, wie sich ebenfalls

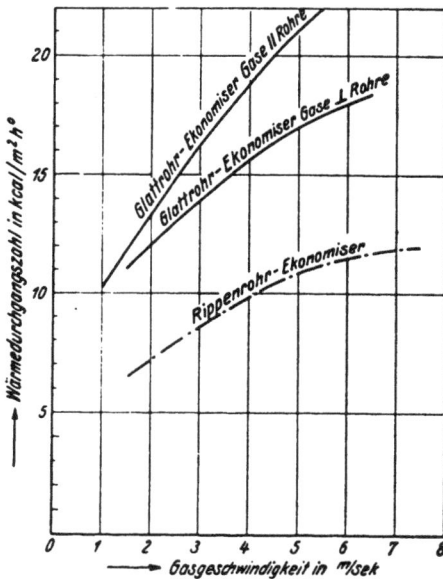

Abb. 32. k-Werte für gußeiserne Glatt- und
Rippenrohr-Ekonomiser.

aus dem Schaubild ergibt. Zur Erzielung gleicher Leistung
benötigt der Rippenrohrekonomiser etwa die doppelte Heizfläche als der Glattrohrvorwärmer bezogen auf die gasberührte
Seite.

_____

[1]) Siehe Ernst Hartmann Freital-Deuben: „Der Vorwärmer-
bau". Veröffentlichungen des Zentral-Verbandes der preußischen
Dampfkessel-Überwachungs-Vereine. Bd. III, 1927. Diesem Auf-
satze — auf welchen hier ganz besonders aufmerksam gemacht sei —
sind auch die Abb. 29, 30, 41 und 42 dieses Buches mit Erlaubnis des
Verbandes entnommen.

b) Rauchgase $\rightarrow$ Wand $\rightarrow$ Luft (Rauchgas-Luftvorwärmer).

Die Rauchgas-Luftvorwärmer werden als Oberflächen-
Wärmeaustauscher gebaut. Hiervon macht nur der Ljungström-Vorwärmer eine Ausnahme. Die Apparate werden zumeist als Taschenlufterhitzer gebaut, bei denen die Rauchgase die Taschen umstreichen, während die Luft durch die
Taschen strömt. Eine beispielsweise Ausführung eines Taschenlufterhitzers zeigt Abb. 33.

Abb. 33. Taschenlufterhitzer Bauart Danneberger & Quandt, Berlin.

Bei der Feststellung der Wärmedurchgangszahl k ist
wieder von der Grundformel auszugehen:

$$\frac{1}{k} = \frac{1}{a_1} + \frac{1}{a_2} + \frac{\delta}{\lambda} \cdot$$

Da aber nicht nur die Gase, sondern zumeist auch die Luft
künstlich bewegt werden, müssen a_1 und a_2 Funktionen der Geschwindigkeit des wärmeabgebenden bzw. wärmeaufnehmenden
Stoffes sein. a_1 ist wieder sinngemäß:

$$a_1 \cong 2 + 10 \sqrt{v_R}, \quad \text{für } v_R = 1 \rightarrow 100 \text{ m/sek.}$$

a_2 wird eine Funktion der Geschwindigkeit der zu er-
hitzenden Luft und vom gleichen Ausdruck sein, wie bei den
Lufterhitzern Gruppe 1 b). Demnach ist:

$$a_2 = 3{,}145 \cdot \frac{(\gamma \cdot v_L)^{0,70}}{d^{0,16}},$$

und zwar mit den dort angegebenen Bezeichnungen. Somit erhält die k-Formel den Ausdruck

$$k = \frac{1}{\dfrac{1}{2 + 10 \sqrt{v_R}} + \dfrac{1}{3{,}145 \dfrac{(\gamma \cdot v_L)^{0{,}79}}{d^{0{,}16}}} + \dfrac{\delta}{\lambda}}.$$

Nach Angaben von Hottinger[1]) ergeben sich bei reinen Metallflächen und bei verschiedenen Gas- und Luftgeschwindigkeiten, die in Zahltentafel 25 zusammengestellten Wärmedurchgangszahlen. Da aber mit reinen Flächen nicht gerechnet werden kann, sind die k-Werte der Zahlentafel 25 mit einem durchschnittlichen Entwertungsfaktor von 0,5—0,8 zu multiplizieren.

Zahlentafel 25.

Wärmedurchgangszahlen für Rauchgas-Lufterhitzer.

Luftgeschwindigkeit in m/sek	Rauchgasgeschwindigkeit in m/sek					
	0,5	1	2	5	10	20
0,5	4,5	5,2	5,8	6,6	7,1	7,6
1,0	5,2	6,0	6,9	8,1	8,9	9,6
2,0	5,8	6,9	8,1	9,7	10,9	12,0
5,0	6,6	8,1	9,7	12,2	41,1	16,1
10,0	7,1	8,9	10,9	14,1	16,7	19,6

Gruppe 3. Abgasverwerter.

Die Abgasverwerter sind durchweg Oberflächenwärmeaustauscher. Bei den Verwertern der Untergruppe a) handelt es sich um Röhrenkessel, deren Rohre von den Abgasen durchströmt werden, während das Röhrenbündel von Wasser umgeben ist.

Bei den Verwertern der Gruppe b) kann die Trennfläche ebenfalls ein Rohrsystem sein (s. Abb. 38). Sehr oft wird sie aber auch in einzelne Taschen aufgelöst, die von der Luft durchströmt und von den Abgasen umflossen werden (nach Art der Abb. 33).

a) Abgase —› Wand —› Wasser (Abhitzekessel).

Die Gase durchstreichen hier das Rohrsystem des Wärmeaustauschers, das äußerlich von Wasser umflossen wird

---

[1]) Hottinger, „Abwärmeverwertung". Zürich 1922.

(s. Abb. 34). Es hat in der Grundformel für den Wärmeaustausch:

$$\frac{1}{k} = \frac{1}{a_1} + \frac{1}{a_2} + \frac{\delta}{\lambda}$$

die Wärmeübergangszahl a_1 von Abgasen auf Wasser dieselbe Form wie bei den Rauchgasen. Es ist auch hier a_1 eine Funktion der Abgasgeschwindigkeit, nämlich:

$$a_1 \cong 2 + 10 \sqrt{v_A}$$

für $v_A = 1 \rightarrow 100$ m/sek, wenn v_A die Geschwindigkeit der Abgase im Rohrsystem des Verwerters bedeutet.

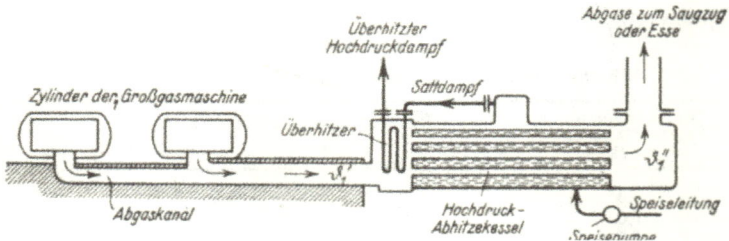

Abb. 34. Schematische Anordnung eines Abhitzekessels zur Erzeugung von überhitztem Hochdruckdampf.

Nach Versuchen von Eberle[1]) nimmt k in Abhängigkeit von der Gasgeschwindigkeit und bei metallisch reinen Trennflächen folgende Werte an (Zahlentafel 26):

Zahlentafel 26.

Wärmedurchgangszahlen für Abhitzekessel.

Gasgeschw. in m/sek	„k" kcal/m²h°	
0,5	9	
1,0	12	natürlicher
2,0	16	Zug
5,0	24	
10,0	33	künstlicher
20,0	46	Zug

---

[1]) Zeitschr. d. bayer. Rev.-V. 1909, Nr. 19, 20 und 21.

Bei der Bewertung von a_2 sind zwei Fälle zu unterscheiden, je nachdem ob:

1. im Verwerter Warmwasser,
2. im Verwerter Dampf aus den Abgasen erzeugt werden soll.

Liegt Fall 1. vor, so kann

$$a_2 = 500\text{—}3000 \text{ kcal/m}^2\text{h}^0$$

im ruhenden Zustande, und zwar steigend mit steigendem Temperaturunterschiede $\varDelta_m$ gesetzt werden. Befindet sich das Wasser im strömenden Zustande, so ist wieder

$$a_2 = 4500 \sqrt{v_w},$$

wenn v_w die Wassergeschwindigkeit bedeutet.

Kommt Fall 2. in Frage, so befindet sich das wärmeaufnehmende Wasser in starker Wallung. Es kann in diesem Falle

$$a_2 = 4000\text{—}5500 \text{ kcal/m}^2\text{h}^0$$

gesetzt werden, und zwar um so höher, je höher die Siedetemperatur, d. h. der Druck des zu erzeugenden Sattdampfes gewählt wird, und zwar im Bereich von 1—20 ata.

Der Einfluß der Wandung ist wieder $= \dfrac{\delta}{\lambda}$ und wie bei Gruppe 1 und 2 zu ermitteln (s. S. 70).

Setzt man obige Werte für a_1 und a_2 ein, so erhält man Wärmedurchgangszahlen von 10—46 kcal/m²h⁰. Das ist sehr wenig! Die Abwärmeverwerter dieser Gruppe müssen also sehr sorgsam durchkonstruiert werden. Vor allem ist es wichtig, wie schon Zahlentafel 26 zeigt, die Geschwindigkeit der Abgase möglichst hoch zu treiben, z. B. durch Anwendung des künstlichen Zuges. Aus diesem Grunde werden zur Abhitzeverwertung dieser Art auch besonders Rauchrohrkessel verwendet, weil sie sich durch Fortfall von Einmauerungen und der damit verbundenen Gasverluste durch Undichtigkeiten für hohe Gasgeschwindigkeiten besonders eignen.

Weiterhin ist die Höhe der Abgastemperatur vor dem Verwerter und damit das im Verwerter zur Ausnutzung zur Verfügung stehende Temperaturgefälle äußerst wichtig. Abb. 35 zeigt den stündlichen Wärmedurchgang durch 1 m² Heizfläche bei Abgastemperaturen von 0 --> 500⁰ [1]).

Wie sehr die Leistung solcher Abhitzekessel von dem Temperaturgefälle und damit von der Höhe der Temperatur der in die Verwertungsanlage eintretenden Abgase abhängt, zeigt das Leistungsdiagramm der Abb. 36. Die Anlage ist in Abb. 34 schematisch dargestellt. Jeder Abwärmeverwerter dieser Gruppe ist grundsätzlich so gebaut, wie im obigen Schema veranschaulicht. Die Eintritts-

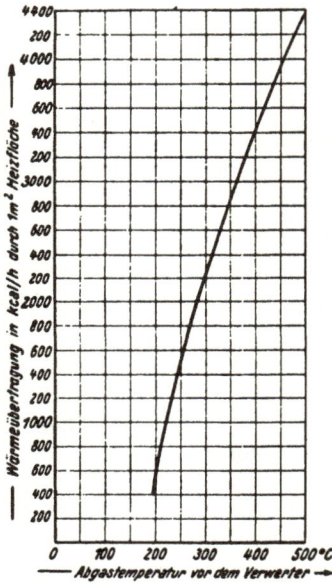

Abb. 35. Die stündliche Wärmeübertragung durch 1 m² Heizfläche in Abhängigkeit von der Abgastemperatur vor dem Verwerter.

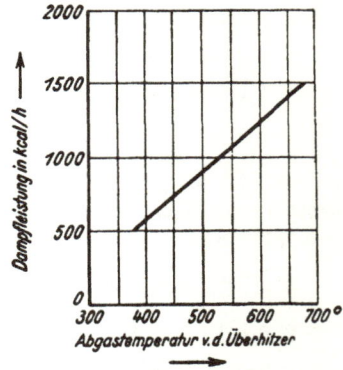

Abb. 36. Die Dampfleistung von Abhitzekesseln hinter Gasmaschinen in Abhängigkeit von der Abgastemperatur vor dem Überhitzer.

temperatur der Abgase in den Abhitzeverwerter zur Dampferzeugung muß mindestens 500⁰ C betragen. Bei Eintrittstemperaturen unterhalb dieser Grenze würden die Heizflächen derartige Abmessungen annehmen, daß Abhitzedampfkessel kaum noch wirtschaftlich arbeiten dürften.

Die Abb. 37 zeigt die Verdampfungsleistung von Abhitzekesseln hinter Gasmaschinen, bezogen auf die Belastung der

[1]) Z. Dampfk. Maschbtr., S. 313, 1913.

Gasmaschine. Es ändert sich die Leistung des Abhitzekessels mit abnehmender Maschinenbelastung nur wenig. Zwischen 80 —→ 35 v.H. Belastung sinkt die Wärmeleistung nur von 100000 —→ 80000 kcal/h, und zwar bezogen auf den im Verwerter erzeugten Dampf.

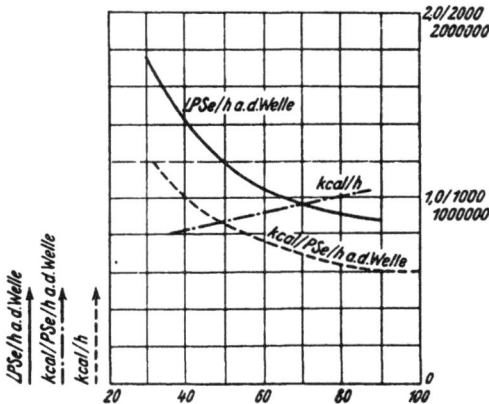

Abb. 37. Die Verdampfungsleistung von Abhitzekesseln hinter Gasmaschinen, bezogen auf die Belastung der Gasmaschine.

b) Abgase ＞ Wand --→ Luft (Abgas-Lufterhitzer).

Die Werte a_1 und a_2 in der Grundformel:

$$\frac{1}{k} = \frac{1}{a_1} + \frac{1}{a_2} + \frac{\delta}{\lambda}$$

ergeben sich für den obigen Wärmeaustausch aus dem Gesagten von selbst. Es ist:

$$a_1 \cong 2 + 10 \sqrt{v_{\text{A}}} \text{ bei } v_{\text{A}} = 1 \text{ — } ＞ 100 \text{ m/sek,}$$

$$a_2 = 3,145 \frac{(\gamma \cdot v_L)^{0,79}}{d^{0,16}}$$

und so wird:

$$k = \frac{1}{\dfrac{1}{2 + 10 \sqrt{v_{\text{A}}}} + \dfrac{1}{3,145 \dfrac{(\gamma \cdot v_L)^{0,79}}{d^{0,16}}} + \dfrac{\delta}{\lambda}}$$

Um einen hohen k-Wert zu erreichen, muß die Geschwindigkeit der Abgase v_{A} sowie die Geschwindigkeit der wärmeauf-

94

nehmenden Luft v_L durch Ventilatoren erhöht werden. Daraus ergibt sich die in Abb. 38 gezeichnete Anordnung der Abgaslufterhitzer Bauart MAN.

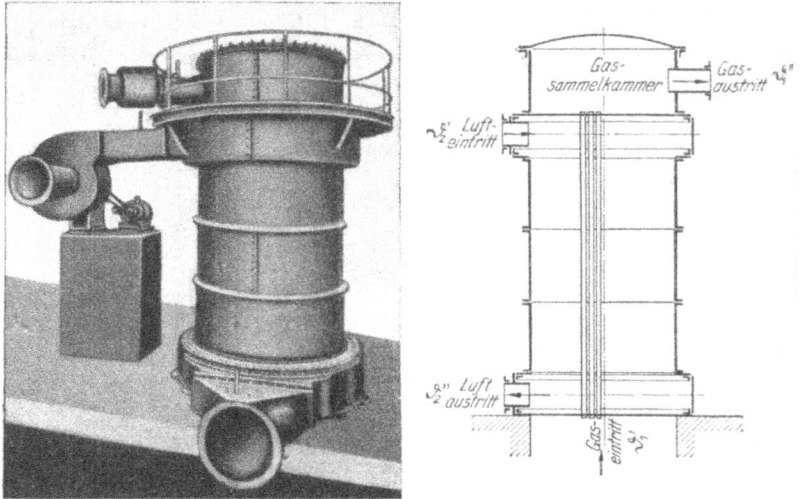

Abb. 38. Der MAN-Abgas-Lufterhitzer in Ansicht und Schnitt.

Gruppe 4. Überhitzer.

Unter dieser Gruppe sind diejenigen Wärmeaustauscher zusammengefaßt, welche Naß- oder Sattdampf mit hochgespanntem überhitzten Dampf oder mit Feuergasen überhitzen. Das Heizmittel umfließt die Rohre, der zu beheizende Dampf durchströmt dieselben.

a) Dampf —→ Wand —→ Dampf (Zwischendampf-Überhitzer).

Alle mit Höchstdrücken arbeitenden Dampfkraftanlagen machen die Überhitzung des im Hochdruckteil feucht gewordenen Dampfes vor Eintritt in den Niederdruckteil der Kraftmaschine zur Notwendigkeit. Zu diesem Zwecke wird der aus dem Kesselüberhitzer austretende hochüberhitzte Arbeitsdampf vor Eintritt in die Kraftmaschine einem Zwischendampfüberhitzer zugeleitet. Es wird auf diese Weise die überschüssige Überhitzungswärme, welche in der Kraft-

maschine nicht verwendet werden kann, zur Zwischendampf-
überhitzung nutzbar gemacht.

Wird der Arbeitsdampf im Kesselüberhitzer z. B. auf 420°
überhitzt, während der Kraftmaschine nur Dampf von 350°
zugeführt werden darf, so stehen für die Zwischenüberhitzung
70° Temperaturgefälle zur Verfügung.

Es handelt sich hier um eine noch in den Anfängen sich
befindende Verwertungsart. Die Konstruktionselemente werden in Abschnitt 4 besprochen werden. Leider darf Verfasser
die ihm bekannten Wärmedurchgangszahlen nicht bekannt-
geben.

b) Feuergase · ---→ Wand ——→ Dampf (Frischdampf-Überhitzer).

Die Überhitzung des Arbeitsdampfes für Kraftmaschinen
in Kesselüberhitzern wird heute fast allgemein angewendet.
Sie ergibt trockenen Dampf und vermehrt den Wirkungsgrad der Gesamtanlage, obschon der Kesselwirkungsgrad
durch die Überhitzung vermindert wird. Bei Überhitzern
kann der Kessel entsprechend dem geringeren Dampfverbrauch
der Maschine bis zu ca. 20 v.H. kleiner sein. Die Überhitzung
muß regelbar sein.

Zentrale Überhitzungsanlagen, mit eigener Befeuerung,
haben sich als weniger wirtschaftlich erwiesen als in jede
Kesseleinheit eingebaute Einzelüberhitzer. Letztere bestehen
meistens aus engen Rohrsystemen, die im Kesselzug an einer
Stelle untergebracht sind, wo eine möglichst gleichmäßige
Temperatur herrscht. Zur Herstellung der Überhitzerrohre
hat sich Flußeisen am besten bewährt. Der gesättigte Dampf
tritt aus dem Kessel in eine kleine Dampfkammer als Naßdampf ein und geht aus dieser durch das Überhitzerrohrsystem
nach einer zweiten kleinen Dampfkammer als überhitzter
Dampf, von wo er der Dampfrohrleitung zugeführt wird. Die
Ausführung der Überhitzer ist sehr mannigfaltig.

Abb. 39 zeigt eine Ausführungsart, welche unter Abschnitt 4 noch eingehender zu besprechen ist. Sie verdeutlicht
jedenfalls die Einbringung des von dem zu überhitzenden
Dampf durchflossenen Rohrsystems in den Zug der Kesselgase.

Bei den Überhitzern kommen als wärmeaustauschende Medien nur Gase und Dämpfe in Frage.

Es könnte daher

$$a_1 = 2 + 10 \sqrt{v}$$

und

$$a_2 = 2 + 10 \sqrt{v_D}$$

gesetzt werden, worin v die Geschwindigkeit der Feuergase zwischen 1—6 m/sek und v_D die Dampfgeschwindigkeit zwischen

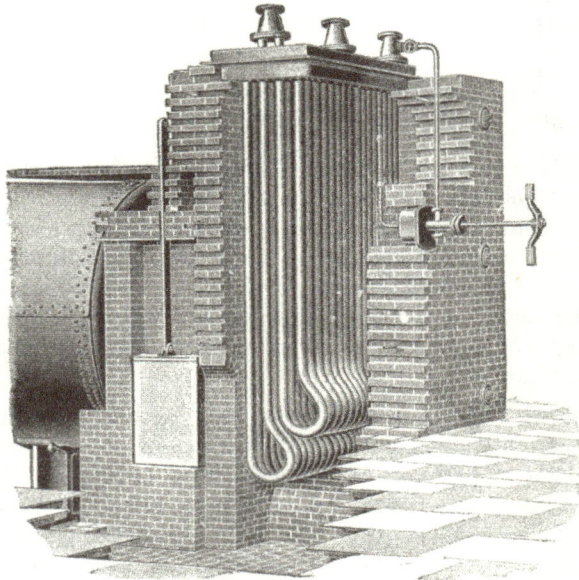

Abb. 39. Überhitzer Bauart Szamatolski hinter einem Flammrohrkessel.

10—15 m/sek bedeutet. Es zeigt sich aber, daß obige Formeln zu kleine Werte für k ergeben, d. h. die Heizflächen zu groß ausfallen.

Verfasser schlägt daher folgende empirische Formeln vor, welche sich der Praxis besser anpassen, und zwar:

$$a_1 = 10 + 10 \sqrt{v} \text{ für } v \text{ von } 1 \cdots \rightarrow 6 \text{ m/sek}$$
$$a_2 = 10 + 10 \sqrt{v_D} \text{ für } v_D \text{ von } 10 - 15 \text{ m/sek.}$$

Die Wärmedurchgangszahl k ist in diesem Falle:

$$k = \frac{1}{\dfrac{1}{10+10\,\gamma\overline{v}} + \dfrac{1}{10+10\,\gamma\overline{v_D}} + \dfrac{\delta}{\lambda}}.$$

Der Einfluß der Rohrwandung δ/λ tritt vollkommen gegen α_1 und α_2 zurück und ist ohne Bedeutung.

Abb. 40 zeigt das Wachsen der k-Werte mit der Steigerung der Geschwindigkeit der Feuergase. Man kann überschläglich für 1 m² Heizfläche je Std. und je 1° C Temperaturunterschied zwischen Gas und Dampf rechnen

$k = 20$—30 kcal/m²h° bei unmittelbar gefeuerten Überhitzern,

$k = 15$—20 kcal/m²h° je nach der Gasgeschwindigkeit bei in Kesseln eingebauten Überhitzern.

Zur Überhitzung von 1 kg trockenen Dampfes um 1° C sind im Mittel 0,54 kcal aufzuwenden. Die Geschwindig-

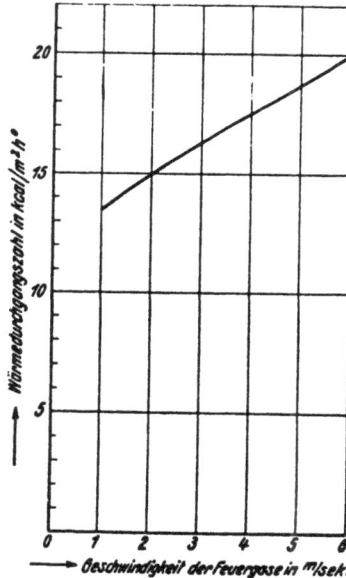

Abb. 40. k-Werte für Überhitzer bei einer konstanten Dampfgeschwindigkeit von 10 m/sek.

keit des Dampfes im Überhitzer soll zwischen 10—15 m/sek liegen. Eine zu geringe Geschwindigkeit des Dampfes würde eine zu hohe Erwärmung der Überhitzerrohre zur Folge haben.

3. Die Reinhaltung der Trennflächen bei Wärmeaustauschern.

Die in den einzelnen Wärmeaustauschgruppen ermittelten k-Werte gelten nur bei völliger Reinhaltung der Trennfläche. Die Trennfläche kann aber auf der beheizten Seite entweder durch ölhaltigen Dampf, oder bei Rauch- und Abgasen durch Staub, Flugasche, und teerige Ablagerungen verschmutzt werden. Auf der anderen Seite der Trennfläche kann, wenn als wärmeaufnehmender Stoff im Austauschprozeß Wasser in Frage kommt, dasselbe Wasserstein oder sogar bei Dampferzeugern Kesselstein auf der Trennfläche absetzen. Die Trennfläche kann demnach auf beiden Seiten durch die wärmeaustauschenden Stoffe Verschmutzungen erleiden, welche den Wärmedurchgang beträchtlich hindern, wenn nicht gar unmöglich machen.

Abb. 41 zeigt z. B. Steinansätze in Glattrohren eines Ekonomisers, welcher mit ungenügend enthärtetem Wasser gespeist wurde. Abgesehen von der Beeinträchtigung der

Abb. 41. Steinansatz in den Glattrohren eines Ekonomisers.

Wärmeleistung gibt starker Kesselstein aber auch Anlaß zum Bruch der Rohre, welche in derartigen Fällen beim Abkühlen in der Längsrichtung aufreißen, weil sich der Stein im warmen Zustande absetzte und nun sich beim Abkühlen nicht so stark zusammenziehen kann wie das Eisen.

Der Einfluß des Steinabsatzes auf den Wärmedurchgang kann überschläglich auch rechnerisch ermittelt werden, wenn man sich die Trennwand aus mehreren Schichten bestehend denkt, welche eine verschiedene, den einzelnen Stoffen entsprechende Wärmeleitfähigkeit besitzen.

Bedeutet δ_1, δ_2, δ_3 usw. die Dicke der verschiedenen Schichten (z. B. Ölüberzug, Metall, Kesselstein) der Trennungswand in Meter und λ_1, λ_2, λ_3 usw. die Leitfähigkeit in kcal/m °h jeder einzelnen Schicht, so nimmt die Grundformel für k die Form an:

$$k = \cfrac{1}{\dfrac{1}{a_1} + \dfrac{1}{a_2} + \dfrac{\delta_1}{\lambda_1} + \dfrac{\delta_2}{\lambda_2} + \dfrac{\delta_3}{\lambda_3} + \cdots} \quad [1])$$

Folgende Wärmeleitzahlen sind für die einzelnen Berechnungen von Wichtigkeit:

Stoff	Wärmeleitzahl λ in kcal/m h°
Kesselstein	1—3
Kohlenstaub	0,1
Schmieröl	0,1

a) Die Verschmutzungen durch den heizenden Stoff (Dampf oder Abgase).

Die Schädlichkeit von etwa im Dampf enthaltenen Öl ist eine mehrfache. Das Öl verlegt die Dampfwege, verschmutzt die Übertragungsflächen, ruft auf ihnen Anfressungen hervor und hindert vor allem den Wärmeaustausch. Erreicht die Ölschicht auf der Wärmeaustauschfläche nur eine Stärke von 0,5 mm, so geht die Wärmedurchgangzahl k schon auf 50 v.H. des betreffenden theor. Wertes für reine Trennflächen zurück. Eine sorgfältige Entölung des Zwischen- und Abdampfes muß also durchgeführt werden, schon weil das zurückgewonnene Zylinderöl — etwa 80 v.H. des aufgewendeten Öles — wieder zu untergeordneten Zwecken verwendet werden kann.

Auch ist es wichtig, bei großen Wärmeaustauschern, den hineingeleiteten Dampf vorher gründlich zu entwässern, damit das mitgerissene Wasser nicht die auf Seite 72 beschriebene isolierende Wirkung auf den Wärmeaustausch Dampf → Wand → Wasser ausüben kann.

Kommt als beheizender Stoff bei Wärmeaustauschern Rauch- und Abgase in Frage, so setzen sich an der von diesen Gasen bestrichenen Trennfläche Flugasche, Staub und teerige Bestandteile ab.

---

[1]) Rechnungsbeispiele siehe Buch des Verfassers „Abwärmeverwertung". VdI-Verlag 1926, S. 113 u. f.

Eine Rußbildung kann von vornherein schon durch gute
Luftzufuhr zur Feuerung — zwecks Hochhaltung der Verbrennungstemperatur — auf ein Mindestmaß beschränkt
werden, weil durch diese Maßnahme eine vollständige Verbrennung erzielbar ist. Auf jeden Fall müssen Rauch- und Abgasverwerter von Zeit zu Zeit gründlich gereinigt werden, und
zwar muß eine solche Reinigung um so häufiger vorgenommen werden, je stärker die verwendeten Brennstoffe Ruß
und Staub entwickeln und je enger die Durchgangsquerschnitte für das durchströmende Gas gehalten sind, weil enge
Querschnitte oder größere Ruß- und Staubentwicklung eine
Verstopfung und damit ein Anwachsen des Widerstandes und
eine Abnahme des k-Wertes begünstigen.

Es müssen also Sicherungsmaßnahmen getroffen werden,
um den Wärmedurchgang hindernde Ablagerungen am Trenn-
flächensystem der Verwerter vermeiden, zum mindesten aber
leicht entfernen zu können.

Hierzu ist es vor allem notwendig, daß solche Verwerter
gut befahrbar konstruiert werden. Besonders bei Rauchgasverwertern müssen Seitengänge neben dem Rohrsystem angeordnet werden, welche durch Klappen im Betriebszustand
des Verwerters abgesperrt werden können. Ferner müssen zur
laufenden Überwachung Beobachtungstüren vorgesehen werden. Bei der Ausbildung des Rohrsystems des Verwerters
müssen die Rauchgase so geführt werden, daß möglichst tote
Räume und Ecken — welche die Ablagerung von Asche und
Staub begünstigen und zudem schwer zu reinigen sind — vermieden werden. Die Aschenbuncker bei Ekonomisern zur
Beseitigung der Asche sind an die günstigsten Stellen zu verlegen und müssen einfach zu bedienen sein. Auch muß bei der
Durchkonstruktion von Ab- und Rauchgasverwertern sorgsam
darauf geachtet werden, daß man mit den Reinigungsapparaten
mühelos in alle Ecken des Heizsystems gelangt, damit eine
durchgreifende Säuberung von Asche, Ruß oder teerigen
Bestandteilen auch wirklich gewährleistet ist.

Bei dem heizenden Stoff kommen zur Reinhaltung der
Trennfläche bei den verschiedenen Gruppen von Wärmeaustauschern folgende Apparate in Frage:

Gruppe 1. Entöler und Wasserabscheider zum Entölen bzw. Entwässern des Heizdampfes.

Gruppe 2 und 3. Ruß- und Staubaus- und -abbläser, welche mit Dampf und Preßluft getrieben werden können. Sie können angewendet werden, wenn die Heizgase das Rohrsystem durch- oder umstreichen.

Abkratzeisen (Schraper), welche das Rohrsystem eng umschließend auf- und niedergleiten und somit ebenfalls die Rohre von Ablagerungen äußerlich befreien. Sie können jedoch nur dann angewendet werden, wenn die Heizgase das Rohrsystem umstreichen.

Die hier kurz angedeuteten und zu jeder Verwertungsanlage notwendigen Apparate, werden unter Abschnitt II D) (Armaturen) besprochen werden.

b) Die Ablagerungen durch den beheizten Stoff (Wasser oder Luft).

Ist der wärmeaufnehmende Stoff Wasser, so muß dieses vergütet werden, um Steinansätze zu verhüten.

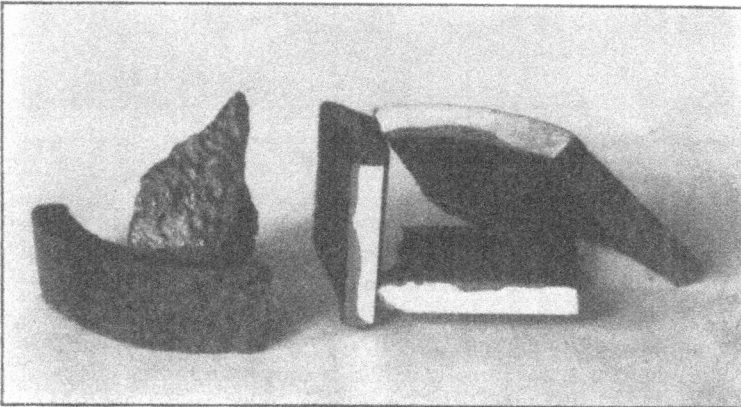

Abb. 42. Gaskorrosionen an gußeisernen Ekonomiserrohren.

Neben der Abb. 41 zeigt die Hollesche Steinsammlung der Abb. 43 ebenfalls deutlich die Gefährlichkeit solcher

Steinablagerungen. In der Abbildung zeigen *A* und *B* Steinansätze von kohlensaurem Kalk in einer Warmwasserdruck-
leitung. *C* und *E* sind Ausschnitte aus einer völlig versteinerten
Speisewasserdruckleitung. Diese Steinablagerungen führen
wohl in aller Deutlichkeit vor Augen, daß alle Maßnahmen
ergriffen werden müssen, welche derartige Absätze verhüten,
und zwar im Dauerbetrieb.

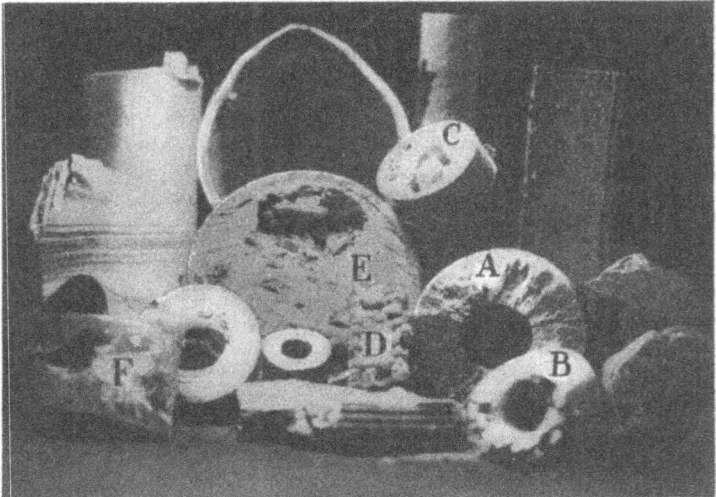

Abb. 43. Sammlung von Wasser- und Kesselsteinen des Chemikers August
Holle, Düsseldorf.

Früher half man sich durch zeitweiliges Ausbohren des
Steins oder durch Auflösen desselben mit Salzsäure. Solche
Maßnahmen — man findet sie leider noch zu häufig angewandt — sind absolut verwerflich, weil die Rohre nach
mehrmaliger Reinigung zu Bruch gehen. Außerdem setzt
sich der Stein an einmal derart behandelte Rohre sehr viel
leichter an, weil sie rauh geworden sind und erfahrungsgemäß rauhe Flächen die Steinablagerung begünstigen. Es
gibt aber heute Vergütungsverfahren, welche den Steinansatz
durch besondere Behandlung des Wassers im Dauerbetriebe
verhüten.

c) Die Vergütungsmethoden.

Die Art der Vergütung hängt nun davon ab, ob:
1. Warmwasser,
2. Dampf erzeugt werden soll; denn die für 1. geltenden Verfahren verlieren ihre Anwendbarkeit, wenn das Wasser in den Verwertern nicht nur angewärmt, sondern verdampft wird.

1. Die Enthärtung von Warmwasser.

Die Wassererwärmung in Abdampfverwertern erreicht höchstens eine Temperatur von $+80$ bis $+100^0$. Bei diesen Temperaturen und einem Druck ≥ 1 ata fällt aber der kohlensaure Kalk $(CaCO_3)$ oder kohlensaure Magnesia $MgCO_3$ aus[1]). Der Ausfall des schwefelsauren Kalkes $(CaSO_4)$ oder der Magnesia $MgSO_4$ kommt bei dieser Erwärmung nicht in Frage, weil derselbe erst bei $\geq 160^0$, und zwar bei einem Druck ≥ 1 atü ausfällt.

Von 40^0 ab zerfallen die im Wasser enthaltenen löslichen Bikarbonate in unlösliche Monokarbonate und Kohlensäure. Im übrigen hängt die Löslichkeit der Bikarbonate von der Wassertemperatur, dem Wasserdruck und vom Kohlensäuregehalt des Wassers ab.

Da infolge dieser Steinansätze nach längerer Betriebsdauer die Wärmedurchgangszahl und damit die spez. Leistung des Abdampfverwerters bis zur Unwirtschaftlichkeit zurückgehen kann, muß bei allen Anlagen, bei welchen Vorwärmer in eine Wasserumlauf- oder Frischwasserleitung eingebaut werden, für eine Enthärtung des durchlaufenden Wassers gesorgt werden, und zwar schon bei Inbetriebnahme der Anlagen. Nach erfolgter Inbetriebnahme ist bei Pumpenheizungen nur noch das Zusatzwasser (zur Deckung der Verluste) zu enthärten.

Zur Enthärtung eignet sich besonders das Impfverfahren der Firma Balcke, Bochum[2]). Bei diesem Verfahren werden die Monokarbonate durch zugesetzte dosierte, 10 v.H. Salz-

---

[1]) Der Druck, unter dem das Wasser steht, muß so hoch sein, daß eine Bildung von Dampfblasen vermieden wird.

[2]) Weitere Verfahren siehe „Abwärmeverwertung" des Verf. VdI-Verlag 1926, Seite 119, sowie „Die Kondensatwirtschaft". Verlag R. Oldenbourg, München u. Berlin 1927, S. 122 u. f.

säurelösung in Chloride umgewandelt, nach den Umsetzungs-
gleichungen:

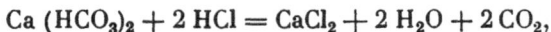

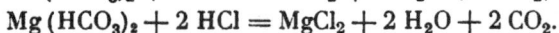

$$Ca\,(HCO_3)_2 + 2\,HCl = CaCl_2 + 2\,H_2O + 2\,CO_2,$$
$$Mg\,(HCO_3)_2 + 2\,HCl = MgCl_2 + 2\,H_2O + 2\,CO_2.$$

Die Karbonate des Wassers werden nach diesen Formeln
unter Ausscheidung freier Kohlensäure in Chloride von der
großen Löslichkeit von 4 000 000 mg/l Wasser umgewandelt.
Infolge dieser großen Löslichkeit können die Chloride bei der
Erwärmung im Vorwärmer nicht mehr ausfallen. Bei Warm-
wasser-Umlaufheizungen kann vor Inbetriebnahme dem Rohwasser die vorher rechnerisch ermittelte Salzsäuredosis in
verdünnter Form langsam zugesetzt werden. Es ist aber bei
diesem Verfahren darauf zu achten, daß das Wasser neutral
bleibt, d. h. 1—2⁰ unter der sauren Grenze gehalten wird,
damit die zugesetzte Säure nicht korrodierend auf das Metall-
material einwirken kann; auch muß für guten Abzug der
frei werdenden Kohlensäure gesorgt werden.

2. Die Enthärtung von Speisewasser.

Bei Abwärmeverwertern, welche Wasser verdampfen, ist
das einzuspeisende Rohwasser vollkommen zu entsteinen.
Die Kesselsteinbildung ist abhängig von der chemischen Zusammensetzung und Löslichkeit der im einzuspeisenden Rohwasser enthaltenen Härtebildner sowie von dem Druck und
der Temperatur, unter denen das Wasser im Abwärmeverwerter
steht. Die Härtebildner sind kohlensaurer, schwefelsaurer, kiesel-
saurer Kalk und Magnesia. Es würde hier zu weit führen, auf
die einzelnen Phasen der Kesselsteinabscheidung einzugehen,
es sei daher an dieser Stelle auf das Buch des Verfassers „Die
Kondensatwirtschaft" verwiesen, welches die Kesselstein-
ausscheidung ausführlich behandelt[1]).

Der Kesselstein hindert den Wärmedurchgang außerordentlich, und zwar genügt oft schon ein Steinbelag von ganz
geringer Dicke (z. B. bei Anwesenheit von kieselsaurem Kalk),
um die Wärmeleitzahl λ auf < 0,1 kcal/mh⁰ herabzudrücken.
Es muß deshalb für eine restlose Entsteinung des Rohwassers

---

[1]) „Die Kondensatwirtschaft", Abschn. 4, S. 146 u. f. Verlag
R. Oldenbourg, München u. Berlin 1927.

vor Einspeisung in die Verwerter gesorgt werden. Chemische Verfahren sind nicht zu empfehlen. Es ist besser destilliertes Wasser oder Kondensat von irgendeiner anderen Stelle des Betriebes zu verwenden. Besonders wirtschaftliche Destillationsverfahren unter Ausnutzung von Abwärmequellen werden im Band III der Abwärmetechnik beschrieben werden, so daß sich das Eingehen hierauf an dieser Stelle erübrigt[1]).

3. Die Notwendigkeit der Wasserentgasung.

Mit der vorherigen Entsteinung des Speisewassers sind aber die Gefahren für die Rohre des Verwerters noch nicht beseitigt, weil nunmehr durch Fortfall des Steinbelages den im Wasser enthaltenen Gasen der Angriff auf die Wandung ermöglicht wird. Besonders aggressiv wirken Sauerstoff und Kohlensäure, allein oder gemeinsam. Diese Erkenntnis hat vielen Betrieben Geld gekostet. Mit enthärtetem Wasser betriebene Ekonomiser gingen schon nach kurzer Betriebszeit zu Bruch, andere zeigten bei vorgenommenen Untersuchungen, daß äußerlich gut erhaltene Rohre bis auf einige Millimeter Wandstärke von innen aufgefressen waren. Die dunklen Stellen der Rohrstücke der Abb. 42 sind die ersten Anfänge solcher Zerstörungen, vollkommen durchfressene Rohre zeigt Abb. 43 bei F und hinter C.

Es ist deshalb notwendig, daß entsteinte Wasser auch zu entgasen. Die Destillatoren (besonders Unterdruckverdampfer) liefern an sich schon entgastes Wasser. Wird aber das Speisewasser nur chemisch gereinigt, so ist eine besondere Entgasung erforderlich. Dieselbe kann auf kaltem oder warmem Wege geschehen, durch Einblasen des Wassers in einen Vakuumraum oder durch Aufkochung. Unter den vielen Verfahren seien hier die der Firma Balcke, Bochum, der Atlas-Werke und Halvor-Breda erwähnt.

Unter sorgfältiger Beobachtung aller in Abschnitt II A 3 gekennzeichneten Sicherungsmaßnahmen ist es möglich, die Trennflächen von Oberflächen - Wärmeaustauschern vollkommen rein zu halten, so daß die in Abschnitt II A 2 theoretisch ermittelten k-Werte alsdann nicht nur bei Inbetrieb-

---

[1]) S. a. „Die Kondensatwirtschaft". Verlag R. Oldenbourg, München u. Berlin 1927, Abschn. 4, S. 159 u. f.

nahme Gültigkeit besitzen, sondern auch im Dauerbetriebe aufrechterhalten werden können.

4. Die Berechnung der Heizfläche von Wärmeaustauschern.

Man rechnet bei der Bestimmung der Wärmeaustauschfläche nicht wie in der theoretischen Ableitung unter 1. dieses Abschnittes[1]) geschehen, mit den absoluten Temperaturen der wärmeaustauschenden Stoffe, sondern mit ^{0} C.

Bedeutet:

Q die in z Stunden übertragene Wärmemenge in kcal,

F die Größe der Wand- oder Heizfläche in m^2,

k die Wärmedurchgangszahl von Stoff I $\rightarrow$ Wand $\rightarrow$ Stoff II in kcal/m^{2}h^0,

ϑ_1 die Temperaturen der heißeren Flüssigkeit I in ^{0} C,

ϑ_2 die Temperaturen der kälteren Flüssigkeit II in ^{0} C,

Δ_m den mittleren Temperaturunterschied zwischen I und II,

so lautet die Wärmeaustauschgleichung:

$$Q = F \cdot k \cdot \Delta_m \cdot z.$$

Die Zeit z des Wärmeaustausches wird zumeist $= 1$ h gesetzt, man erhält in diesem Falle die in 1 h beim Wärmeaustausch übertragene Wärmemenge in kcal/h.

Sind $\vartheta_1{}'$ und $\vartheta_2{}'$ die Anfangstemperaturen der wärmeaustauschenden Stoffe, entweder zu Beginn der Wärmeübertragung, also bei $z = 0$ — oder am Anfang der Heizfläche, und bezeichnen entsprechend $\vartheta_1{}''$ und $\vartheta_2{}''$ die Temperaturen am Ende des Austauschvorgangs nach der Zeit z oder am Ende der Heizfläche, und setzt man:

$$\Delta' = \vartheta_1{}' - \vartheta_2{}'$$
$$\Delta'' = \vartheta_1{}'' - \vartheta_2{}'',$$

so ist:

$$\Delta_m = \frac{\Delta' - \Delta''}{\ln \dfrac{\Delta'}{\Delta''}}.$$

---

[1]) S. a. S. 66 u. f.

Bei kondensierendem Dampf oder siedendem Wasser ist — wie schon erwähnt — die Temperatur des Wärmeträgers konstant, d. h. es wird in diesem Falle:

$$\vartheta_1' = \vartheta_1'' = \vartheta_1 \text{ bzw. } \vartheta_2' = \vartheta_2'' = \vartheta_2.$$

Dieser Umstand ist bei der Ermittlung von $\varDelta'$, $\varDelta''$ bzw. $\varDelta_m$ gegebenenfalls zu beachten.

Für Überschlagsrechnungen bediene man sich der vereinfachten Formel für $\varDelta_m$, welche lautet:

$$\varDelta_m = \frac{(\vartheta_1'' - \vartheta_2') + (\vartheta_1' - \vartheta_2'')}{2}.$$

Zumeist sind die zu übertragenden Wärmemengen gegeben, ferner die Temperaturen ϑ_1 und ϑ_2 der wärmeaustauschenden Stoffe I und II, während die Heizfläche F bestimmt werden soll. Aus der Wärmeaustauschgleichung ergibt sich für die Heizfläche bei $z = 1$:

$$F = \frac{Q}{\varDelta_m \cdot k}.$$

Mit dem vereinfachten Ausdruck für $\varDelta_m$ erhält man die für den Abwärmetechniker sehr wichtige Endformel

$$F = \frac{Q}{\dfrac{(\vartheta_1'' - \vartheta_2') + (\vartheta_1' - \vartheta_2'')}{2} \cdot k}.$$

Rechnungsbeispiele werden im nächsten Unterabschnitt 5 gebracht.

5. Die konstruktive Gestaltung der Wärmeaustauscher.

Gruppe 1: Vorwärmer.

a) Die Dampfvorwärmer.

Wärmeaustausch: Dampf $\longrightarrow$ Wand $\longrightarrow$ Wasser.

a_1 bedeutet nach vorstehendem die Wärmeübergangszahl von Dampf an die Trennwand. Sie ist abhängig von der Lufthaltigkeit des Dampfes sowie von der Bedeckung der Rohre mit Kondenswasser und schwankt zwischen Werten von 8 bis 19000 kcal/m²h⁰. Ferner hängt a_1 von der Verwendung glatter oder rauher Rohre ab. Obige Werte gelten für glatte Rohre. Sie fallen auf $^2/_5$ der Wertung bei Verwendung von rauhen Rohren. Es muß u. a. dem sich im Vorwärmer niederschlagenden Dampf durch gute Wrasenabführung die Möglichkeit gegeben werden, seinen Luftgehalt leicht abstoßen zu können.

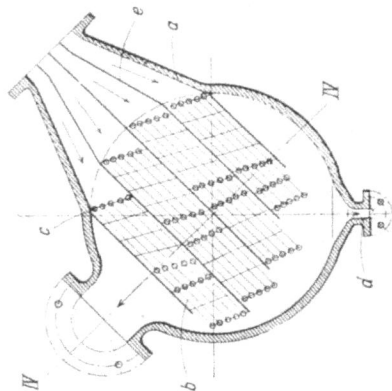

Abb. 45.

Abb. 44.

Längsschnitt und Querschnitt durch einen k_0-Vorwärmer für große Leistungen.

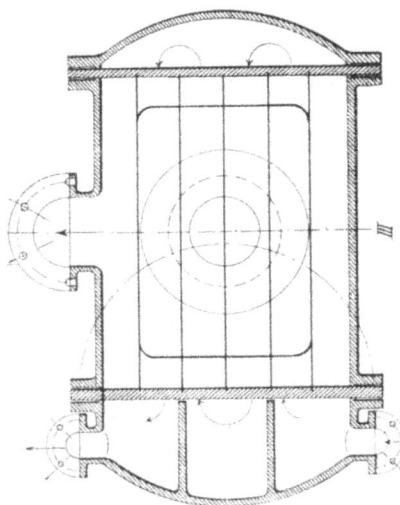

Das Haupthindernis aber zur Erreichung eines hohen Wertes für a_1 und damit auch bei sonst gleichen Verhältnissen einer Annäherung an den theoretischen Höchstwert $(= k_0)$ ist das Dampfkondensat, welches schon bei geringer Stärke der Wasserschicht auf der Oberfläche der Rohre die unmittelbare Wärmeübertragung von Dampf an Wand fast vollständig verhindert. Es ist daher erforderlich, die gesamte Heizfläche so wasserfrei wie möglich zu halten. Dieser Zustand kann in vollkommener Weise nicht erreicht werden, da sich auf jedem einzelnen Rohr Dampf niederschlägt und Wasser bildet.

Es ist aber wesentlich, daß das Niederschlagwasser eines Rohres so abgeführt wird, daß es kein weiteres Rohr berührt. Falls nämlich das abtropfende Niederschlagwasser tieferliegende Rohre berührt, so bilden sich derart starke Wasserschichten, daß der Wärmeübergang zuletzt ganz verhindert wird.

Es besteht also zur Erzielung eines möglichst hohen a_1-Wertes neben einer guten Wrasenabführung die Forderung, die Heizfläche solcher Wärmeaustauscher derart anzuordnen, daß das von einem Rohr des Heizbündels abtropfende Kondenswasser kein anderes Rohr mehr berührt.

Es fragt sich nun, ob konstruktiv einfache Lösungsmöglichkeiten vorhanden sind, welche den drei aufgestellten Bedingungen genügen. Es werden im folgenden zuerst liegende Vorwärmer betrachtet, bei denen der Heizdampf die vom Wasser durchflossenen Rohre umspült. Abb. 44 u. 45 zeigen einen Vorwärmer größerer Leistung. Die Rohre des Wärmeaustauschers sind in zur Dampfströmung querliegenden geneigten Reihen mit solchen Reihenabständen voneinander angeordnet, daß das von den einzelnen Rohren abtropfende Niederschlagswasser abfließt, ohne mit anderen Rohren in Berührung zu kommen.

Bei der Anordnung der Rohrreihen muß ferner die Strömungsenergie des Dampfes berücksichtigt werden, da das abtropfende Kondenswasser durch sie eine nicht unbeträchtliche Ablenkung aus der geraden Fallrichtung erfährt. Es müssen dementsprechend die einzelnen Rohrreihen mehr oder minder stark zur Strömungsrichtung geneigt angeordnet und die einzelnen Reihenabstände voneinander dementsprechend bemessen werden.

Es ist ferner zu berücksichtigen, daß die Strömungsenergie des Dampfes beim Durchgang durch den Wärmeaustauscher abnimmt. Die Rohranordnung muß dementsprechend langsam verschoben werden.

Um die Wirkung der Strömungsenergie nach Möglichkeit aufzuheben, kann die Eintrittsöffnung des Wärmeaustauschers für den Dampf diffusorartig ausgebildet werden, so daß die Dampfgeschwindigkeit des vorher entspannten Dampfes auf etwa 4 bis 5 m/sek herabgesetzt und die Dampfzufuhr durch Leitbleche zu den einzelnen Abteilungen des Wärmeaustauschers geregelt werden kann.

Zur Verminderung des Abstandes der einzelnen Rohrreihen voneinander können ferner möglichst in Richtung

der Dampfströmung angeordnete Ableitungsbleche vorgesehen werden, an die sich die Diffusorleitbleche anschließen
können. Es wird auch zweckmäßig die Diffusormündung dem
Querschnitt des gesamten Rohrsystems angepaßt.

Abb. 46 zeigt ein Rohrnetzschema unter Vernachlässigung
der Strömungsenergie des Dampfes,

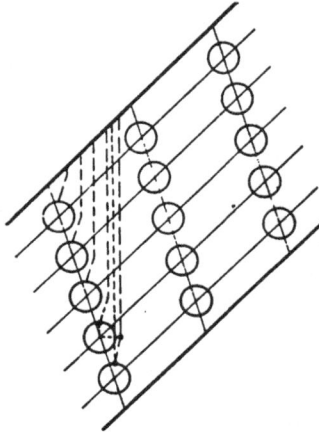

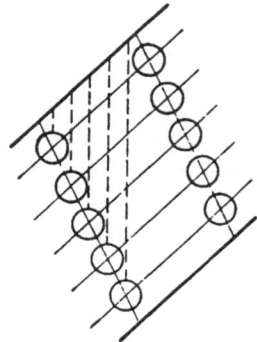

Abb. 46.
Rohrnetzschema unter Ver- und Abb. 47.
nachlässigung   Rohrnetzschema unter Berück-
                          sichtigung
der Strömungsenergie des Dampfes bei einer Dampfgeschwindigkeit von
20 m/sek. und Dampf von 1,2 ata.

Abb. 47 ein Rohrnetzschema, bei dem die Energie des
strömenden Dampfes berücksichtigt ist,

Abb. 44 einen Längsschnitt und

Abb. 45 den Querschnitt durch einen solchen Wärmeaustauscher, welcher wegen der Aufrechterhaltung der höchst-
möglichen Wärmedurchgangszahl k_0 vom Verfasser als k_0-
Vorwärmer bezeichnet worden ist.

Der Dampf tritt durch eine diffusorartige Öffnung in
den Wärmeaustauscher ein, welcher durch in Richtung der
Dampfströmung angeordnete Ableitungsbleche in mehrere
Kammern unterteilt ist. Durch die Rohre des Wärmeaustauschers wird das kältere Medium durchgeführt. Wie aus der
Abb. 45 ersichtlich ist, sind die einzelnen Rohre in zur Dampfströmung querliegenden und geneigten Reihen angeordnet,

so daß das sich bildende Kondenswasser eines Rohres nicht auf das nächstfolgende Rohr der gleichen Rohrreihe tropfen kann. Es sind ferner auch die einzelnen Rohrreihen in solchem Abstand voneinander angeordnet, daß das von der nächsthöheren Rohrreihe abtropfende Wasser nicht auf die zunächstliegende Rohrreihe tropfen kann. Das sich bildende Kondenswasser läuft auf den Ableitungsblechen nach unten und wird durch einen am tiefsten Punkt des Wärmeaustauschers vorgesehenen Ablaß abgeführt. Der Mündungsquerschnitt des aufgesetzten Diffusors kann so ausgebildet werden, daß die Rohre fast über ihre ganze Länge mit Dampf voll beaufschlagt werden. Auch können in dem Diffusor Leitbleche derart angeordnet werden, daß sie sich an die Ableitungsbleche des Wärmeaustauschers anschließen und so eine geregelte Dampfzuführung zu allen Kammern des Vorwärmers ermöglichen.

Es zeigt sich nun, daß bei kleineren Wärmeaustauschern der Kreuzstrom von Wasser und Dampf nicht in vollkommener Weise durchführbar ist. Kleinere Wärmeaustauscher bedingen eine verhältnismäßig große Baulänge im Verhältnis zu ihrem Durchmesser. Würde man kurze Rohre verwenden, so würde die Berührungszeit von Wasser und Dampf zu kurz sein. Anderseits kann der Dampf nicht auf der ganzen Länge des Wärmeaustauschers eingeführt werden, da die Menge des Dampfes im Verhältnis zur Länge des Wärmeaustauschers zu klein ist.

Es müssen daher die geneigten Rohrreihen in der Dampfströmrichtung verlaufend angeordnet werden. Es werden also Dampf und Wasser in paralleler Richtung im Gegenstrom zueinander geführt. Die geneigten Rohrreihen sind so angeordnet, daß das ablaufende Kondensat tieferliegende Rohre nicht berührt. Der Einlaßstutzen des Dampfes kann an einem Ende des Wärmeaustauschers angeordnet werden, es können auch mehrere Dampfeintrittstutzen vorgesehen werden, um eine günstige Dampfverteilung zu bewirken. Durch besondere Leitbleche kann eine Unterteilung des Rohrsystems und eine Umleitung des Dampfes vorgenommen werden. Die durch die Leit- und Umkehrbleche geschaffenen Kammern können durch eingebaute Deckbleche bzw. Rinnen weiterhin unterteilt werden, um eine möglichst große Anzahl von Rohren in den einzelnen Kammern unterbringen zu können. Am Ende des Dampfweges wird der gemeinsame Wrasen- und Kondensatablaßstutzen angeordnet.

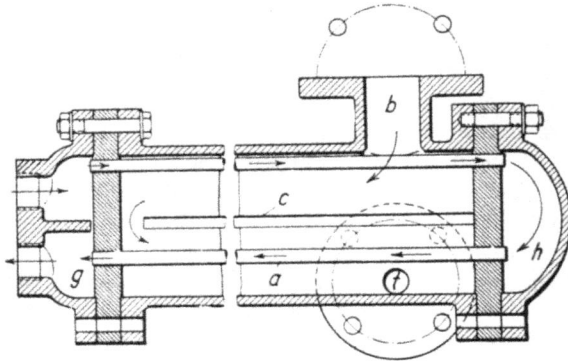

Abb. 48.

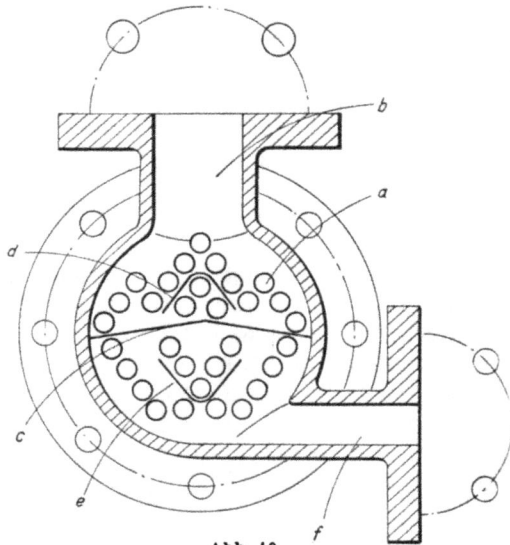

Abb. 49.

Längs- und Querschnitt (in verschiedenen Maßstäben) eines k_o-Vorwärmers mit kleiner Niederschlagsleistung.

In Abb. 48 bis 51 sind einige Wärmeaustauscher nach den oben entwickelten Richtlinien dargestellt, und zwar zeigen

Abb. 48 und 49 einen kleinen Vorwärmer bis zu 1 m² Heizfläche im Quer- und Längsschnitt und die Abb. 50 und 51 zwei weitere Ausführungsformen im Querschnitt.

Die wasserdurchströmten Rohre a sind wieder in geneigten Reihen so angeordnet, daß das abtropfende Niederschlagwasser abfließt, ohne mit den tiefer liegenden Rohren in Berührung zu kommen. Es sind ferner die Rohre in der Dampfströmrichtung liegend angeordnet, wobei die Zuführung des Dampfes durch den am einen Ende des Wärmeaustauschers liegenden Stutzen b erfolgt. Bei der Ausführungsform nach Abb. 48 und 49 ist das gesamte Rohrsystem des Wärmeaus-

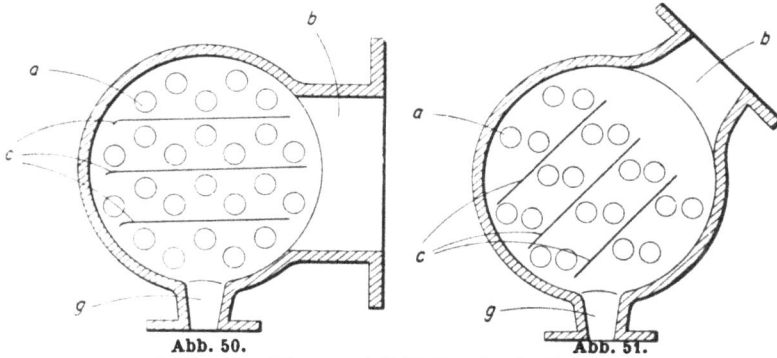

Abb. 50.   Abb. 51.

Zwei andere Lösungsmöglichkeiten des k_s-Vorwärmers.

tauschers durch das Leitblech c in zwei Teile geteilt. Dasselbe ist an dem einen Ende nicht ganz bis an den Rohrboden, in den die einzelnen Rohre a münden, herangeführt, so daß es gleichzeitig eine Umkehr des strömenden Dampfes hervorruft. Um in den durch das Leitblech c geschaffenen Kammern möglichst viele Rohre unterbringen zu können, sind in diesen Kammern Deckbleche d bzw. Rinnen e angeordnet. Die Dampfschwaden und das Niederschlagwasser werden durch den Stutzen f abgeleitet. Das Wasser wird durch die geteilte Anschlußhaube g dem Wärmeaustauscher im Oberteil zugeführt und nach Durchströmen desselben und Umleitung durch die Umkehrhaube h durch den unteren Teil des Wärmeaustauschers zurückgeführt.

An Stelle des einen Umkehrbleches *c* könnten auch mehrere derartige Bleche vorgesehen werden.

Bei der Ausführungsform nach Abb. 50 wird der Dampf durch den Stutzen *b* in wagrechter Richtung zugeführt. Zwischen einzelnen Gruppen von Rohrreihen sind Leitbleche *c* in annähernd wagrechter Lage vorgesehen, die zur sicheren Ableitung des sich bildenden Niederschlagwassers nach der dem Einlaßstutzen abgekehrten Seite etwas abfallen und nicht ganz bis an die Wandung des Wärmeaustauschers herangehen. Am tiefsten Punkt des Wärmeaustauschers ist der Ablaßstutzen *g* angeordnet.

Bei der Ausführungsform nach Abb. 51 sind die einzelnen Gruppen von Rohrreihen in gleicher Weise wie in Abb. 50 durch Leitbleche *c* unterteilt. Diese haben nur eine der schräg von oben erfolgenden Dampfzufuhr entsprechende schräge Lage. Es ist bereits darauf hingewiesen worden, daß es zweckmäßig ist, die Dampfeintrittsöffnung diffusorartig auszubilden, um die Dampfgeschwindigkeit herabzusetzen und so die Strömungsenergie des Dampfes nach Möglichkeit aufzuheben. Dies kann in einfacher Weise dadurch erreicht werden, daß die Rohre nicht den ganzen Querschnitt des Wärmeaustauschers ausfüllen, sondern an der Dampfeintrittsstelle ein Zylindersegment freilassen, welches als Diffusor wirkt. (Abb. 51.) Dadurch erübrigt sich die Anordnung eines besonderen diffusorartigen Einlaßstutzens.

Diese theoretischen Erwägungen führten den Verfasser zum Bau eines Versuchsapparates nach Abb. 19, an welchem die in dem Schaubild Abb. 20 eingetragenen Versuchsergebnisse erzielt wurden. Dieser Vorwärmer enthielt 51 Rohre gegen 74 der bisher üblichen Konstruktion bei einem inneren Manteldurchmesser von 228 mm Durchm. Trotz der verringerten Rohrzahl zeigte der Vorwärmer die gleiche Niederschlagsleistung wie ein bisher üblicher mit einer Rohranordnung nach Abb. 17 bei gleichen äußeren Abmessungen und 30 v. H. größerer Rohrzahl. Wie auch aus der Abb. 19 zu ersehen ist, ist durch Fortlassung einiger Rohre ein diffusorförmiger Raum zur Verringerung der Dampfgeschwindigkeit geschaffen worden. Diese Vorwärmer werden von den Firmen Hugo Szamatolski, Berlin-Reinickendorf, und Sirocco-Werke Wien, ausgeführt.

Die vorstehenden Ausführungen lassen sich leider nicht ohne weiteres auf stehende Vorwärmer übertragen.

Betrachtet man ein einzelnes Rohr eines stehenden Heizsystems, so wird unter Zugrundelegung obiger Rechnungsdaten auf einer Rohrringfläche von 1 mm Breite pro Sekunde ein Wassermantel niedergeschlagen, welcher eine Höhe von 0,07 mm hat. Rinnt dieses Wasser nun nur 100 mm an dem Rohr herunter, so beträgt hier schon die Dicke 7 mm. Versuche von Ginabat aber zeigen, daß schon bei einer Stärke von 1 mm der Kondenswasserschicht eine Isolation des Dampfes von der Trennungswand eintritt. Von diesem Augenblick an verliert der frühere Wert von a_1 seine Gültigkeit und muß nun durch ein Glied von der Form des Ausdruckes von a_2, nämlich

$$a_1' = 4500 \sqrt{v_k}$$

gesetzt werden, worin v_k die mittlere Geschwindigkeit des herabströmenden Kondensates von dem Eintritt der Isolation ab bis

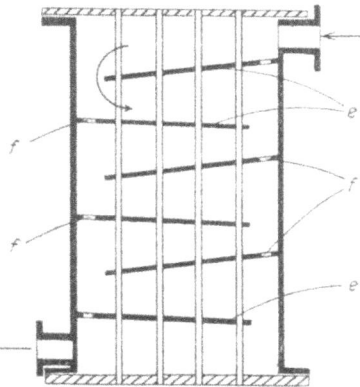

Abb. 52. Stehender Vorwärmer mit Zwischenwänden.

zum Fuß der Rohre bedeutet. Dieser Wert aber ist in jedem Falle viel niedriger als a_1 und erklärt, warum die Wärmedurchgangsversuche bei stehenden Vorwärmern so schlechte Ergebnisse zeitigen.

Der Wirkungsgrad der Wärmeübertragung kann nun bei stehenden Vorwärmern dadurch wesentlich verbessert werden, daß das Niederschlagwasser in bestimmten Abständen durch geeignete Einrichtungen, wie wagrechte Zwischenwände, schirmartige Ringe u. dgl. von den Rohren abgeleitet wird, so daß sich kein starker Wasserstrom bilden kann. Auf diese Weise wird das auf den Rohren sich niederschlagende Kondenswasser in verhältnismäßig kurzen Abständen zwangläufig von dem Rohr abgeleitet. Das Rohr wird also in bezug auf die Kondensatabführung mehrfach unterteilt.

8*

Abb. 52 zeigt eine beispielsweise Anordnung der Zwischenwände;

Abb. 53 einen schirmartigen Ring und

Abb. 54 veranschaulicht die Anordnung der Ringe auf
zwei benachbarten Rohren.

Die Zwischenwände *e* (Abb. 52) sind etwas schräg angeordnet, so daß sich das Niederschlagwasser an der Vorwärmer-
wand sammelt und durch Löcher (*f*) abgeleitet werden kann.
Die Anordnung der Zwischenwände kann so getroffen werden,
daß der durch den Wärmeaustauscher strömende Dampf
hin- und hergeleitet wird.

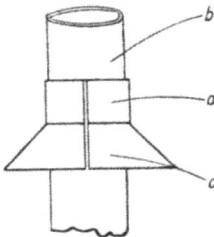

Abb. 53. Ein Schirmring zur
Ableitung des Kondenswassers.

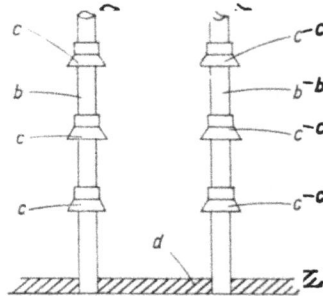

Abb. 54. Anordnung der Ringe (nach
Abb. 53) auf zwei benachbarten Rohren.

An Stelle der Zwischenwände können auch schirmartige
Ringe nach Abb. 53 und 54 Verwendung finden.

Der geschlitzte Federring besteht aus einem zylindrischen
Teil *a*, der sich eng an das Rohr *b* anlegt und dem an seinem
unteren Ende anschließenden Schirmteil *c*, der sich nach unten
zu konisch erweitert.

Wie aus Abb. 53 ersichtlich, sind die Schirmteile *c* der
Ringe derart konisch ausgebildet, daß das abtropfende Kondenswasser die benachbarten Rohre nicht berührt, sondern
unmittelbar auf den unteren Rohrboden *d* des Wärmeaustauschers abtropft. Die einzelnen Ringe werden zweckmäßig
in einem Abstand von etwa 100 mm auf den Rohren angeordnet.

Allgemein ist noch zu sagen, daß der untere Rohrboden
mit den eingewalzten Röhren bei den bisher besprochenen
Vorwärmern als Kolben ausgebildet wird, welcher im Deckel

geführt wird. In diesem Falle ist aber der Kolben auch mit Kolbenringen auszuführen und außerdem muß noch eine Sicherheitspackung vorgesehen werden, welche von außen leicht zugänglich sein muß. Unter Anwendung dieser konstruktiven Vorsichtsmaßnahmen ist das Rohrsystem in jedem Augenblick ausziehbar und kann sich im Betriebe leicht ausdehnen.

Alle Ausführungen, welche aus Ersparnisgründen mit starrem Kolben ohne Kolbenringe oder ohne Packungen ausgeführt werden, können unmöglich bei beweglichen Kolben dicht sein oder bleiben. Es ist praktisch nicht möglich, die Kolben ohne Kolbenringe so dicht einzuschleifen, daß dieselben sowohl gleiten als auch dicht sind und im Betrieb dicht halten. Derartige Kolben werden nur durch Einrosten dicht; das Rohrsystem kann nicht herausgezogen werden, es ist festgerostet.

Abschließend wären noch solche Vorwärmer zu erwähnen, bei welchen der Dampf die Heizrohre durchströmt, die außen von Wasser umflossen werden. Um einen einfachen Apparat zu erhalten, werden oft die Rohre U-förmig nach Abb. 23 gebogen und sehr nahe zusammengelegt.

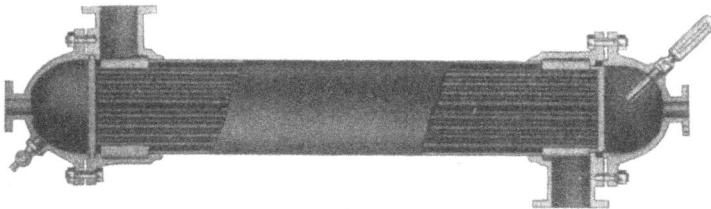

Abb. 55. Normaler Gegenstrom-Vorwärmer Bauart Schaffstaedt, Gießen.

Bei derartigen Wärmeaustauschern muß für eine schnelle und sichere Abführung des sich in den Rohren bildenden Kondenswassers gesorgt werden, um eine möglichst hohe Wärmedurchgangszahl zu erhalten.

Zu diesem Zwecke können die Rohre in der Dampfströmrichtung abfallend angeordnet werden. Die Rohre können in schräger Richtung durch den Wärmeaustauscher hindurchgeführt werden, oder es können auch V-förmig zusammengebogene Rohre Verwendung finden.

Im folgenden sind in Zahlentafel 27 die Abmessungen und Gewichte von normalen Gegenstromvorwärmern (s. Abb. 55) nach Schaffstaedt, Gießen, zusammengetragen. Zahlentafel 28 gibt eine Zusammenstellung von Abmessungen und Gewichten für U-Vorwärmer nach Schaffstaedt, Gießen (siehe Abb. 23), für einen Heizbetrieb von 60 auf 80⁰.

Zahlentafel 27.

Zusammenstellung von Abmessungen und Gewichten von normalen Gegenstromvorwärmern nach Schaffstaedt, Gießen (Abb. 55) verschiedener Wärmeleistungen.

Ab-dampf-menge	Wasser-menge	Ab-dampf-anschluß	Wasser-anschluß	Gesamt-länge der Vor-wärmer	Durch-messer des Vor-wärmer-mantels	Heiz-fläche der Vor-wärmer	Unge-fähres Gewicht
kg/h	l/min	mm φ	mm φ	mm	mm φ	m²	kg
75	33	30	30	1660	95	0,55	75
100	45	30	50	2030	95	0,70	85
125	60	30	50	1660	121	0,90	105
160	80	30	50	1770	121	1,00	110
190	100	40	60	1560	152	1,40	145
220	120	40	65	1740	152	1,60	145
240	140	40	65	1880	152	1,80	150
280	170	40	70	1650	171	2,00	175
315	200	40	70	1810	171	2,30	185
345	230	40	80	1950	171	2,50	190
385	270	50	100	1660	203	2,80	210
425	310	50	100	1780	203	3,10	220
480	360	50	100	1960	203	3,50	230
600	475	65	125	1960	241	4,50	285

In neuerer Zeit geht die Entwicklung dahin, das Speisewasser durch Anzapfdampf zu erwärmen. Diese Anlagen arbeiten alle mit einem höheren Druck. Der entsprechende Vorwärmer müßte also für diesen höheren Druck gebaut sein. Dabei ist es unbedingt erforderlich, daß das Speisewasser durch die Rohre läuft, damit Rückstände entfernt werden können. Außerdem muß dafür gesorgt werden, daß das Rohrbündel, welches aus Bronce- oder Kupferrohren besteht, sich frei ausdehnen kann, denn bei den hohen Wassertemperaturen ist auf diese erheblichen Ausdehnungserscheinungen Wert zu legen. Für die Betriebssicherheit der Anlage ist es fernerhin erforderlich, daß kein Druckwasser in den Dampfraum übertreten kann, weil sonst Rückschläge eintreten, ganz abgesehen von dem Verlust an vorgewärmtem Wasser.

Zahlentafel 28.

Abmessungen und Gewichte von Gegenstrom-„U"-Apparaten für Dampf-Warmwasserheizungen nach Abb. 23.
(Nach Schaffstaedt, Gießen.)

Ganze Bau-länge	Äußerer Mantel-durch-messer	Heiz-fläche	Lichte Weite der Anschlüsse für			Heizbetrieb 60 auf 80°C Stündliche Höchstleistungen in kcal bei einem Dampfdruck, unmittelbar vor dem Apparat gemessen in ata						
			Dampf	Nieder-schlags-wasser	Vor- und Rück-lauf	0,1	0,2	0,3	0,5	1	2	3
mm	mm φ	m²	mm φ	mm φ	mm φ							
650	145	0,53	50	20	70	16 400	18 500	21 700	25 000	34 500	50 000	63 000
900	145	0,79	50	20	70	24 500	27 500	32 000	37 000	52 000	75 000	94 000
1150	165	1,36	60	30	80	42 000	47 500	55 000	65 000	89 000	130 000	163 000
1165	185	2,12	70	30	80	65 000	74 000	86 000	101 000	139 000	203 000	254 000
1180	215	2,55	80	40	80	79 000	89 000	104 000	122 000	168 000	244 000	305 000
1430	215	3,18	80	40	80	98 000	111 000	130 000	152 000	209 000	305 000	380 000
1200	255	4,08	90	40	100	126 000	142 800	167 000	195 000	269 000	391 000	489 000
1450	255	5,04	90	40	100	157 000	178 000	208 000	244 000	335 000	488 000	610 000
1700	255	6,10	90	40	100	189 000	213 000	250 000	292 000	402 000	585 000	732 000
1470	280	6,63	100	40	125	205 000	232 000	271 000	318 000	437 000	636 000	795 000
1720	280	7,93	100	40	125	245 000	277 000	325 000	380 000	523 000	761 000	950 000
1500	320	9,30	125	50	150	298 000	325 000	381 000	446 000	613 000	892 000	1 110 000
1750	320	11,10	125	50	150	344 000	388 000	455 000	532 000	732 000	1 045 000	1 330 000
1525	370	12,43	150	50	175	385 000	435 000	509 000	596 000	820 000	1 193 000	1 460 000
1320	415	13,69	175	60	200	424 000	479 000	561 000	657 000	903 000	1 314 000	1 640 000
1365	435	15,37	175	70	200	476 000	537 000	630 000	737 000	1 014 000	1 475 000	1 840 000
1615	435	18,95	175	70	200	587 000	663 000	776 000	909 000	1 250 000	1 819 000	2 270 000
1865	435	22,53	175	70	200	698 000	788 000	923 000	1 081 000	1 485 000	2 162 000	2 700 000
1620	480	29,98	200	80	225	743 000	839 000	983 000	1 151 000	1 580 000	2 300 000	2 870 000
1870	480	28,46	200	80	225	882 000	996 000	1 166 000	1 366 000	1 875 000	2 730 000	3 410 000
2370	480	37,42	200	80	225	1 160 000	1 309 000	1 534 000	1 796 000	2 469 000	3 590 000	4 490 000
2440	515	41,80	200	80	250	1 295 000	1 463 000	1 713 000	2 006 000	2 758 000	4 000 000	5 010 000
2715	515	47,33	200	80	250	1 467 000	1 656 000	1 940 000	2 271 000	3 123 000	4 543 000	5 675 000
3000	515	54,80	200	80	250	1 698 000	1 918 000	2 246 000	2 630 000	3 616 000	5 260 000	6 570 000

Bei einer Wassererwärmung von 10 auf 35°C leisten die Apparate das 3fache der Wärmemengen, die oben für einen Heizbetrieb von 60 auf 80°C angegeben sind.

Bei einer Wassererwärmung von 10 auf 70°C leisten die Apparate das 2fache der Wärmemengen, die oben für einen Heizbetrieb von 60 auf 80°C angegeben sind.

Der in Abb. 56 dargestellte Höchstdruckvorwärmer Bauart Szamatolski, Berlin, sucht diese Bedingungen zu erfüllen. Der Vorwärmer selbst ist, soweit er nicht aus Bronzerohren besteht, ganz aus Schmiedeeisen hergestellt. Das Rohrbündel ist in einem topfartigen Gleitkolben einerseits und in einer Rohrplatte anderseits befestigt. Die Befestigung der einzelnen Rohre erfolgt durch Einwalzen und Verankern.

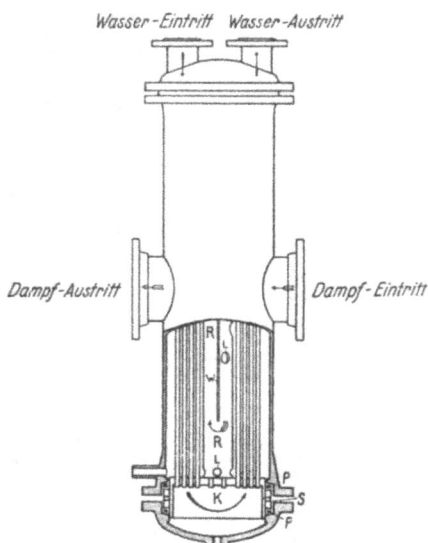

Abb. 56. Höchstdruck-Vorwärmer
Bauart Szamatolski, Berlin.

Auf dem Topfkolben *K* ruht der Pumpendruck, der 30 und mehr Atmosphären beträgt. Das Rohrbündel muß diesen Druck aufnehmen und vor dem Zerknicken bewahrt werden. Außerdem ist es sehr wichtig, daß die Walzstellen der kleinen Röhrchen einer möglichst geringen Beanspruchung ausgesetzt werden. Szamatolski wendet ein loses Versteifungsrohr *R* an, das außer Betrieb etwas kürzer ist, also Spiel zwischen Rohrplatte und Kolben hat. Die Bronzerohre haben einen größeren Ausdehnungskoeffizienten als das lose Versteifungsrohr.

Darauf muß der Konstrukteur acht geben und den Spielraum für das Versteifungsrohr danach einrichten. Kommt der Vorwärmer in Betrieb, so wird der Kolben durch den Druck auf das lose Versteifungsrohr zurückgedrückt. Das Rohrbündel wird sich also ganz wenig ausbauchen und das Zerknicken desselben verhindern. Die Walzstellen werden nicht beansprucht, da der gesamte Druck durch das lose Versteifungsrohr aufgenommen wird. Selbst Pumpenstöße können nicht auf die Walzstellen des Rohrbündels einwirken.

Auch kann bei undichter Stopfbüchse kein Druckwasser in den Dampfraum übertreten. Dieselbe ist als doppelte Stopfbüchse so gebaut, daß um den Kolben ein eiserner Ring S gelegt ist, welcher in der Mitte Öffnungen hat. Das Druckwasser ist durch eine Packung nach der Wasserseite geschützt, der Dampf durch eine Packung nach der Dampfseite. Wird eine der beiden Packungen undicht, so spritzt Druckwasser oder Dampf durch die kleinen Öffnungen aus, und es kann nichts in den korrespondierenden Raum übertreten.

Zuletzt kommt es heute öfters vor, daß überhitzter Dampf in Vorwärmern niedergeschlagen werden soll. Da aber überhitzter Dampf gegenüber Naßdampf eine sehr schlechte Wärmeübergangszahl an die Wandung des Heizsystems hat, muß man darauf bedacht sein, denselben vor Eintritt in den Vorwärmer in Naßdampf zu verwandeln.

Der in Abb. 57 dargestellte Vorwärmer mit vorgeschaltetem Strahlapparat Bauart Szamatolski erfüllt die Aufgabe in einfacher Weise. Der vorerst in den Strahler eintretende überhitzte Dampf saugt aus dem Vorwärmer soviel Naßdampf an, als er benötigt, um selbst in gesättigten Wasserdampf überzugehen. Die Mischung und Sättigung erfolgt im Strahler und anschließenden Krümmer.

Eine besondere Gruppe bilden die Dampf-Laugenvorwärmer der Kaliindustrie. Bei dem Löseverfahren in den alten Spitzkesseln brauchte man auf eine hohe Vorwärmung der Löselauge keinen besonderen Wert zu legen, weil man durch die Einführung direkten Frischdampfes den Kesselinhalt sehr schnell auf die Siedetemperatur bringen konnte und ohne Schwierigkeit auch in der Lage war, die durch das einlaufende kalte Salz entstehende Abkühlung durch genügende Dampfzufuhr aufzuheben. Aber schon bei der Anwendung von Rührwerkskesseln war man an die Größe der Heizfläche gebunden, weil hier die Wärmeübertragung durch Heizschlangen erfolgte. Man suchte deshalb durch gute Vorwärmung der Löselauge die Wärmeverluste, welche durch das einzubringende Rohsalz entstanden, herabzumindern.

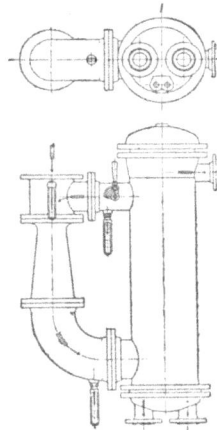

Abb. 57. Vorwärmer für überhitzten Dampf Bauart Szamatolski, Berlin.

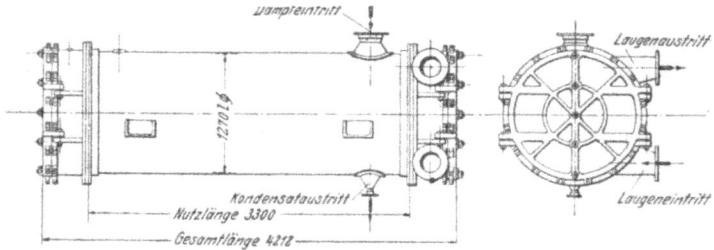

Abb. 58. Schnellstrom-Laugen-Vorwärmer für 100 m² Heizfläche mit 12facher Laugenführung.

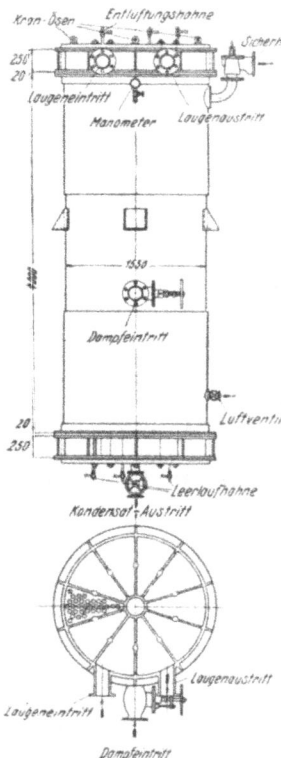

Abb. 59. Schnellstrom-Vorwärmer mit 170 m² Heizfläche.

Die Erzielung einer bis fast zum Siedepunkte vorgewärmten Löseflüssigkeit wurde aber bei der Einführung des kontinuierlichen Lösens zur Notwendigkeit. Es entstanden von diesem Augenblick ab zahlreiche Vorwärmerkonstruktionen, die alle darauf hinzielten, die verhältnismäßig großen Mengen an Löselaugen schnell zu erwärmen. Das kalte Rohsalz nimmt trotz seiner verhältnismäßig niedrigen spezifischen Wärme eine große Zahl kcal auf, die durch die Heizfläche der in die Löseapparate eingebauten Röhrenheizkörper ersetzt werden muß. Da diese Heizfläche immerhin nur eine beschränkte Größe haben kann, wurde der Löselaugenvorwärmer ein unentbehrlicher Bestandteil der neuzeitlichen Löseanlagen in der Kaliindustrie.

Zunächst baute man große zylindrische Gefäße in liegender oder stehender Anordnung nach Abb. 58 und 59, in denen zwischen zwei Rohrwänden eine größere Anzahl Kupferrohre durch Einwalzen in diese Wände eingespannt wurde, während an den beiden Stirnseiten sich Laugenkammern befanden.

Die Lauge floß durch
die Rohre hindurch, wäh-
rend der Dampf die Rohre
umströmte. Diese Kon-
struktion wurde fast aus-
schließlich dort verwendet,
wo ein gleichmäßiger Lau-
gendurchfluß und ein kon-
tinuierlicher Wärmezu-
strom vorhanden war. Ein
großer Nachteil dieser Apparate aber war, daß sie
infolge der auftretenden
Salzverkrustung häufig
ausgekocht werden mußten,
was die Haltbarkeit un-
günstig beeinflußte. Hinzu
tritt noch der Übelstand,
daß die Rohre an den Ein-
walzstellen undicht wurden,
wodurch das bei Dampf-
beheizung sich bildende
Kondenswasser leicht ver-
chlorte und zum Kessel-
speisen nicht mehr in Be-
tracht kam. Diesem Nach-
teil standen als Vorteile die
kleinen Abmessungen und
die leichte Umschaltbarkeit
dieser Ausführungsform
gegenüber.

Stattet man Laugen-
vorwärmer aber nur mit
kleinem Volumen aus, so
können auf der einen Seite
Schwankungen im Löseße-

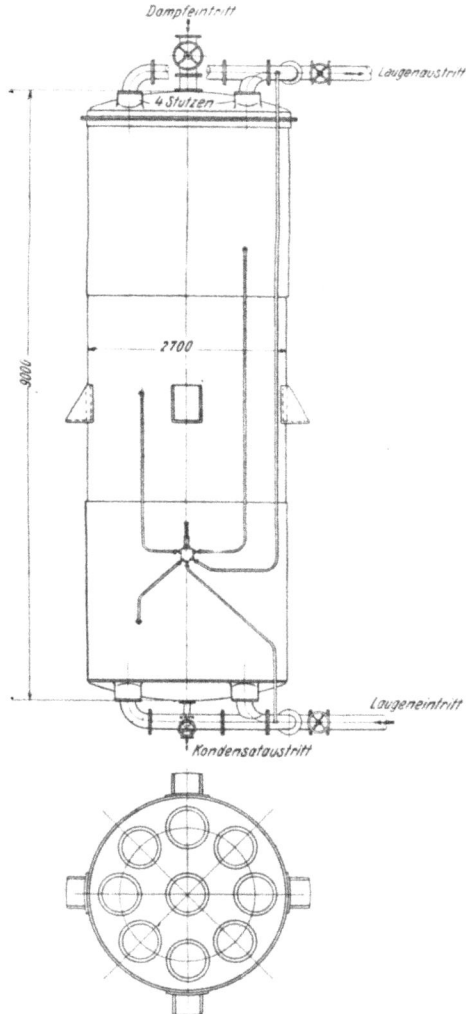

Abb. 60. Großraum-Laugen-Vorwärmer
mit 240 m² Heizfläche..

trieb nicht ausgeglichen werden, auch ist die Verwendbarkeit
von intermittierenden Wärmequellen (Abdampfverwertung)
nicht möglich, weil bei einem solchen Betriebe zeitweilig

überschüssige Wärmemengen nicht aufgespeichert werden
können, somit abblasen und verlorengehen müssen.

Man konstruierte infolgedessen Großlaugenvorwärmer
(Abb. 60), in denen ein großes Laugequantum durch eingebaute
Heizregister erwärmt wurde. Diese Vorwärmer erfreuen sich
zwar in der Kaliindustrie einer besonderen Beliebtheit, es muß
aber einmal darauf hingewiesen werden, daß sie auch große
Nachteile aufweisen.

Zunächst ist hier die nicht immer glücklich durchgeführte
Umwälzung der Lauge um die Heizflächen herum zu bean-
standen. Die Lauge wird selten zwangläufig geführt; dadurch
ist eine gleichmäßige Er-
wärmung derselben nicht
immer gewährleistet.

Die Heizregister be-
stehen zumeist aus großen
doppelwandigen Eisen-
rohren. Dies ist grundsätzlich falsch; denn Eisen
setzt der lösenden Wirkung
der Lauge einen wesentlich
geringeren Widerstand ent-
gegen als Kupferrohre. Dazu kommt, daß auch der
durchströmende Dampf
häufig Luft- und Kohlen-
säure mitführt und somit
die Rohre von innen an-
greift. Hieraus folgern die
häufig beobachteten Un-

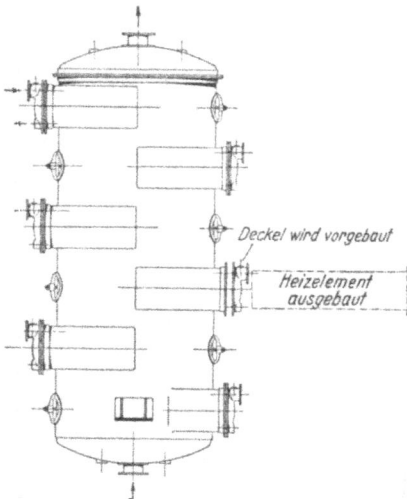

Abb. 61. Balcke-Großraum-Laugen-Vor-
wärmer mit ausfahrbarem Heizregister.

dichtigkeiten an den Heizkörpern, deren Beseitigung unan-
genehme Betriebsstörungen mit sich bringt. Der ganze Apparat muß bei Vornahme von Reparaturen vollständig entleert werden und da die Heizregister fest im Innern eingebaut
sind, können auch die Instandsetzungsarbeiten erst nach
völliger Abkühlung vorgenommen werden. Es ist zwar bei
allen Konstruktionen eine Befahrbarkeit dieser Vorwärmer
vorgesehen, es gehört aber nicht zu den Annehmlichkeiten
mit Schweißapparaten in dem engen Raum zu arbeiten.

Der in Abb. 61 dargestellte Vorwärmer zeigt nun insofern eine brauchbarere Konstruktion, als er die eben beleuchteten Nachteile der bisher gebräuchlichen Großlaugenvorwärmer möglichst vermeidet.

Durch eine Unterteilung in eine große Anzahl in sich abgeschlossener Kammern und durch besondere in denselben angebrachte Vorrichtungen wird die Lauge zwangläufig in einem langen, schraubenförmigen Wege von unten nach oben geführt, wobei sie fortgesetzt um die Heizfläche zirkulieren muß.

Die Heizkörper sind in geschlossene, dehnbare Röhrenbündel vereinigt und jede Abteilung des Vorwärmers besitzt je ein solches Heizregister. Die Flanschen der Rohre sind vollständig nach außen verlegt und nach Entfernung eines Deckels leicht zugänglich. Jede Undichtigkeit ist somit im Kondenswasser sofort festzustellen. In diesem Falle kann das betreffende Register einfach durch Schließen eines Ventils ausgeschaltet werden. Auch können kleine Undichtigkeiten im Betriebe beseitigt werden. Sollte aber z. B. eines der Rohre aufgeplatzt oder beschädigt sein, so wird dieses Rohr zunächst abgeschlossen und das ganze Heizsystem während einer Betriebspause aus der Kammer herausgezogen. Es empfiehlt sich, Ersatzsysteme zur Hand zu haben, um undicht gewordene Heizregister einsetzen und den Betrieb fortführen zu können. Sollte kein Ersatzheizkörper vorhanden sein, so schließt man nach Entfernung des reparaturbedürftigen Registers das Mannloch und läßt den Apparat ohne die betreffende Kammer so lange weiterarbeiten, bis die Instandsetzung des Rohres — die nunmehr außerhalb des Vorwärmers vorgenommen werden kann — erledigt ist. Solche Vorwärmer werden z. B. von der Maschinenbau Balcke, Bochum, und von der Firma Schaffstaedt in Gießen gebaut.

Die bisherigen Großlaugenvorwärmer können immer nur mit ein und demselben Wärmeträger beheizt werden. Es ist daher häufig sogar unmöglich, da, wo nur Abdampf von niederer Spannung zur Verfügung steht, die Erwärmung der Lauge bis zum Siedepunkt zu betreiben. Das in Abb. 62 gezeichnete Vorwärmerschema veranschaulicht aber, wie es möglich ist, die Vorwärmer gleichzeitig mit den verschiedensten Wärmeträgern zu beheizen. So wird man beispielsweise, um der ausfließenden Lauge eine möglichst hohe Temperatur zu geben, wenigstens die obere Kammer mit hochgespanntem Dampf beschicken, während man die anderen Abteilungen mit Zwischen- oder Abdampf beheizt.

In der untersten Kammer, in welche die kalte Lauge eintritt, kann man die Vorwärmung vorteilhaft durch das aus dem obersten Segment ausfließende Kondenswasser bewirken.

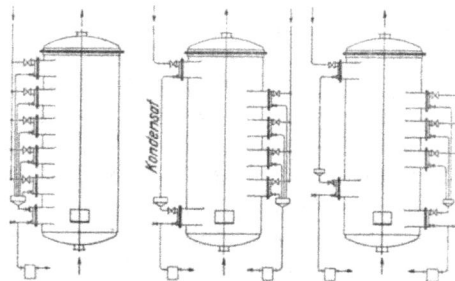

Abb. 62. Schaltungsschemen der Großraumvorwärmer.
Beheizung durch

Frisch- dampf	Frisch- u. Abdampf	beliebige Wärmequellen

Da an jedem Heizregister eine Kondenswasserkontrollstelle angebracht ist, kann man während des Betriebes dauernd das Kondenswasser auf Chlorgehalt, z. B. mit dem Bühring-Kondensatprüfer[1]), untersuchen und somit bei etwa auftretender Undichtigkeit das betreffende Register sofort abschalten. Durch diese Prüfung erhält man den Vorteil, daß das abfließende Kondenswasser stets rein bleibt und somit zur Kesselspeisung geeignet ist. Die hier entwickelte Konstruktion für Großraumlaugenvorwärmer vereinigt also mit großer Übersichtlichkeit, eine genaue Kontrollmöglichkeit, zudem beste Wirtschaftlichkeit und eine Reparaturfähigkeit ohne Störung des Betriebes.

b) Die Lufterhitzer.

Wärmeaustausch: Dampf → Wand → Luft.

Die Lufterhitzer sind das Hauptorgan aller Warmluftheizungen und Trocknungen. Bei den Warmluftheizungen

---

[1]) Siehe Abschnitt II D „Armaturen".

wird die in den Lufterhitzern vorgewärmte Luft durch Rohrleitungen zu den Ausblaseöffnungen in die Werksräume geleitet. Abb. 63 zeigt eine derartige zentrale Luftheizungsanlage. Es wird aber neuerdings immer mehr dazu über-
gegangen, die infolge ihrer großen Querschnitte sehr kostspieligen Rohrleitungen der zentralen Luftheizung durch die
Maßnahme einzusparen, daß man in den Werksräumen Einzellufterhitzer aufstellt, die unmittelbar in den Raum ausblasen.

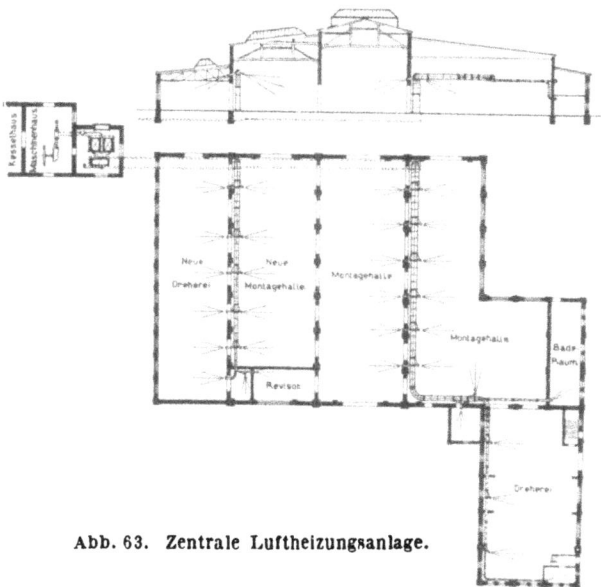

Abb. 63. Zentrale Luftheizungsanlage.

Abb. 64 zeigt eine nur aus Einzellufterhitzern bestehende
Raumheizungsanlage. Es brauchen in diesem Falle nur die
engdimensionierten Dampfleitungen an den Erhitzer herangeführt und das Kondensat abgeleitet zu werden. Vor allem ergibt sich eine sehr leichte Regelung durch Aus- und Zuschalten
von Einzellufterhitzern je nach Bedarf.

Bei den Trockenapparaten wird die im Lufterhitzer vorgewärmte Luft durch das zu trocknende Gut getrieben.

Abb. 65 zeigt eine mit einem Lufterhitzer ausgestattete
Kammertrocknungsanlage zum Trocknen von Tischlerholz

und Abb. 66 eine Kanaltrockenanlage zum Trocknen von Fuß-
bodenbrettern, im Schema dargestellt.

Das Trocknen der verschiedenen Güter geht bei Temperaturen von 25—120⁰ vor

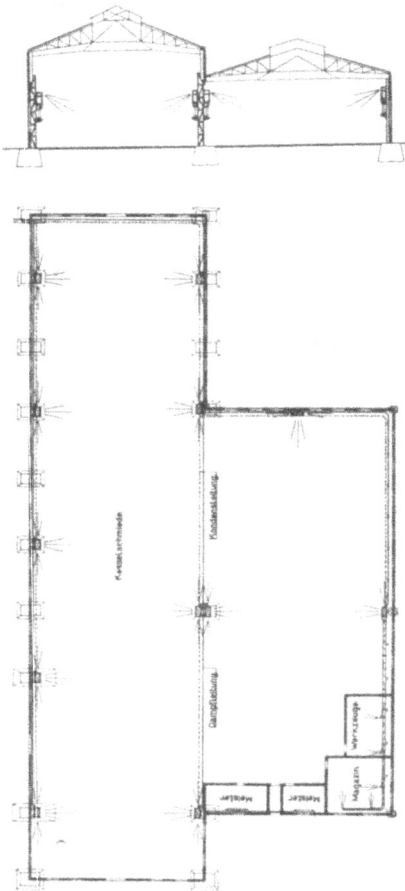

Abb. 64.
Werksheizung aus Einzellufterhitzern.

sich und bezweckt die Aus-
treibung des Feuchtigkeits-
gehaltes aus festen Kör-
pern mittels Heißluft durch
Verdunstung des im Kör-
per enthaltenen Wassers.
Um dies zu ermöglichen,
muß die heiße Luft Feuch-
tigkeit aufnehmen können,
indem sie mit geringer rela-
tiver Feuchtigkeit an das
Trockengut herangeführt
und mit 80—90 v.H. Sät-
tigung abgezogen wird.

Die zum Trocknen auf-
zuwendende Wärmemenge
setzt sich aus folgenden
Beträgen zusammen:

1. für die Erwärmung
   der Luft und des
   darin enthaltenen
   Wasserdampfes,
2. für die Erwärmung
   des zu trocknenden
   festen Körpers,
3. für die Verdamp-
   fung des in dem
   zu trocknenden
   Körper enthaltenen
   Wassers.

4. aus den Wärmeverlusten nach außen durch Leitung
   und Strahlung.

Die Menge der zu erwärmenden Luft richtet sich nach ihrer
relativen Feuchtigkeit, nach dem Grade und der Dauer der

Trocknung. Manche Körper müssen langsam, manche bei geringer Temperatur getrocknet werden, um nicht Schaden zu

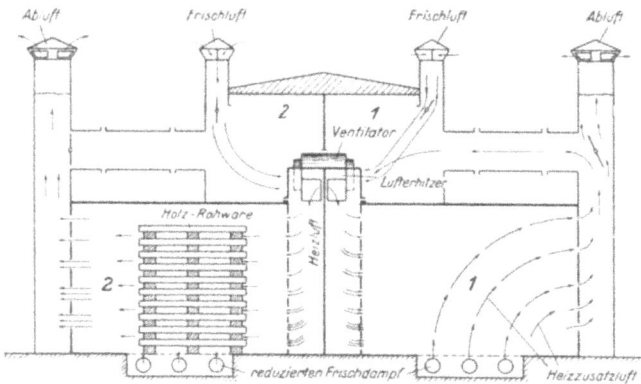

Abb. 65. Schema einer mit Lufterhitzer ausgestatteten Kammertrocknungs anlage.

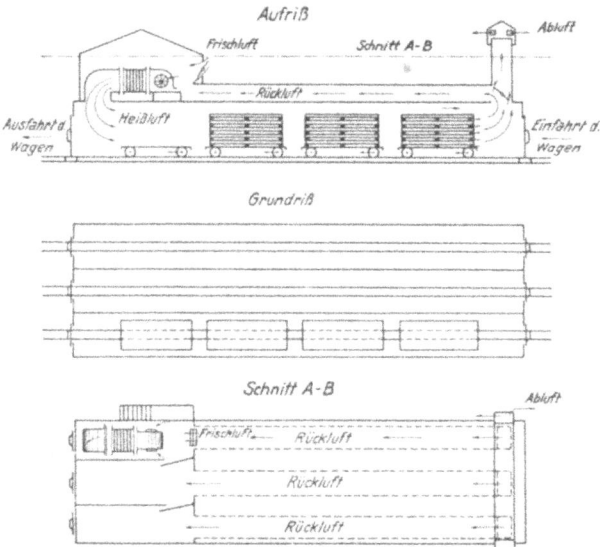

Abb. 66. Schema einer Kanaltrocknungsanlage mit Lufterhitzern.

nehmen. Im allgemeinen ist die zulässige Temperatur um so höher, je nässer das Trockengut ist. Bei höheren Temperaturen

kann die Luft bedeutend mehr Feuchtigkeit aufnehmen als
bei tiefen. Der Wärmeaufwand wird im wesentlichen durch
die Menge der zu verdampfenden Flüssigkeit bestimmt.

Abb. 67 zeigt die Abhängigkeit der zur Trocknung notwendigen Luftmenge und des Wärmeverbrauches von der
Temperatur der Abluft bei einer relativen Feuchtigkeit von
30 v.H. nach Möller[1]). Es ist dabei angenommen worden, daß

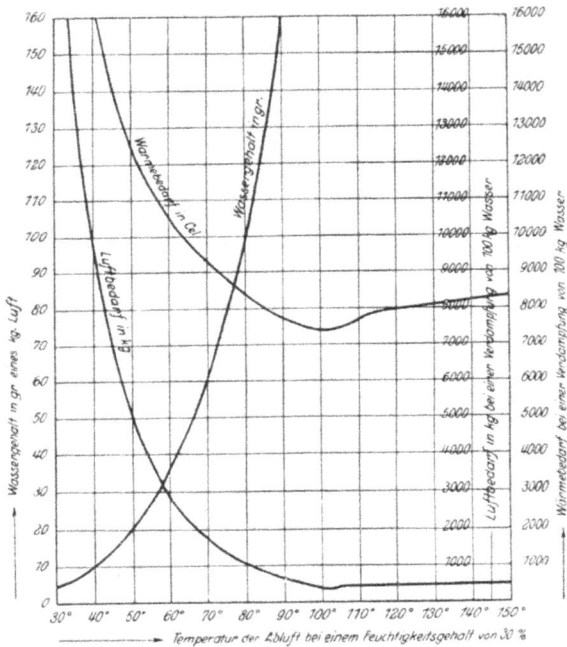

Abb. 67. Abhängigkeit des Bedarfes an Luft und Wärme von der Temperatur
der Abluft bei einem relativen Feuchtigkeitsgehalt von 30 v.H.

die Frischluft bei einer Temperatur von 0°, 90 v.H. Feuchtigkeit besitzt.

Der niedrigste Punkt der Kurve liegt bei 100°. Während
des Trockenprozesses verändert sich der Wärmewert der Luft an
sich nicht, wenn von Wärmeverlusten durch Strahlung und

[1]) Fedor Möller, „Wärmewirtschaft in der Textilindustrie".
Verlag von Theodor Steinkopff 1926.

Leitung und von der Erwärmung des Trockengutes abgesehen
wird, zumal dieser Verlust im Verhältnis zur Gesamtwärmemenge gering ist. Um die Temperatur zu erhalten, die die eintretende Luft haben müßte, damit die Ablufttemperatur bei
30 v.H. Feuchtigkeit 100⁰ besitzt, muß man auf der zugehörigen
Kurve gleicher Wärmewerte entlang fahren bis zu 4 g Wasser
in 1 kg Luft, denn die Frischluft von 0⁰ und 90 v.H. Feuchtigkeit enthält eben 4 g Wasser.

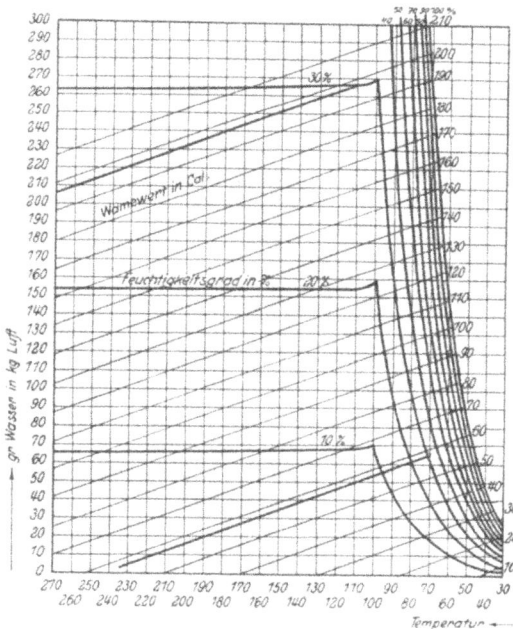

Abb. 68. Abhängigkeit des Wassergehaltes und des Wärmewertes von 1 kg Luft von der Temperatur und dem Feuchtigkeitsgrad.

Auf diese Weise kommt man zu Temperaturen, die
praktisch nicht leicht zu erhalten sind. Vor allem ist eine hohe
Dampfspannung notwendig, die vom Standpunkte der Wirtschaftlichkeit aus vermieden werden muß. Die Abb. 67 reicht
hierfür nicht aus, die betreffende Temperatur würde ca. 600⁰
sein. Schon bei 70⁰ und 30 v.H. Feuchtigkeit der Abluft müßte

9*

die in den Apparat hineingeschickte Luft eine Temperatur von 235⁰ haben.

Es gibt aber zwei Möglichkeiten, um auch ohne hohe Dampftemperatur die Abluft mit einer Temperatur bis zu 100⁰ aus dem Trockenapparat austreten zu lassen, und zwar durch stufenweise Erwärmung der Luft oder durch Arbeiten mit Umluft, d. h. wenn ein Teil der Abluft wieder vom Ventilator angesaugt und durch den Lufterhitzer wieder in den Trockenapparat zurückgedrückt wird. Während durch die stufenweise Erwärmung die Schnelligkeit des Trockenprozesses gefördert wird, beeinflußt das Umluftverfahren die Wirtschaftlichkeit der Gesamtanlage in günstiger Weise. Würde man die Luft nur im Apparat umlaufen lassen, d. h. den Abzugschacht vollkommen schließen, so würde die Luft bald einen Feuchtigkeitsgehalt von 100 v.H. annehmen. Das Bedienungspersonal der Trockenanlage hat es also in der Hand einerseits die Temperatur durch die Heizelemente und anderseits den Feuchtigkeitsgehalt durch die Umluftklappe beliebig zu regeln. Die Heizfläche muß nur groß genug sein, damit eine hohe Lufttemperatur erreicht werden kann. Die Abb. 68 zeigt die Abhängigkeit des Wassergehaltes und des Wärmewertes von 1 kg Luft von der Temperatur und dem Feuchtigkeitsgrad.

Zahlentafel 29.

Feuchtigkeitsgehalt von 1 m³ Luft in gesättigtem Zustande von 1 ata Spannung.

Bei einer Temperatur von	Gramm Wasser	Bei einer Temperatur von	Gramm Wasser
— 20⁰ C	1,1	+ 55⁰ C	104
— 10⁰ „	2,1	60⁰ „	130
— 5⁰ „	3,5	65⁰ „	161
0⁰ „	4 9	70⁰ „	198
+ 5⁰ „	6,8	75⁰ „	243
10⁰ „	9,4	80⁰ „	294
15⁰ „	12,8	85⁰ „	354
20⁰ „	17,3	90⁰ „	425
25⁰ „	23,1	95⁰ „	507
30⁰ „	30,4	100⁰ „	602
35⁰ „	39,2	105⁰ „	710
40⁰ „	50,7	110⁰ „	833
45⁰ „	65,0	115⁰ „	974
50⁰ „	82,4	120⁰ „	1133

Vorteilhaft ist es nun, die Luft in den Erhitzer hineinzu-
drücken; es muß aber darauf geachtet werden, daß der Apparat
dicht ist und alle Wände gut isoliert sind. Ist das der Fall, so
braucht man nur ganz geringe Wärmeverluste in Rechnung
zu setzen. Der wirkliche Trockenvorgang wird sich dem
theoretischen sehr stark nähern. Zahlentafel 29 zeigt den
Feuchtigkeitsgehalt von 1 m³ Luft im gesättigten Zustande
von Atmosphärenspannung[1]).

Erhitzt man Luft, ohne daß sie dabei Gelegenheit hat,
Wasserdampf aufzunehmen, so wird sie, wie aus vorstehender
Zahlentafel hervorgeht, relativ trockener und fähig, größere
Mengen Feuchtigkeit zu tragen. Die spez. Wärme c_p von
trockener Luft beträgt nach Hollborn & Jakob[2]):

$$10^4\, c_p = 2414 + 2{,}86\,p + 0{,}0005\,p^2 - 0{,}0000106\,p^3,$$

worin p der absolute Druck der Luft in kg/cm² ist. Für $p = 1$
wird $c_p = 0{,}2417$ kcal/kg. Für Trocknungszwecke kann nach
Schneider c_p genügend genau unabhängig von Druck und
Temperatur $= 0{,}242$ kcal/kg gesetzt werden. Die atmosphä-
rische Luft ist stets feucht, und ihre spez. Wärme kann leicht
aus dem Sättigungsgrad berechnet werden. Der Sättigungsgrad
der Luft beträgt im Sommer durchschnittlich 67 v.H., im
Winter 83 v.H., im Jahresdurchschnitt 75 v.H.

Ein dem Trocknen ganz ähnlicher Vorgang ist das Kalzi-
nieren in der chemischen Industrie.

Das Darren geschieht ebenfalls mit erwärmter Luft und
bezweckt nicht nur wie das Trocknen die Verdunstung des im
Darrgute enthaltenen Wassers, sondern auch die Einleitung
oder die beschleunigte Durchführung chemischer Vorgänge
in demselben. Dadurch werden die Höhe der Lufttemperatur
und die Dauer des Prozesses im einzelnen Fall bestimmt
(z. B. bei Malz, Gemüse, Obst, Futtermittel).

Die Luft zum Trocknen kann mittels des Abdampfes
von Dampfmaschinen oder mittels der Abgase der Verbren-
nungsmaschinen erhitzt werden[3]). In diesem Abschnitte steht

---

[1]) Ludwig Schneider, „Die Abwärmeverwertung im Kraft-
maschinenbetrieb". Verlag von Julius Springer 1923.

[2]) Z. d. V. d. I. 1917, S. 147.

[3]) Allerdings nur bei Verwendung von Taschen- oder Röhrenlufterhitzern, so daß die Abgase und die Luft nicht in Verbindung
treten können.

die Verwendung von Dampf zur Lufterhitzung zur Besprechung.

Das Niederschlagen des Dampfes mittels Kühlluft unter Erwärmung derselben ist dort von Vorteil, wo warme Luft zu Heizungs- und Trocknungszwecken benötigt wird. In diesem Fall kann der Abdampf unter atmosphärischem Druck niedergeschlagen werden. Es ist aber sehr oft angebracht, den Lufterhitzer zwischen Abdampfstutzen und Kondensation einzuschalten, d. h. denselben mit Vakuumdampf zu betreiben.

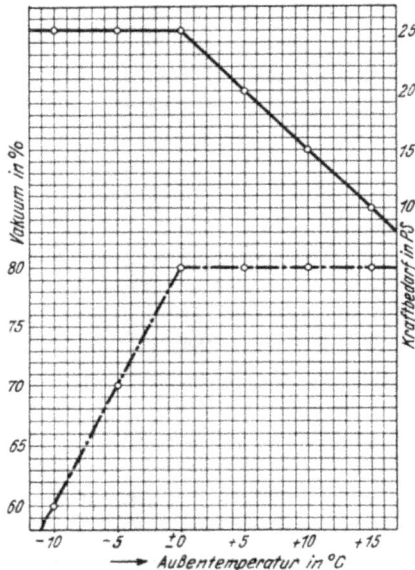

Abb. 69. Abhängigkeit der Luftleere von der Außentemperatur bei Luftkondensatoren.
—·— Vakuum ———— Kraftbedarf

Diese Anordnung löst in wirtschaftlicher Weise die Heizungs- und Trockenfrage in den Fällen, in welchen nur ein geringer Teil des Gesamtdampfverbrauchs einer Maschine für diese Zwecke verwendet werden kann. Einen besonderen Vorteil bietet hierbei die leichte Regelbarkeit einer derartigen Anlage, da durch Veränderung der Luftleere am Kondensator der Betrieb der Heizungsanlage in bequemer Weise sich der jeweiligen Außentemperatur anpassen kann. In Abb. 69 ist diese Abhängigkeit der Luftleere von der Außentemperatur als Schaubild dargestellt.

Der Lufterhitzer, Abb. 70, besteht aus Registern von guß-eisernen oder schmiedeeisernen Rippenrohren mit eigenartig

Abb. 70. Lufterhitzer mit Ventilator für größere Leistungen
Bauart Danneberg & Quandt, Berlin.

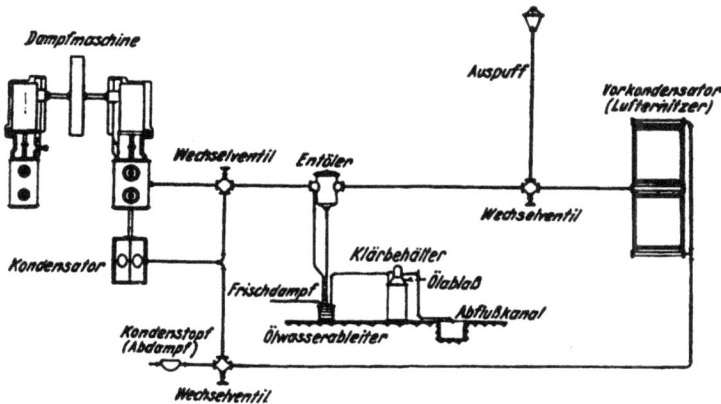

Abb. 71. Schaltungsschema einer Vakuumdampf-Lufterhitzer-Anlage für eine
Warmluftheizung.

ausgebildeten Rippen, wodurch ein geringer Platzbedarf bei großer Heizfläche erreicht wird.

Die Rohre sind in Reihen versetzt hintereinander ange-ordnet und durch Dampf- und Kondenswassersammelleitungen

verbunden, so daß jedes Rohr für sich Dampf erhält. Sie werden
mit einer schmiedeeisernen Ummantelung versehen, an die
sich der Ventilator unmittelbar anschließt. Die Luft wird
in dem Lufterhitzer auf die notwendige Temperatur gebracht
und dann durch gemauerte Kanäle oder durch eine Blechrohr-
leitung zur Verbraucherstelle geblasen.

Abb. 72. Vakuumdampf-Lufterhitzer Bauart Balcke, Bochum.

Die Schaltung einer Warmluftheizung für Vakuumdampf
ist in Abb. 71 dargestellt, während Abb. 72 einen ausgeführten
Vakuumdampf-Lufterhitzer Bauart Balcke, Bochum, zeigt.

Auf die Ausbildung der Heizfläche muß der allergrößte
Wert gelegt werden. Am bekanntesten sind die Lufterhitzer

mit runden Rippenrohren, die Abb. 73 im wagrechten Schnitt
zeigt. Diese Konstruktion verursacht infolge der bedeutenden
Querschnittsversperrungen und der Luftwirbel auf der Leeseite
der Rohre einen großen Widerstand.

Abb. 74 zeigt einen Lufterhitzer mit Rippenrohren von
elliptischer Form, sie sind so angeordnet, daß der Luftstrom
nur wenig gedrosselt wird. Schädliche Wirbel wie auf der
Rückseite der runden Rohre treten an keiner Stelle auf. Ähnlich
wie bei Luftschiffen gestattet die elliptische Form der Rohre
mit flach zugespitzten Enden ein sanftes An- und Abfließen des

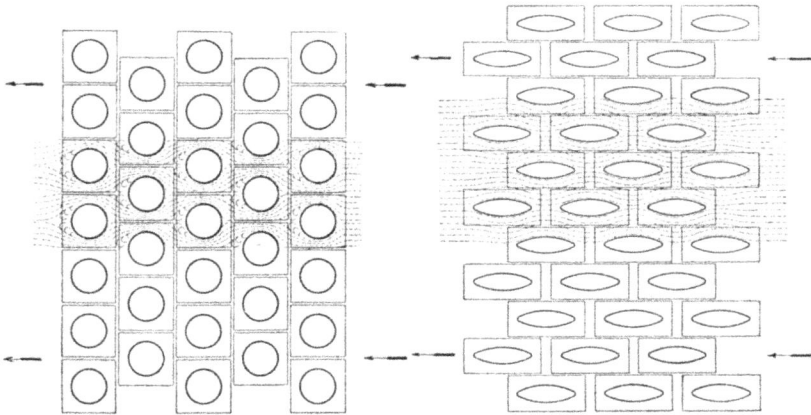

Abb. 73.   Abb. 74.

Die Luftströmung bei runden und elliptischen Rippenrohren eines Lufterhitzers.

Luftstromes. Trotzdem wird durch das fortwährend wieder-
holte Anstoßen der Luft an den vorderen Rohrkanten und
bei ihrem Eintritt in die Rippenzwischenräume eine leichte
und zweckmäßige Durchwirbelung aller Teilchen zum Zwecke
einer guten Wärmeübertragung erzielt.

Die in Abb. 73 und 74 gegenübergestellten Rohrsysteme
haben die gleiche Oberfläche sowohl für die Rohrwandung als
auch für die Rippen. Die große Überlegenheit des elliptischen
Rohres gegenüber dem runden, ist deutlich zu erkennen. Beim
ersteren ist etwa $3/4$ bei letzteren nur etwa $1/3$ des Erhitzer-
querschnittes für den Durchgang der Luft offen. In dem
runden Rohrsystem findet eine fortwährende Querschnitts-

veränderung statt. Da ein Lufterhitzer je nach der geforderten Wärmeleistung etwa 5—20 hintereinandergeschaltete Rohrreihen hat, so tritt eine ebenso häufige Beschleunigung und Verminderung der Luftgeschwindigkeit ein. Bei einem gegebenen Luftwiderstand ist deshalb für den aus runden Rohren bestehenden Lufterhitzer nur eine geringere Lufteintrittsgeschwindigkeit zulässig, die einen größeren Raumbedarf bedingt und die Wärmeübergangszahl erheblich verschlechtert. Ein weiterer Vorteil der elliptischen Rohre besteht darin, daß der Wasserkern in der Mitte verkleinert und die Wassergeschwindigkeit erhöht wird, was die Wärmedurchgangszahl ebenfalls günstig beeinflußt.

Abb. 75 bis 77 zeigen Einzellufterhitzer verschiedener Ausführungen von Danneberg & Quandt, Berlin, und Zahlentafeln 30 und 31 geben eine Übersicht über Abmessungen, Gewicht, Drehzahlen und Kraftbedarf bei verschiedenen Wärmeleistungen obiger Ausführungsformen bei einer Erwärmung von —10 bis auf +45°, von ± 0 bis auf +50° und von +10 bis auf + 60° C bei Abdampf von 1,1 ata Spannung.

Der Dampfverbrauch von Heizapparaten wird aus der Wärmeleistung in kcal/h folgendermaßen bestimmt:

Der Wärmeinhalt von Abdampf von 1,1 ata ist $\cong$ 538 kcal/kg. Infolgedessen werden z. B. für eine Wärmeleistung von 100 000 kcal/h bei 1,1 ata Abdampf

$$\frac{100\,000}{538} = \text{rd. 185 kg Dampf pro Stunde benötigt.}$$

Da in den Dampfzuleitungen auch schon ein Teil des Dampfes kondensieren wird und auch sonst Wärmeverluste stattfinden, wird der Dampfverbrauch um ein gewisses Maß je nach den Verhältnissen sich über die vorstehend berechnete Zahl erhöhen.

Bei Warmwasserbetrieb errechnet sich die umzuwälzende Wassermenge aus der Wärmeleistung des Apparates dividiert durch den Unterschied zwischen Vor- und Rücklauftemperatur des Warmwassers, d. h. zum Beispiel 90° minus 70° = 20°.

Ein Apparat von 100 000 kcal/h würde also:

$$\frac{100\,000}{90-70} = 5000\,\text{l Warmwasser pro Stunde}$$

verlangen.

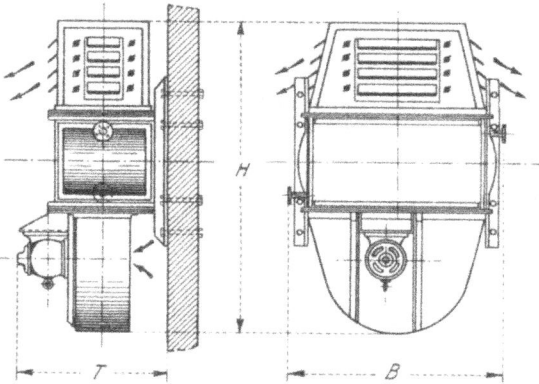

Abb. 75. Normalausführung N.

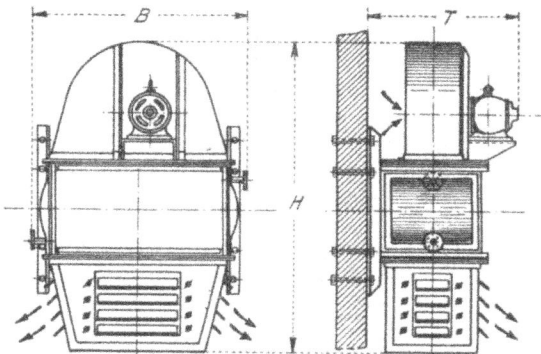

Abb. 76. Kopfstehende Ausführung K.

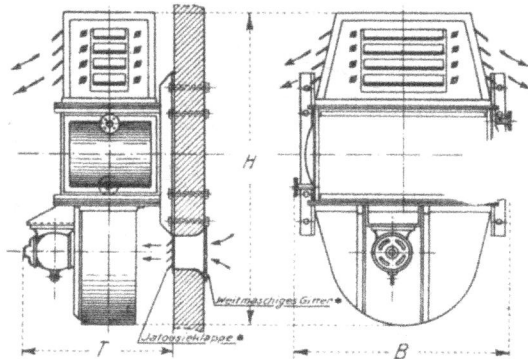

Abb. 77. Einfache Anordnung C für kombinierten Frisch- und Umluftbetrieb.
Abb. 75—77. Elektrisch angetriebene Einzelheizapparate Typ EH der Firma
Danneberg & Quandt, Berlin, zum Betriebe mit Niederdruckdampf, Abdampf,
Hochdruckdampf bis 12 at und Warmwasser.

Zahlentafel 30.

(Zugehörige Abmessungen, Gewichte, Kraftbedarf s. Zahlentafel 31.)

Leistungstabellen für Einzellufterhitzer, Typ EH Danneberg & Quandt, Berlin, für einen Dampfdruck, am Apparat gemessen, von 1,1 ata.

Erwärmung der vom Ventilator angesaugten Luft von ...°C auf...°C

	−10 / +45	−10 / +34	−10 / +24	0 / +50	0 / +40	0 / +30	+10 / +55	+10 / +46	+10 / +38
Typ	EH 11	EH 21	EH 31	EH 11	EH 21	EH 31	EH 11	EH 21	EH 31
m³/h	1510	1630	1690	1510	1630	1690	1510	1630	1690
kcal/h	26 400	22 700	18 500	23 100	19 900	16 000	20 000	17 500	14 000
Typ	EH 12	EH 22	EH 32	EH 12	EH 22	EH 32	EH 12	EH 22	EH 32
m³/h	2265	2445	2540	2265	2445	2540	2265	2445	2540
kcal/h	39 600	34 100	27 500	34 500	29 800	24 000	30 000	26 200	21 000
Typ	EH 13	EH 23	EH 33	EH 13	EH 23	EH 33	EH 13	EH 23	EH 33
m³/h	3020	3260	3400	3020	3260	3400	3020	3260	3400
kcal/h	53 000	45 500	37 000	46 000	39 800	32 000	40 000	35 000	28 000
Typ	EH 14	EH 24	EH 34	EH 14	EH 24	EH 34	EH 14	EH 24	EH 34
m³/h	3775	4080	4310	3775	4080	4310	3775	4080	4310
kcal/h	66 000	56 800	46 000	57 700	49 700	39 600	50 000	43 700	35 000
Typ	EH 15	EH 25	EH 35	EH 15	EH 25	EH 35	EH 15	EH 25	EH 35
m³/h	4530	4890	5060	4530	4890	5060	4530	4890	5060
kcal/h	79 200	68 000	55 000	69 000	59 600	48 000	60 000	52 500	42 000
Typ	EH 16	EH 26	EH 36	EH 16	EH 26	EH 36	EH 16	EH 26	EH 36
m³/h	5665	6100	6340	5665	6100	6340	5665	6100	6340
kcal/h	99 000	85 000	69 000	86 500	74 500	59 500	75 000	65 600	52 500
Typ	EH 17	EH 27	EH 37	EH 17	EH 27	EH 37	EH 17	EH 27	EH 37
m³/h	7550	8150	8450	7550	8150	8450	7550	8150	8450
kcal/h	132 000	114 000	92 000	115 000	99 600	79 000	100 000	87 500	70 000
Typ	EH 18	EH 28	EH 38	EH 18	EH 28	EH 38	EH 18	EH 28	EH 38
m³/h	9440	10 200	10 600	9440	10 200	10 600	9440	10 200	10 600
kcal/h	165 000	142 000	115 000	144 000	124 000	100 000	125 000	109 000	87 500

Zahlentafel 31.

Abmessungen, Gewichte und Kraftbedarf von Einzellufterhitzern nach Zahlentafel 30.

Typ	Ventilator			Ausführung N oder K oder C		Hauptabmessungen			Anschlußflansche Dampf und Kondensleitung[²]	
	Umdr. pro Minute	Kraftbedarf PS	Empfehlenswerte Motorstärke PS	mit unverzinkter Heizfläche Ausführung ausschl. Elektromotor Gew. ca. kg	mit verzinkter Heizfläche Ausführung ausschl. Elektromotor Gew. ca. kg	Gesamthöhe H mm	Gesamtbreite B mm	Gesamttiefe T[¹] mm	Nach DIN 2575 bis 5 atü zulässige Nennweite[³]	Nach DIN 2566 bis 12 atü zulässige Nennweite[³]
EH 11	1400	0,3	0,33	155	161	1355	760	565	32	1¼″
,, 21				141	145	1295				1¼″
,, 31				126	129	1235				
EH 12	1400	0,45	0,5	197	205	1510	840	640	40	1¼″
,, 22				177	184	1450				1½″
,, 32				157	162	1390				
EH 13	1400	0,6	0,66	232	244	1540	910	720	50	2″
,, 23				216	225	1480				2″
,, 33				189	196	1420				
EH 14	1400	0,7	0,75	282	297	1575	960	780	50	2″
,, 24				251	263	1515				2″
,, 34				219	228	1455				
EH 15	900	0,9	1,0	331	340	1735	1075	800	60	2¼″
,, 25				291	305	1675				2¼″
,, 35				259	260	1615				
EH 16	900	1,1	1,1	393	416	1745	1150	875	60	2¼″
,, 26				353	371	1685				2½″
,, 36				314	327	1625				
EH 17	960	1,5	1,5	500	530	1905	1310	965	70	3″
,, 27				445	470	1845				3″
,, 37				388	408	1785				
EH 18	900	1,9	2,0	596	636	2105	1430	1035	80	3″
,, 28				524	556	1945				3″
,, 38				459	483	1885				

¹) Nur ungefähr, richtet sich nach den Motorabmessungen.
²) Nicht maßgebend für die Bemessung der Dampfzu- und der Kondensableitung.
³) Die Nennweite der DI Normen entspricht annähernd dem lichten Rohrdurchmesser in mm bzw. Zoll.

Die Regelung von solchen mit Abdampf oder Zwischendampf gespeisten Lufterhitzern erfolgt entweder durch Verringerung der zugeführten Dampfmenge oder Luftmenge bei
steigender Außentemperatur (und umgekehrt).

Im ersten Falle erhalten die letzten Rohrabteilungen des
Heizsystems keinen Dampf mehr, infolgedessen wird die
Heizfläche geringer und die Luft weniger vorgewärmt.

Im zweiten Falle wird der Antriebsmotor des Ventilators
mit Stufenschaltung versehen oder es wird ihm bei Trans-
missionsantrieb eine Stufenscheibe vorgeschaltet zwecks Verminderung der Umdrehungszahl des Ventilators bei steigender
Außentemperatur (und umgekehrt).

c) Die Laugenvorwärmer.

Wärmeaustausch: Flüssigkeit → Wand → Flüssigkeit.

Diese Vorwärmer sind nicht zu verwechseln mit den
Dampflaugenvorwärmern der Kaliindustrie, welche unter
Gruppe 1 a fallen. Es handelt sich hier um den Wärmeaus-
tausch zweier Flüssigkeiten. Diese Vorwärmer werden mit

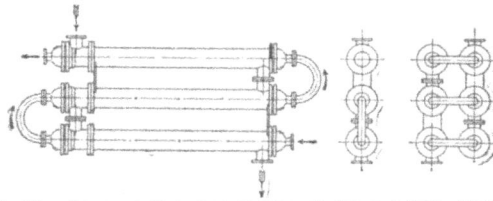

Abb. 78. Gruppen-Vorwärmer Bauart Szamatolski, Berlin.

Vorliebe als Gruppenvorwärmer nach Abb. 78 gebaut. Der
untere Rohrboden mit den eingewalzten Rohren ist als Kolben
ausgebildet, im Deckel geführt und außerdem noch mit einer
Sicherheitspackung versehen, welche von außen leicht zugänglich sein muß. Durch diese Maßnahme ist das ganze Rohrsystem nicht nur ausziehbar, sondern kann sich auch leicht
ausdehnen.

Alle Ausführungen mit starrem Kolben ohne Kolbenringe
oder ohne Packungen können unmöglich bei beweglichem
Kolben dicht sein oder bleiben. Es ist praktisch unmöglich,
die Kolben ohne Kolbenringe so dicht einzuschleifen, daß

dieselben sowohl gleiten als auch dicht sind und vor allem im
Betriebe dicht halten. Derartige Kolben werden nur durch
Einrosten dicht, das Rohrsystem rostet fest und kann infolge-
dessen nicht mehr herausgezogen werden.

Gruppe 2: Rauchgasverwerter.

a) Die Ekonomiser.

Wärmeaustausch: Rauchgase —> Wand —> Wasser.

Nicht nur zur Schonung des Kessels ist es erforderlich,
daß möglichst hoch vorgewärmtes Wasser zur Speisung
benutzt wird, sondern schon allein vom Standpunkt der Wirtschaftlichkeit aus. Zur Vorwärmung des Speisewassers lassen
sich nämlich neben anderen Abwärmequellen des Dampf-
betriebes, die sonst verlorengehen würden, vor allem die zum
Fuchs streichenden Rauchgase in einfacher Weise nutzbar
machen, und zwar durch Zwischenschaltung eines Ekonomisers
zwischen Kesselanlage und Rauchabzug.

Der Ekonomiser ist zu gleicher Zeit Speicher und Wärmeaustauscher. Er besteht aus einem Röhrenbündel, das oben
und unten durch Quersammler abgeschlossen ist. Für das
Rohrsystem werden sowohl gußeiserne Rippenrohre wie schmiedeeiserne Glattrohre verwendet. Die Bestrebungen der Eko-
nomiserfirmen gehen heute dahin, Ekonomiser mit schmiedeeisernen Rippenrohren auf den Markt zu bringen. Brauchbare
Konstruktionen dieser Art, die vor allem durch einen mehr-
jährigen Betrieb ihre Brauchbarkeit erwiesen haben, sind
allerdings dem Verfasser noch nicht bekannt.

Abb. 29[1]) stellt zwei Richtungen in der Konstruktion
von Ekonomisern dar, rechts den Glattrohrvorwärmer, links
den in neuerer Zeit mehr und mehr aufgenommenen Rippen-
rohrvorwärmer.

Der Glattrohrekonomiser wird mit Rohrsystemen (Registern) von 4—12 Rohren ausgeführt, die eine Höhe von 3 m
bis 4,5 m besitzen. Die einzelnen Register werden zu Gruppen
und diese wieder zu ganzen Anlagen zusammengefaßt. Man
unterscheidet dabei Anlagen, in denen die Gase senkrecht

---

[1]) Siehe Fußnote S. 87.

zu den Rohren streichen (Abb. 30) und solche, in denen die
Gase parallel zu den Rohren verlaufen (Abb. 79). Bei der
Führung der Gase längs der Rohre treten diese zwischen den
Unterkasten hindurch. Es muß also zwischen diesen ein hin-
reichend freier Querschnitt zur Verfügung stehen, der auch
zu erzielen ist z. B. durch geeignete Formgebung der Unter-

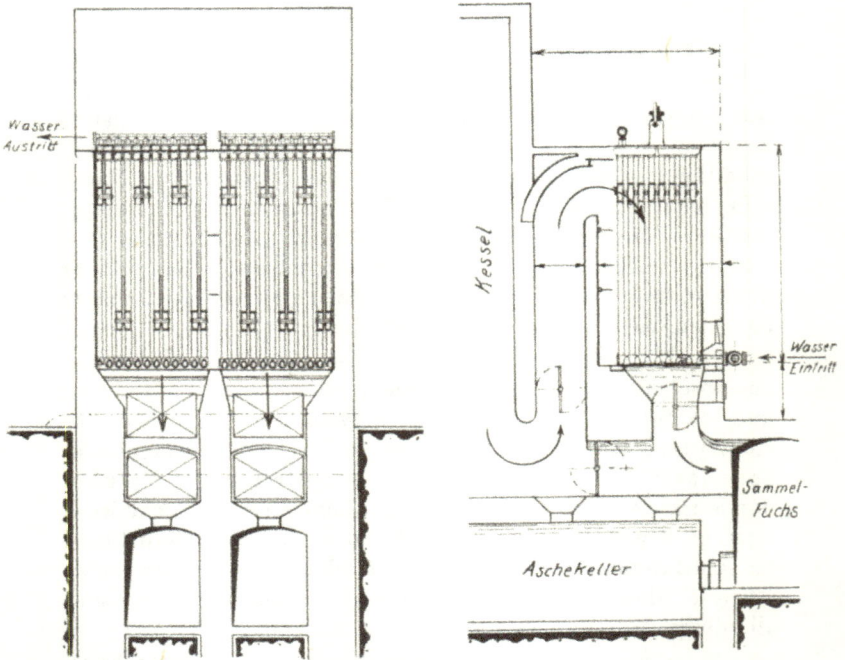

Abb. 79. Ekonomiser-Anlage Bauart M. & E. Hartmann, Dresden, mit Gasführung parallel zu den Rohren.

kasten oder durch Versetzen der nebeneinander liegenden
Kasten unter Verwendung verschieden langer Rohre.

Seit vielen Jahren wird jedenfalls lebhaft darüber ge-
stritten, ob schmiedeeiserne Ekonomiser ebenso vorteilhaft
arbeiten wie gußeiserne. Ein Vorteil der zugunsten der gußeisernen Ekonomiser sprechen kann, ist der, daß Gußeisen
schwerer als Schmiedeeisen rosten soll und dies lediglich durch
seine Zusammensetzung bedingt sei. Ins Feld könnte auch noch

zugunsten der gußeisernen Ekonomiser geführt werden, daß
1 m² Heizfläche wegen der angegossenen Rippen eine geringere
Rohrlänge beansprucht als der schmiedeeiserne Glattrohr-
Ekonomiser. Als Nachteil der gußeisernen Ekonomiser gegenüber den schmiedeeisernen ist z. B. ins Feld zu führen, daß der
Ersatz der gußeisernen Rohre sehr teuer und langwierig ist
und nur durch geübte Monteure bewirkt werden kann, während
die schmiedeeisernen
Rohre, z. B. bei dem
in Abb. 80 dargestell-
ten Zwangsstrom-Eko-
nomiser der Fa. Sza-
matolski, ebenso wie
bei Wasserrohrkesseln
von jedem Schlosser
ausgewechselt werden
können. Im folgenden
sind gußeiserne und
schmiedeeiserne Eko-
nomiser vergleichend
gegeneinander gestellt
worden, um ein klares
Bild für das „Für und
Wider" beider Grund-
bauarten zu erhalten.
Es ist ein gewöhn-
licher, gußeiserner
Ekonomiser mit dem
in Abb. 80 dargestell-
ten Zwangsstrom-Eko-
nomiser Bauart Sza-
matolski verglichen

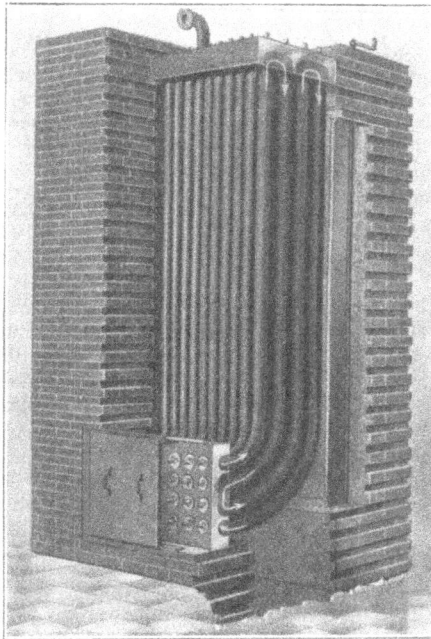

Abb. 80. Der Zwangsstrom-Ekonomiser
Bauart Szamatolski, Berlin.

worden. Der schmiedeeiserne Zwangsstrom-Ekonomiser ist
in der Anschaffung etwa 50 v.H. teurer als der gußeiserne.
Die größeren Nettoanschaffungskosten werden aber wieder
aufgehoben durch die billigere Montage und leichte Instand-
setzungsmöglichkeit. Die fertige Ekonomiseranlage einschließlich Ummauerung stellt sich in der Beschaffung für beide
Bauarten ungefähr gleich.

Bauart:
Gußeiserne Ekonomiser.

1. Die oberen und unteren Sammelrohre sind aus Gußeisen.

2. Die gußeisernen Ekonomiserrohre haben 100 mm lichte Weite.

3. In die oberen und unteren gußeisernen Sammelkasten sind mit Hilfe von Öl, Graphit oder Kitt unter hydraulischem Druck die gußeisernen Ekonomiserrohre eingesetzt, und zwar so ohne jede Sicherung, daß dieselben durch den Betriebsdruck herausgedrückt werden können.

4. Auf den unteren gußeisernen Ekonomiser - Sammelkasten lagern sich große Flugaschenmengen ab. Besonders bei nasser Flugasche entstehen dann Niederschläge, die durch die Kratzer vermehrt werden, sowie starke Rostungen.

5. Die Rauchgasführung ist bei den gußeisernen Ekonomisern in der Regel keine vollkommene, denn diese Rohre können nur in gewissen Längen und die Ekonomiser in gewissen Breiten gebaut werden, weil immer nur 4, 6, 8, 10 usw. Rohre nebeneinander gestellt werden können.

6. Die Grundfläche ist bei den gußeisernen Ekonomisern groß.

Schmiedeeiserne Zwangsstrom-Ekonomiser.

Die oberen und unteren Sammelrohre sind nahtlose, 20 mm starke, auf 40 ata abgepreßte, schmiedeeiserne Vierkantrohre.

Die nahtlosen schmiedeeisernen Ekonomiserrohre haben 70 bis 100 mm lichte Weite und werden den Wassermengen angepaßt.

In die starken schmiedeeisernen Sammelkasten sind die nahtlosen schmiedeeisernen Ekonomiserrohre eingewalzt und so verankert, daß dieselben nie durch den Betriebsdruck herausgedrückt werden können.

Bei den schmiedeeisernen Zwangsstrom-Ekonomisern sind unten keine Sammelkasten, auf welchen sich die Flugasche ansammeln kann. Die Ekonomiserrohre sind so abgebogen, daß die Flugasche frei in den Aschenfall fallen kann. Es kann sich keine Flugasche ansammeln.

Die Zwangsstrom-Ekonomiser werden im Gegensatz hierzu ganz den Verhältnissen angepaßt, da die notwendigen Rauchgaskanal-Querschnitte der Ekonomiserberechnung zugrunde gelegt werden und die Rohranzahl in der Breite beliebig gewählt werden kann.

Die schmiedeeisernen Ekonomiser bedürfen nur einer geringen Grundfläche und können außerdem hoch gelagert werden, da sie nur in einem Gerüst aufzuhängen sind.

7. Bei gußeisernen Ekonomisern müssen schadhafte Rohre durch Auswechslung ganzer Register, aus 4, 6, 8, 10 usw. Rohren bestehend, ergänzt werden und das Mauerwerk muß teilweise abgebrochen werden. Dies ist eine sehr teure Wiederinstandsetzung.

Bei Zwangsstrom-Ekonomisern kann jedes Rohr einzeln für sich ausgewechselt werden, ohne daß das Mauerwerk beschädigt wird. Dies ist eine wenig kostspielige Wiederinstandsetzung.

8. Bei den gußeisernen Ekonomisern strömt das zu erwärmende Wasser von unten nach oben in allen Rohren gleichmäßig, einzelne Konstruktionen führen in paarweise zusammengekuppelten Registern das Wasser im „Zickzackwege" hindurch.

Bei den Zwangsstrom-Ekonomisern wird das Wasser durch entlastete Kappen von einem Rohr in das andere gedrückt. Es werden deshalb bessere Wärmeeffekte erzielt, auch kann ein vollständiger Gegenstrom erreicht werden.

9. Bei den gußeisernen Ekonomisern soll die Entfernung der Flugasche durch die dauernd auf und ab gehenden Kratzer erreicht werden, für deren Antrieb ein Motor eingebaut ist. Es entstehen dadurch dauernde Betriebskosten. Bekannt ist es, daß diese Vorrichtung große Mängel hat. Die Kratzer haken sich aus, ohne daß dieses bemerkt wird, sie springen über Aschenablagerungen auf den Rohren hinweg und verfehlen dadurch ihren Zweck. Zumeist sind dieselben so mangelhaft hergestellt — sowohl in der Konstruktion als auch in der Ausführung — daß dieselben ihren Zweck ganz verfehlen.

Die Rußentfernung erfolgt bei den Zwangsstrom-Ekonomisern durch einen kräftigen Luftstrahl, der durch einen Kompressor oder Dampf erzeugt wird. Die ganze Reinigung dauert 4—5 Minuten und ist fast kostenlos.

Abb. 81 zeigt eine liegende Ekonomiserbauart mit Glattrohren, bei der vor allem die sehr gute Entlüftungsmöglichkeit deutlich gezeigt ist.

Andere Ekonomiserbauarten hat der Verfasser in seinem Buche „Abwärmeverwertung zur Heizung und Krafterzeugung" besprochen, auf welches hier verwiesen werden muß[1]).

---

[1]) Balcke, „Abwärmeverwertung zur Heizung und Krafterzeugung", Seite 100 u. f. VdI-Verlag 1926.

Neu bei den gußeisernen Glattrohrekonomisern sind die Behelfskonstruktionen, um die Ekonomiser für hohen Druck anwendbar zu machen. Diese Konstruktionen sind in der Regel teuer und nicht zweckmäßig. Die vielen Mittel, die für eine Verbesserung angewandt werden, haben, jedes für sich, besondere Nachteile. Deshalb werden heute, besonders bei Hochdruckanlagen, in der Regel die Rippenrohrekonomiser vorgezogen, wenn der Brennstoff die Anwendung dieser Rippenrohre gestattet. Für Flugasche und Ruß, die stark backen, sind derartige Apparate nicht zu verwenden, ja es ist sogar vor Verwendung dieser Apparate zu warnen.

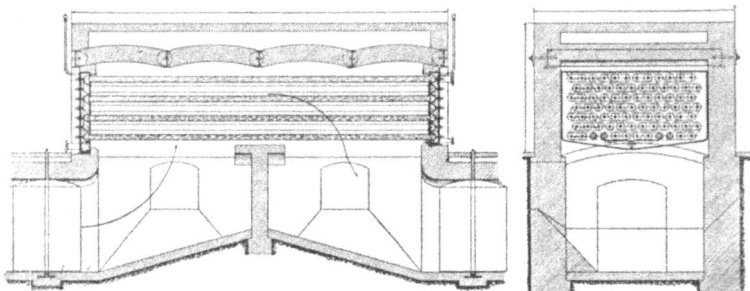

Abb. 81. Zwangsstrom-Ekonomiser Bauart Szamatolski, Berlin, in liegender Ausführung.

Hingegen ist für Kohlenstaub, Holz und magere Kohlensorten der Rippenrohrekonomiser nicht nur ein sehr guter Wärmeaustauschapparat, sondern auch ein sehr billiger.

Die Hochdruck-Rippenrohrekonomiser werden in der Regel so gebaut, daß die Rohre über- und nebeneinander gestellt werden. Die einzelnen Rohre haben an den Enden Flanschen, welche wiederum mit Flanschenkrümmern oder auch mit gußeisernen Sektionen (Hartmann) ausgerüstet sind. Diese Bauarten werden durchweg mit Flanschenverschraubungen geliefert. Für jede Verbindung kommt eine Anzahl Schrauben — 6 bis 8 Stück — in Frage und eine dazwischenliegende Dichtung (s. Abb. 82).

In neuerer Zeit ist von der Firma Szamatolski, Berlin, eine Konstruktion auf den Markt gebracht worden, deren Verbindungen ohne Flanschen ausgeführt werden.

Die Nippel aus Kupfer Bronze, nicht rostenden Stahl usw. werden sowohl in die beiden Enden der Rippenrohre eingewalzt als auch in die Kappen, welche die Rippenrohre verbinden. Dieses Einwalzen erfolgt durch eine dem Nippel gegenüberliegende Öffnung, die mit einem Bronzepfropfen, Metall auf Metall, geschlossen wird. Die Nippel werden auf beiden

Abb. 82. Krümmer-Verbindung bei Hochdruck-Ekonomisern.

Enden gebördelt, so daß eine hohe Betriebssicherheit erreicht wird.

Diese Verbindungen können in der Fabrik hergestellt werden, wodurch die Montage vereinfacht und die Betriebssicherheit erhöht wird. Der Betriebsdruck kann ohne weiteres z. B. bis 100 ata gewählt werden, da derartige Ekonomiser einen Probedruck von 200, 300 und mehr Atmosphären einwandfrei aushalten.

Außerdem hat dieses durch Kupfernippel verbundene Rippenrohrsystem noch den Vorteil einer hohen Elastizität, was durch die Kupfernippel selbst erreicht wird. Die Rohre selbst können sogar verschieden lang sein, ohne den Zusammenbau zu erschweren, während bei den Flanschen-Rippenrohrekonomisern auf genau gleiche Rippenrohrlängen sehr peinlich geachtet werden muß.

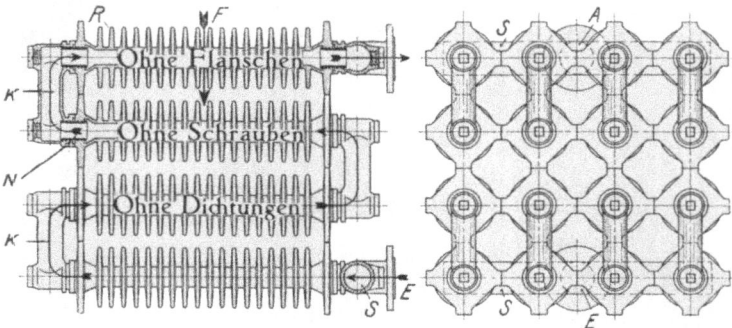

Abb. 83. Teilschnitt durch einen Szamatolski-Hochdruck-Ekonomiser mit Nippelverbindung.

Abb. 84. Hochdruck-Ekonomiser mit Nippelverbindung von Szamatolski, Berlin.

Abb. 83 zeigt den Ekonomiser teilweise geschnitten und Abb. 84 eine Ausführungsform desselben. Er besteht aus den Rippenrohren R, den Verteilungsrohren S, den Umlenkkappen K und den Einwalznippeln N.

Bei der Hanomag sind vor einiger Zeit Preßversuche vorgenommen worden, um festzustellen, bei welchem Druck die Verbindung zu Bruch geht. Es zeigte sich, daß bei 390 ata zwar nicht, wie erwartet, die Nippel zu Bruch gingen, sondern eine Umlenkkappe *K*. Infolge dieser günstigen Preßversuche kommt der Ekonomiser bei dem Großkraftwerk Mannheim, welches für 100 ata gebaut wird, zur Verwendung.

Man sieht, daß auch im Ekonomiserbau mit den wachsenden Betriebsdrücken derartige neue Anforderungen an die Ekonomiser gestellt werden, daß die alten Bauarten mit der Zeit verschwinden werden und durch neuartigere, wie oben geschildert, ersetzt werden müssen.

Zuletzt noch ein Wort über den künstlichen Zug. Dieser kommt heute immer stärker zur Verwendung, um die Gasgeschwindigkeit und damit die Wärmedurchgangszahl zu erhöhen. Ist keine genügende Geschwindigkeit infolge zu engen Schornsteinquerschnittes oder Höhe vorhanden, oder soll überhaupt der Schornstein durch künstlichen Zug ersetzt werden, so kann man hinter dem Ekonomiser, und zwar entweder direkt in den Rauchgaskanal am Sockel des Schornsteins oder parallel zu diesem geschaltet, einen Ventilator einbauen.

Über die Zweckmäßigkeit des künstlichen Zuges kann man geteilter Meinung sein, denn die Erhöhung der Gasgeschwindigkeit und damit die Erhöhung der Wärmedurchgangszahl muß mit laufendem Kraftbedarf der Saugzuganlage verhältnismäßig teuer erkauft werden. Die Beschaffungskosten dagegen sind niedriger wie bei einer Schornsteinanlage. Aus diesem Grunde wird es angebracht sein, bei gewöhnlichen Industriebauten auch heute noch dem Schornstein den Vorzug vor einer künstlichen Saugzuganlage zu geben. Sollte ein vorhandener Schornstein einem ordentlichen Zuge nicht genügen, so erhöhe man ihn besser durch Aufsatz. Eine künstliche Saugzuganlage ist dagegen als Zuschaltorgan dann von Bedeutung, wenn hohe Spitzenleistungen von kurzer Dauer zu überwinden sind[1].

---

[1] Näheres siehe Barth, „Wert des künstlichen Zuges".

Für eine Saugzuganlage spricht der Umstand, daß man sich besonders an heißen Tagen von allen Witterungseinflüssen unabhängig machen kann, welche bei natürlichem Schornsteinzug sehr oft störend empfunden werden.

Man unterscheidet: direkt wirkende, indirekt wirkende und kombinierte Saugzuganlagen.

Beim direkt wirkenden System saugt der Ventilator die Gase ab und bläst sie in den Schornstein aus. Der Kraftverbrauch beträgt etwa 0,5 bis 1 v.H. der erzielten Kesselleistung.

Die indirekt wirkende Anlage arbeitet in der Weise, daß der Ventilator Luft ansaugt und diese mit hoher Geschwindigkeit in einen mit eingebauten Düsen versehenen Schlot einbläst. Durch die hierbei entstehende Saugwirkung werden die Gase ejektorartig abgesaugt. Kraftbedarf 1,5 bis 2 v.H.

Das kombinierte System arbeitet im Prinzip wie das indirekt wirkende, jedoch saugt hier der Ventilator nicht Luft, sondern einen Teil der Gase an und erzeugt mit diesem Teilstrom die Saugwirkung im Schlot. Der Kraftbedarf stellt sich infolgedessen auf nur etwa 1 bis 1,5 vH.

Bevorzugt wird heute überwiegend das direkt wirkende System, weil es den geringsten Kraftverbrauch hat.

Das indirekt wirkende System eignet sich gut für Anlagen mit hohen Abgastemperaturen, weil der Ventilator nicht mit den Gasen in Berührung kommt.

Zum Schluß sei hier noch ein Rechnungsbeispiel für einen normalen Ekonomiser durchgeführt:

In einer aus 2 Zweiflammrohrkesseln von je 100 m² Heizfläche bestehenden Kesselanlage wird Dampf von 12 ata und 300° Überhitzung erzeugt. Da die Verdampfungsziffer 20 kg/m² beträgt, können im ganzen im normalen Betriebe 4000 kg/h Wasser verdampft werden. Der Nutzeffekt der Kessel ist $\eta = 0,70$. Als Brennstoff wird Steinkohle verfeuert.

Es soll nun in einem nachträglich einzubauenden Ekonomiser die Rauchgaswärme zur Speisewasservorwärmung ausgenutzt werden. Die Speisewassereintrittstemperatur betrage 40°. Die Rauchgastemperatur im Fuchs vor dem Ekonomiser sei = 300°, hinter dem Ekonomiser = 200° C. Die zur Verbrennung von 1 kg Brennstoff notwendige Luftmenge sei = 16 kg. In dem Ekonomiser soll das Wasser möglichst auf die Temperatur von 95° vorgewärmt werden.

Demnach ist bekannt:

1. Der Heizwert des Brennstoffes (Stein-
kohlen) nach Zahlentafel 10 . . . . . $H = 7000 \text{ kcal/kg}$,
2. Die Rauchgastemperatur im Fuchs:
   a) vor dem Ekonomiser . . . . $\vartheta_1' = 300^0 \text{ C}$,
   b) hinter dem Ekonomiser . . . . . . $\vartheta_1'' = 200^0 \text{ C}$,
3. Die Speisewassertemperatur:
   a) beim Eintritt in den Ekonomiser . . $\vartheta_2' = 40^0 \text{ C}$,
   b) beim Austritt aus dem Ekonomiser . $\vartheta_2'' = 95^0 \text{ C}$,
4. Die Luftmenge je 1 kg Brennstoff . . . $L = 16 \text{ kg}$,
5. Der Nutzeffekt des Brennstoffes . . . . $\eta = 0,7$,
6. Die stündlich zu erwärmende Wassermenge $G = 4000 \text{ kg/h}$.

Die Berechnung der Heizfläche des Ekonomisers ist nun wie
folgt anzustellen:

Die zur Verwandlung von 4000 kg Wasser in überhitztem Dampf
von $t_d = 300^0$ notwendige Brennstoffmenge ist:

$$B = \frac{G\,(i - \vartheta_2'')}{H \cdot \eta},$$

worin $i =$ dem Wärmeinhalt von 1 kg auf 300^0 überhitzten Dampfes
von 12 ata ist und am einfachsten dem Schaubild Abb. 1 zu entnehmen ist. Danach ergibt sich:

$$i = 730 \text{ kcal/kg}$$

und für die Brennstoffmenge:

$$B = \frac{4000\,(730 - 95)}{7000 \cdot 0,7} = 508 \text{ kg/h}.$$

Es sei hier eingefügt, daß bei den verschiedenen Kesselarten
mit folgendem Nutzeffekt gerechnet werden kann:

bei Flammrohrkesseln . . . . $\eta = 0,65$
„ Doppelflammrohrkesseln . . . . . . $= 0,67$
„ Flammrohrröhrenkesseln . . . . . . $= 0,70$
„ Rauchröhrenkesseln . . . . $= 0,70$
„ Wasserröhrenkesseln . . . . $= 0,70$
„ Steilrohrkesseln . . . . $= 0,80$.

Die verfügbare Wärmemenge in den Rauchgasen ist:

$$Q = B\,(L + 1)\,(\vartheta_1' - \vartheta_1'') \cdot c,$$

in welcher Formel die spez. Wärme der Rauchgase $c = 0,24 \text{ kcal/kg}$
gesetzt werden kann. Es ist demnach:

$$Q = 508\,(16 + 1)\,(300 - 200) \cdot 0,24$$
$$= 231\,264 \text{ kcal/h}.$$

Mit dieser Abwärmemenge kann das in den Ekonomiser eintretende Speisewasser um

$$\frac{Q}{G} = \frac{231\,264}{4000} = \sim 57,7^0,$$

also auf im ganzen 97,7⁰, und demnach mindestens auf die geforderte Temperatur $\vartheta_2'' = 95^0$ erwärmt werden. Die Heizfläche des Ekono misers ist aus der Formel

$$F_e = \frac{Q}{\dfrac{(\vartheta_1'' - \vartheta_2') + (\vartheta_1' - \vartheta_2'')}{2} \cdot k}$$

zu finden (s. Abschnitt II A 4!). Wird die Wärmedurchgangszahl vorsichtshalber nur gleich $k = 10$ kcal/m²h⁰ angesetzt[1]), so ergibt sich für die Ekonomiserheizfläche

$$F_e = \frac{231\,264}{\dfrac{(200-40)+(300-95)}{2} \cdot 10} = \sim 127 \text{ m}^2.$$

Die Kohlenersparnis durch Einbau eines Ekonomisers in v.H. der ursprünglich verbrannten Brennstoffmenge ist:

$$E = \frac{100 \cdot Q}{H \cdot \eta \cdot G}$$

$$= \frac{100 \cdot 231\,264}{7000 \cdot 0,7 \cdot 508} = 9,3 \text{ v.H.}$$

Zu bemerken ist noch, daß die Eintrittstemperatur ϑ_1' der Gase in den Ekonomiser = der Kesselabgastemperatur gesetzt werden kann, wenn der Ekonomiser dicht beim Kessel steht. Bei langen Verbindungskanälen ist dagegen ein Abzug von 0,5 bis 1⁰ C je 1 m Kanallänge· zu machen.

b) Die Rauchgasluftvorwärmer.

Wärmeaustausch: Rauchgase → Wand → Luft.

Der günstige Einfluß der hohen Vorwärmung der Verbrennungsluft auf die Feuerung von Dampfkesseln und industriellen Öfen ist bekannt. Die Verwendung der Rauchgasabwärme für die Luftvorwärmung sichert außerdem einen hohen thermischen Wirkungsgrad. An die Konstruktion solcher Luftvorwärmer ist aber neben großer Einfachheit die Bedingung zu stellen, daß die Aufwendungen für die Anschaffung und den Betrieb des Vorwärmers in. vernünftigem Verhältnis zu der ersparten Brennstoffmenge stehen.

Verfasser hat in seinem Taschenbuch „Abwärmeverwertung zur Heizung und Krafterzeugung" verschiedene Rauchgasluft-

---

[1]) Siehe Abb. 31! Bei $\varDelta_m = 183$ könnte $k = 13$ kcal/m²h⁰ eingesetzt werden.

erhitzer beschrieben[1]). Es sollen an dieser Stelle nur die
beiden heute wichtigsten Luftvorwärmer gezeigt werden,
und zwar der Taschenlufterhitzer und im besonderen die Bauart Szamatolski und Danneberg-Quandt und der Ljungström-
Vorwärmer der Maschinenbau-A.-G. Balcke, Bochum, welche
beide auf ganz verschiedener Grundlage beruhen[2]).

Der Taschenlufterhitzer, System Szamatolski, ist wie folgt
konstruiert:

Er besteht aus einzelnen Blechtafeln a, a (Abb. 85),
welche aneinandergefügt und miteinander verschweißt werden.
Dadurch entstehen Lufttaschen, die vollständig dicht sind.
Durch diese Lufttaschen strömt die zu erwärmende Luftmenge.
Zwischen den benachbarten Lufttaschen b, b bleiben Zwischen-
räume c, c, durch
welche Rauchgase
strömen. Luft und
Rauchgase bewegen
sich im Gegenstrom
zueinander.

Damit die Luft-
taschenbleche sich im
Betrieb nicht ver-

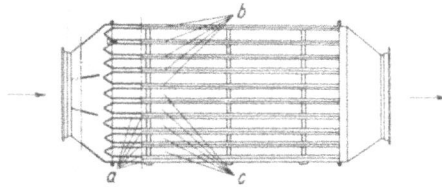

Abb. 85. Schematische Darstellung des Taschen-
Lufterhitzers Bauart Szamatolski, Berlin.

ziehen und werfen, sind dieselben durch besondere Hülsen versteift, und zwar derart, daß weder die Bleche der Lufttaschen
sich durch den Luftdruck innerhalb der Taschen noch durch
Wärmeunterschiede oder Spannungen werfen können.

An den Enden sind diese Lufttaschen wiederum so gegeneinander verschweißt, daß keine Rauchgase in die Anschluß-
stutzen der Lufterhitzer übertreten können, wobei es gleichgültig ist, ob die Anschlußstutzen in der Richtung der Längs-
achsen der Blechtafeln oder in einem beliebigen Winkel dazu angeordnet sind.

---

[1]) Siehe „Abwärmeverwertung" des Verf. S. 87 u. f. VdI-
Verlag 1926.
[2]) Der Taschen- bezw. Röhrenlufterhitzer kommt für die Erhitzung reiner Luft für Heizungs- und Trockenzwecke, der Ljung-
strömapparat dagegen lediglich für die Vorwärmung der Verbrennungsluft für Kesselanlagen in Frage, weil hier die Rauchgase teilweise in die zu erwärmende Luft übertreten.

Die Taschenlufterhitzer werden fertig zusammengebaut
geliefert und sind an Ort und Stelle nur in das Mauerwerk
einzuhängen. Abb. 86 stellt eine Lufterhitzeranlage dieser
Bauart dar. Die Strömungsrichtung der wärmeaustauschenden
Stoffe Abgase—Luft ist durch Pfeile gekennzeichnet. Abb. 33
zeigt eine Ausführungsform für große Leistungen der Firma

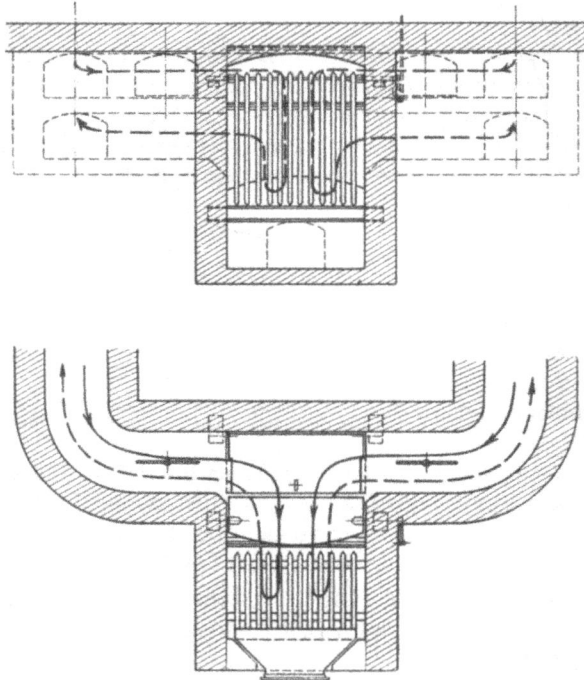

Abb. 86. Taschenlufterhitzeranlage Bauart Szamatolski, Berlin.

Danneberg & Quandt, Berlin. Abb. 87 veranschaulicht schematisch den Einbau des Lufterhitzers nach Abb. 33 in den Kanal
der zur Esse abziehenden Gase.

Bisher war der Fall betrachtet worden, daß die abziehenden Rauchgase und die zu erhitzende Luft auf beiden Seiten
der den Wärmeaustausch vermittelnden Heizfläche entlang-
geführt werden. Grundsätzlich verschieden hiervon ist der

Ljungström-Lufterhitzer, welcher in **Abb. 88** schematisch und in Abb. 89 ausgeführt dargestellt ist.

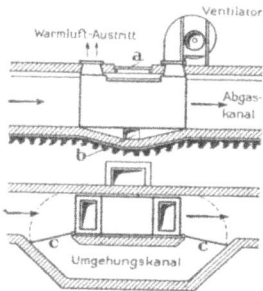

Abb. 87. Unterbringung des Taschenlufterhitzers nach Abb. 33 in dem Abzugskanal der Fuchsgase.

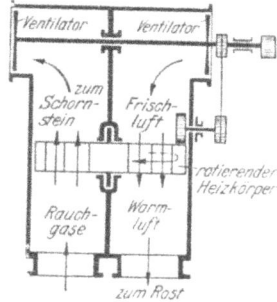

Abb. 88. Schematische Darstellung des Ljungström-Lufterhitzers.

Abb. 89. Der Ljungström-Lufterhitzer Bauart Balcke, Bochum.

In dem zylindrischen, durch axiale Zwischenwände oben und unten in zwei Hälften getrennten Gehäuse, dreht sich ein aus radialen Blechen mit aufgeschweißten Rippen zusammengesetzter Heizkörper. Auf der einen Seite des Gehäuses wird mit Hilfe eines Ventilators Frischluft durchgeblasen, die andere Seite durchstreichen die Rauchgase, und zwar in entgegengesetzter Richtung wie die Frischluft. Die Wärmeübertragung wird durch den rotierenden Heizkörper vermittelt, welcher von der Ventilatorwelle aus angetrieben wird.

Die Übertragung der Wärme aus den Abgasen an die Verbrennungsluft geht in dem Ljungström-Vorwärmer nicht durch eine die beiden Gase voneinander trennende Heizfläche hindurch vor sich. Der Ljungström-Vorwärmer arbeitet vielmehr in der Weise, daß eine ständig umlaufende Metallmasse in ununterbrochenem Wechsel dem heizenden Gasstrom und dem kühlenden Luftstrom ausgesetzt wird. Die Perioden der Wärmeaufnahme und der Wärmeabgabe wechseln in steter Aufeinanderfolge ab und dauern jeweils so lange, daß die Speicherung einer genügenden Menge Abwärme während der einen Hälfte der Drehung und eine entsprechende Wärmeabgabe während der anderen Hälfte der Drehung gesichert ist.

Die Metallmasse des Heizkörpers ist in einer die Rauchgase und die zu erwärmende Luft umfassenden Ummantelung (Blechgehäuse oder Mauerwerk) entweder senkrecht oder wagrecht gelagert. Der Heizkörper besteht aus dünnen, gewellten Blechen, Abb. 90, die abwechselnd mit ebenen Blechen zusammengefügt, einen starren Drehkörper bilden. Das Gehäuse ist durch je zwei axiale Wände in vier Kammern geteilt, von denen zwei oberhalb und zwei unterhalb des Heizkörpers liegen. An diese vier Kammern schließen sich die Kanäle oder Leitungen für die Rauchgase und die zu erhitzende Luft an. Der Drehkörper dreht sich langsam mit etwa 3 bis 4 Umdrehungen in der Minute. Hierbei werden die engen Kanäle zwischen den einzelnen Heizflächen, aus denen die Masse des Drehkörpers besteht, abwechselnd von den Rauchgasen und von der Luft durchströmt, und zwar im Gegenstrom. Die Heizbleche nehmen bei ihrem Durchgang durch die eine Hälfte des Gehäuses die Wärme aus den durchströmenden Rauchgasen in sich auf und geben sie in dem weiteren Verlauf auf der gegenüberliegenden Hälfte des Gehäuses an die hier durchströmende Luft ab.

Diese eigenartige Konstruktion ermöglicht es, einen Lufterhitzer zu bauen, welcher, ohne daß er übermäßig groß wird, die Rauchgase in sehr hohem Grade ausnutzt und also die Luft bis nahe an die Rauchgastemperatur erwärmt.

Die Leistung aller Wärmeaustauscher, in denen die Wärmeübertragung durch eine Heizfläche hindurch vor sich gehen

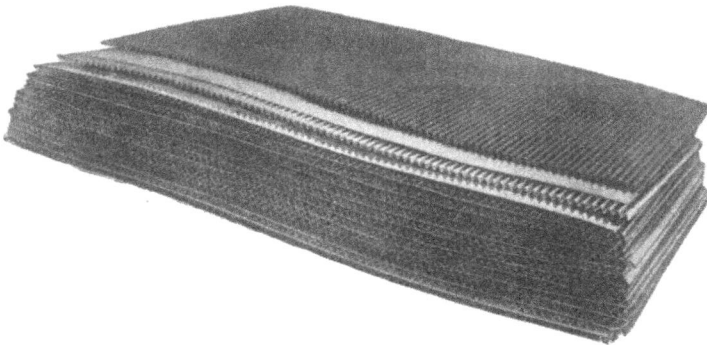

Abb. 90. Heizelemente des Ljungström-Lufterhitzers.

muß, ist in höchstem Grad von der Reinheit der Heizfläche abhängig. Wenn ein Luftvorwärmer irgendeiner anderen Bauart in Betrieb genommen wird, so wird seine Heizfläche nach kurzer Zeit mit einem Rußbelag und mit Flugasche bedeckt sein. Die Stärke dieses Belags ist von den jeweiligen Betriebsverhältnissen und der Beschaffenheit der Brennstoffe abhängig. Bei einem rekuperativ arbeitenden Vorwärmer muß die Wärme durch diese, die Heizfläche überziehende Masse, welche wie eine Isolierschicht wirkt, hindurchgehen. Die Leistung nimmt infolgedessen mit der Zeit ab. Aus Abb. 91 ist zu ersehen, daß schon ein ganz unbedeutender Belag von nur 0,5 mm Stärke den Wärmedurchgang auf 75 v.H. des bei völlig sauberer Heizfläche Erreichbaren herabsetzt. Bei dem Ljungström-Vorwärmer dagegen hat die an die Luft zu übertragende Wärme die Heizfläche nicht zu durchdringen. Es kommt bei diesem System nur darauf an, der aufzunehmenden Wärme eine für den Speichervorgang genügend große Stoffmasse in hinreichender Aufteilung darzubieten. Deshalb stört bei dem Ljungström-Luftvorwärmer ein etwaiger Ansatz von Ruß oder Flugasche den Vorgang des Wärmeaustausches nicht, da weder die speichernde Masse noch deren Oberfläche dadurch verkleinert wird. Also auch bei verschmutzter Heizfläche geht die Wärmeaufnahme und -abgabe stets unter den gleichen Bedingungen vor sich, d. h. der Wirkungsgrad des Ljungström-Vorwärmers bleibt im Dauerbetriebe unverändert.

Trotzdem der Ljungström-Luftvorwärmer der Gefahr einer Verschmutzung in viel geringerem Grad ausgesetzt ist als ein anderes Vorwärmersystem, wird einer Anhäufung von Ruß und Flugasche doch noch durch eine besondere Maßnahme vorgebeugt. In Zeiten schwächerer Belastung der Kessel kann es vorkommen, daß die Rauchgase bis unter den Taupunkt abgekühlt und somit feucht werden. Die Feuchtigkeit ist die Veranlassung dazu, daß Ruß- und Flugasche auf der Heizfläche zusammenbacken. Damit sind gefährliche Angriffspunkte für die Zerstörung der Heizfläche geschaffen.

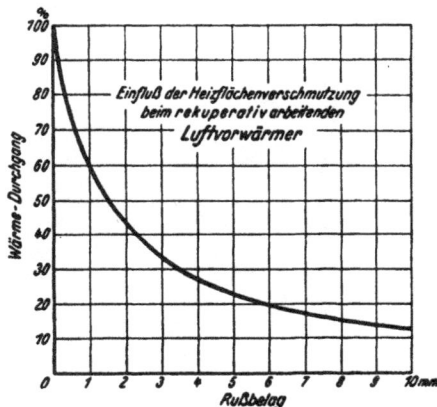

Abb. 91. Einfluß der Heizflächenverschmutzung beim rekuperativ arbeitenden Luftvorwärmer.

Ein Luftvorwärmer, der einwandfrei arbeiten soll, muß deshalb unter allen Umständen gereinigt werden können. In dieser Beziehung ist der Ljungström-Vorwärmer allen Anforderungen gewachsen. Durch die Drehbewegung des Heizkörpers ist es in einfacher Weise möglich, jede Stelle der Heizfläche der reinigenden Wirkung eines Dampfstrahles auszusetzen. Auf jeder Seite des Heizkörpers ist ein Dampfrohr radial eingebaut. Nach Öffnung eines Ventils tritt durch Schlitze in den Rohren der Dampf mit großer Geschwindigkeit aus.

Dicht unterhalb und oberhalb des Dampfstrahles dreht sich der Heizkörper. Nach einer Umdrehung ist jeder Punkt der Heizfläche von dem Dampfstrahl bestrichen und gereinigt worden. Es ist zweckmäßig, das Ausblasen etwa alle '8 Stunden vorzunehmen. Die Dauer der Reinigung beträgt jedesmal nur 1—2 min. Es hat sich an in Betrieb befindlichen Ljungström-Vorwärmern gezeigt, daß diese einfache Reinigungsmethode äußerst wirksam ist.

Werden aber einmal die Heizflächen des Ljungström-Luftvorwärmers zerstört, so ist ihre Erneuerung mit geringeren Kosten verknüpft als sie der Ersatz einer festeingebauten Heizfläche verursacht. Bei Oberflächenvorwärmern — welche die wärmeaustauschenden Stoffe voneinander getrennt halten — entfällt der weitaus größte Kostenanteil auf die Heizfläche. Bei den Ljungström-Luftvorwärmern dagegen kann ohne besondere Schwierigkeiten ein neuer Rotor eingesetzt werden, dessen Kosten sich nur auf etwa $\frac{1}{4}$ der Anschaffungskosten der ganzen Vorwärmeranlage belaufen.

Die Bewegung der Verbrennungsluft durch den Ljungström-Luftvorwärmer wird grundsätzlich durch Ventilatoren besorgt. Auch für den Durchzug der Rauchgase durch den Vorwärmer ist in vielen Fällen ein Ventilator von Vorteil. Diese Ventilatoren können entweder als Zentrifugalventilatoren örtlich von dem Vorwärmer getrennt aufgestellt werden, oder sie werden als Propellerventilatoren in das Vorwärmergehäuse eingebaut. Der Antrieb des Drehkörpers erfolgt bei dem liegenden Typ durch eine am Umfang angeordnete Verzahnung mittels eines am Gehäuse gelagerten Zahnrades. Dieses Zahnrad wird durch einen direkt gekuppelten Zahnradmotor angetrieben. Bei dem stehenden Typ erfolgt der Antrieb des Drehkörpers von der Ventilatorwelle aus über eine Zahnradübersetzung.

Der Nachteil der Ljungström-Vorwärmer gegenüber dem Oberflächen-Wärmeaustauscher dieser Gruppe ist in seiner Bauart begründet. Bei ihm wird ein Teil der Rauchgase in die zu erwärmende Luft infolge des Rotors übergehen und die Luft infolgedessen für Heizungs- und Trocknungszwecke unbrauchbar machen. Sein Anwendungsgebiet beschränkt sich demnach auf die Vorwärmung der Verbrennungsluft für Kessel- und Ofenanlagen[1]).

Die Berechnung von Taschenlufterhitzern ist sehr einfach in Anlehnung an das Rechenbeispiel für Ekonomiser(S. 152) durchzuführen. Die Wärmegleichung lautet:

$$Q = B \cdot L \cdot c\ (\vartheta_2'' - \vartheta_2'),$$

worin:

B — die Brennstoffmenge,

L — die zur Verbrennung von 1 kg Brennstoff notwendige Luftmenge,

c_{ph} — die spez. Wärme der Luft (im Mittel kann $c_{ph} = 0,2417$ kcal/kg gesetzt werden),

ϑ_2' — die Eintrittstemperatur der Luft ($=$ Außenluft oder Kesselhaustemperatur),

ϑ_2'' — die Austrittstemperatur der Heißluft

bedeutet.

Die Wärmemenge, welche von den Abgasen abgegeben wird, ist unter Berücksichtigung von 3 v.H. Strahlungsverluste (also $\eta = 0,97$) näherungsweise:

$$Q = \eta \cdot B\ (L + 1)\ (\vartheta_1' - \vartheta_1'') \cdot c$$

mit den Bezeichnungen nach S. 153.

Die spezifische Wärme c der Rauchgase kann wieder $= 0,24$ kcal/kg gesetzt werden.

Die Heißlufttemperatur ist alsdann:

$$\vartheta_2'' = \frac{0,97 \cdot B\,(L+1)\,(\vartheta_1' - \vartheta_1'') \cdot c}{B \cdot L \cdot c_{ph}} + \vartheta_2'',$$

und die Lufterhitzer-Heizfläche:

$$F = \frac{0,97 \cdot B\,(L+1)\,(\vartheta_1' - \vartheta_1'') \cdot c}{\dfrac{(\vartheta_1'' - \vartheta_2') + (\vartheta_1' - \vartheta_2'')}{2} \cdot k}.$$

Die Werte für k sind der Zahlentafel 25 (S. 89) zu entnehmen.

Gruppe 3: Abgasverwerter.

a) Die Abhitzekessel.

Wärmeaustausch: Abgase $\to$ Wand $\to$ Wasser.

Für die Verwendung von Dampfkesseln zur wirtschaftlichen Nutzbarmachung der Abhitze kommen in erster Linie die industriellen Feuerungen in Frage, wie z. B.: Roll-, Stoß-,

---

[1]) Über Betriebsergebnisse an Ljungström-Lufterhitzern siehe „Abwärmeverwertung" d. Verf. VdI-Verlag 1926, S. 111.

Schweiß-, Temper-, Tief-, Wärm-, Tiegel-, Schmelz-, Siemens-Martin-, Puddel- und Kupolöfen. Dazu kommen die Öfen der keramischen und Glasindustrie, desgleichen die Kammer- und Retortenöfen der Gaswerke, die Drehöfen der Zementfabriken, der Barium-, Zink- und Kupferhütten sowie Öfen und Feuerungen der chemischen Großindustrie. Als weitere für die Zukunft noch aussichtsreiche Abwärmequelle dürfte sich die fühlbare Wärme der Generator- und Koksofengase erweisen.

Die Abhitzekessel zur Erzeugung von Dampf oder Warmwasser aus den Abgasen von technischen Öfen werden sowohl für künstlichen als auch für natürlichen Zug in liegender oder stehender Ausführung gebaut. Zur Anwendung kommen neben den Rauchrohrkesseln auch Schräg- und Steilrohrkessel, hauptsächlich wenn es sich um die Ausnutzung von Gasen mit hohem Staubgehalt (Zementdrehöfen) handelt. Der Umstand, weshalb gerade der Rauchrohrkessel für den vorliegenden Fall bevorzugt wird, ist in dem Fortfall der Einmauerung und der dadurch bedingten Anwendungsmöglichkeit hoher Gasgeschwindigkeiten zu suchen, welche die spezifische Belastung der Heizflächen wesentlich erhöhen.

Verfasser hat in seinem schon mehrmals angezogenen Werke über „Abwärmeverwertung" die gängigsten Bauarten von Hoch- und Niederdruck-Abhitzekesseln beschrieben und zwar von Sulzer den Hoch-Niederdruck-Abhitzekessel, „Bauart Petersen" und den Niederdruck-Abhitzekessel „Bauart Schulze". Verfasser muß hier auf diese Quelle verweisen.

Um hoch überhitzten Dampf zu erzeugen, wird der im Kessel erzeugte Sattdampf durch einen Überhitzer geführt, welcher zwischen Maschine und Abhitzekessel eingebaut ist und je nach Bedarf ein- oder ausgeschaltet werden kann. Durch teilweise Abschaltung oder Zumischung von Sattdampf kann die Temperatur geregelt werden. Die den Abhitzedampfkessel verlassenden Abgase haben zumeist noch eine so hohe Temperatur, daß sie noch mit wirtschaftlichem Vorteil durch einen Speisewasservorwärmer geleitet oder zur Erhitzung von Luft in Taschenlufterhitzern für Heizungs-, Trocknungs- und Entnebelungsanlagen verwendet werden können, welche Apparate sie schließlich mit 150 bis 200° verlassen, um zur Esse zu streichen.

Bei Gasmaschinen verwendet man fast durchweg Rauch-röhrenkessel mit vorgeschaltetem Überhitzer und nachgeschaltetem Vorwärmer. Abb. 34 zeigt das Schema einer solchen Abhitzeverwertung zur Erzeugung von überhitztem Hoch-druckdampf. Die Zuleitung zur Verwerteranlage macht man vorteilhaft aus Blech von etwa 8 mm Stärke, welches innen ausgemauert oder mit Klebsand ausgestampft wird. Die An-bringung von Stopfbüchsen oder Dehnungsringen ist nicht er-forderlich, wenn man die Leitung so konstruiert, daß wenig-stens ein rechtwinkliger Knick von größerem Ausmaß bei ihr

Abb. 92. Abwärmeverwerter für kleinere Maschinen und Ofen-anlagen der Maschinenfabrik Augsburg-Nürnberg.

vorkommt. Als Außenisolierung kann man gute Kieselgur-masse verwenden, wie sie bei Heißdampfleitungen üblich ist. Natürlich müssen die Rauchröhrenkessel auch gut mit Wärme-schutzmasse eingepackt sein.

Die Abwärmeverwerter müssen so gebaut sein, daß die des öfteren in der Auspuffleitung auftretenden Verpuffungen un-verbrannter Gase keine Beschädigungen anrichten und daß der Maschinenbetrieb durch unzulässige Rückdrücke keine Störungen erleidet. Es kommen daher zur Hochdruckdampf-erzeugung lediglich schon aus diesem Grunde nur geschlossene

Siederöhrenkessel in Frage, deren Röhrenquerschnitt so zu
bemessen ist, daß der für den Betrieb höchst zulässige Gegendruck nicht überschritten wird.

Wie schon früher erwähnt, ist auf die Reinigungsmöglich-
keit ganz besonders zu achten. Es empfiehlt sich daher, aus-
ziehbare Kessel zu verwenden. Das Speisewasser ist zu enthärten und besonders gut zu entlüften, da sonst in den schmiedeeisernen Vorwärmern leicht Korrosionen entstehen und infolgedessen dauernd Rohre ausgewechselt werden müssen.
Der Wirkungsgrad einer mit Gichtgas betriebenen Kraftanlage

Abb. 93. 7 MAN-Abhitzedampfkessel an Martinöfen. Dampfleistung 2200 kg/h, 12 ata, 350° Überhitzung. Österr. Alpine
Montangesellschaft Wien, Werk Donawitz.

wird z. B. durch Zuschalten von Abhitzekesseln um etwa
5 v.H. gehoben, von 22 auf 27 v.H., während der Wirkungsgrad
des Kessels selbst, bezogen auf die zugeführte Wärme, sehr
leicht 70 v.H. und mehr betragen kann. Im Durchschnitt
rechnet man bei der Dampferzeugung (14 at bei 350° Überhitzung) mit einer Leistung von 1,3 bis 1,5 kg Dampf je kWh
der vorgeschalteten Kraftanlage. Je nach den Platzverhält-
nissen wird man liegende oder stehende Bauarten verwenden.
Röhrenkessel für kleinere Wärmeleistungen Bauart MAN sind
in Abb. 92 dargestellt.

Die Zahlentafel 32 zeigt die Betriebsergebnisse einiger seit Jahren in Betrieb befindlichen MAN-Abhitzeanlagen.

Zahlentafel 32.

Betriebsergebnisse an MAN-Abhitzekesseln.

Lfd. Nr.	Maschinen-leistung in PSe	Belastung		Dampf-spannung in ata	Temp. in °C	Erzeugte Dampf-menge in kg/PSeh	Bemer-kungen
		PSe	v.H.				
1	1050	1050	100	13,8	320	0,9	
2	3000	2760	92	—	—	1,13	
3	7200	5550	77	14	330	1,11	
4	3600	2740	76	14	345	1,13	
5	2250	1130	50	11	325	1,16	
6	2250	1200	53	11	325	1,6	Maschine war nicht in Ordnung

Abb. 94. MAN-Abwärmeverwerter mit Vorwärmer, Überhitzer und Saugzug an einem Flammofen. Dampfleistung 1000 kg/h, 13 ata, 250° Überhitzung, auf der Luitpoldhütte, Amberg.

Abb. 93 zeigt eine Teilansicht von sieben MAN-Abhitze kesseln an Martinöfen der Österr. Alpinen Montangesellschaft

Wien auf dem Werk Donawitz mit einer Dampfleistung von 2200 kg/h bei 12 ata und 350⁰ Überhitzung.

Abb. 94 zeigt einen MAN-Abhitzeverwerter mit Vorwärmer, Überhitzer und Saugzug mit doppelter Gasführung

Abb. 95. MAN-Abwärmedampfkessel mit Dampfüberhitzer und Speisewasservorwärmer, 12 ata Betriebsdruck, an einer Gasmaschine von 2000 PSe. Gelsenkirchener Bergwerks-A.-G., Adolf-Emil-Hütte, Esch.

im Kessel und einfacher im Vorwärmer. Es handelt sich um eine liegende Bauart für Flammöfen. Die Dampfleistung ist 1000 kg/h bei 13 ata und 250⁰ Überhitzung. Die Anlage ist aufgestellt auf der Luitpoldhütte in Amberg.

Abb. 95 zeigt einen Hochdruckabhitzekessel mit Dampfüberhitzer und Speisewasservorwärmer für 12 ata Betriebsdruck an einer Gasmaschine von 2000 PSe. Die Anlage ist
aufgestellt auf der Gelsenkirchener Bergwerks A. G. „Adolf-
Emilhütte" in Esch. Die Anlage ist ausgeführt von der MAN.

Abb. 96 zeigt einen Abhitzekessel der MAN zur Verwertung
der Abgase von zwei Gasmaschinen von je 2350 PS zur Er-

Abb. 96. MAN-Abgasdampfkessel mit Dampfüberhitzer und Speisewasservorwärmer für 12 ata
Betriebsüberdruck und 380° Dampftemperatur in
Verbindung mit 2 Gasmaschinen von je 2350 PS
der Berginspektion Buer in Westfalen.

zeugung von Dampf von 12 ata und 380° Überhitzung. Der
Dampfüberhitzer und Speisewasservorwärmer sind auf der
Abbildung deutlich sichtbar.

Abb. 97 und 99 zeigen zwei Ausführungsbeispiele für
Abhitzekessel hinter Dieselmotoren. Während die Abgase
selbst kleiner Dieselmotoren schon zur Erwärmung von Frischwasser zur Wiedererwärmung des Umlaufwassers von Warm-

wasserheizungen für Nah- und Fernheizungszwecke unter Mitverwendung der Kühlwasserabwärme herangezogen werden können, eignen sich zur wirtschaftlichen Dampferzeugung von 1,5 bis 7 ata aus der Abhitze nur Dieselmotoren von Leistungen über 500 PSe.

Abb. 97 und 98 zeigen einen Niederdruckdampfkessel Bauart MAN für einen Dieselmotor von 515 PSe. Abb. 97 zeigt den Apparat in geöffnetem, Abb. 98 in geschlossenem Zustande.

Abb. 99 bringt eine Anlage der MAN zur Wiedererwärmung des Umlaufwassers einer Fern-Warmwasserheizung. Zu diesem Zwecke läßt man die Motoren mit Heißkühlung arbeiten[1]). Als Umlaufwasser der Heizung dient in diesem Falle das Kühlwasser der Kraftmaschinen. Die Eintrittstemperatur des Kühlwassers in die Motoren ist also gleich der

Abb. 97. Dieselbe Anlage wie untenstehend, in geöffnetem Zustande.

---

[1]) Siehe S. 54.

Abb. 98. Niederdruckdampfkessel an einem MAN-Dieselmotor von 515 PSe. Cia. Jarcia de Matanzas, Matanzas (Cuba).

Rücklauftemperatur der Fernheizung, z. B. = 55⁰ C. Das
Wasser erwärmt sich dann in den Kraftmaschinen wieder auf
etwa 75⁰ und wird jetzt dem Wasseranwärmer zugeleitet,
woselbst es durch die Abgase der Motoren bis auf etwa 85⁰
weiter erhitzt wird und mit dieser Temperatur als Vorlauf-
temperatur wieder in den Umlaufstrang der Heizung eintritt.
In der in Abb. 99 wieder gegebenen Anlage handelt es sich
um die Wassererwärmer für zwei Dieselmotoren von je 800 PSe,
einem von 700 PSe und einem von 320 PSe für die Fernheizanlage der Stadt Schwerin. Die MAN erzielte an dieser Anlage
folgende Betriebsergebnisse:

Abb. 99. Abgas-Umlaufwasser-Vorwärmer Bauart MAN für
Dieselmotoren für das Fernheizwerk des E.W. Schwerin.

In Maschineneinheiten sind vorhanden: zwei Dieselmotore
von je 800 PSe, ein Dieselmotor von 700 PSe und ein
Dieselmotor von 320 PSe. Gesamtleistung: 2520 PSe.

Die Wärmeausnutzung der beiden Dieselmotoren von je
800 PSe, bezogen auf 1k Wh bei Vollast teilt sich wie folgt auf:

Nutzbare Arbeit	920 kcal =	31,5 v.H.
im Kühlwasser enthalten .	1145 „ =	39,0 „
in den Auspuffgasen enthalten	705 „ =	24,0 „
Wärmeausstrahlung	160 · „ =	5,5 „
Wärmeverbrauch insgesamt		
für 1 kWh	2930 kcal =	100 v.H. bei Vollast.

Der Kühlwasserverbrauch bei Heißkühlung im Umlaufbetrieb der Fernheizungsanlage mit etwa 83° C Ablauftemperatur hinter dem mit den Auspuffgasen geheizten Heißwassererzeuger und 60° C Rücklauftemperatur hinter der Fernheizanlage beträgt etwa 29 l für 1 PSe h.

Die Belastung war am 1.—3. Dezember 1924 rd. 2070 PSe. Gesamtwärmeverbrauch der Dieselmotoren war etwa 4 140 000 kcal/h, entsprechend rd. 2000 kcal/PSe h bei einer mittleren Belastung von etwa 75 v. H., davon wurden umgesetzt:

in Nutzarbeit	etwa 31 v. H.	= 1 280 000 kcal/h
in nutzbare Abwärme . . .	„ 33 „	= 1 385 000 „
in verlorene Abwärme . . .	„ 36 „	= 1 475 000 „
	100 v. H.	= 4 140 000 kcal/h

demnach ergab sich eine Gesamtwärmeausnutzung von rd. 64 v. H. zur Erzeugung mechanischer Arbeit und in nutzbar gemachter Fernheizungswärme aus dem Kühlwasser und aus den Auspuffgasen, entsprechend einer Abwärmeverwertung von etwa 670 kcal auf 1 PSe h und etwa 1000 kcal auf 1 kWh.

Zum Schluß dieses Abschnittes sei noch ein Rechnungsbeispiel für einen Abhitzekessel zur Dampferzeugung durchgeführt:

Es sollen die Abgase eines technischen Ofens in einem Abhitzekessel zur Erzeugung von Sattdampf von 12 ata ausgenutzt werden. Verfeuert werden stündlich 1680 kg Koks von 7000 kcal/kg. Zur Verbrennung von 1 kg Brennstoff werden 16 kg Luft benötigt. Die Abgase fallen mit einer Temperatur von 600° an und sollen den Verwerter mit 250° verlassen. Die Speisewassertemperatur sei 50°. Die Anlage arbeitet mit künstlichem Zug derart, daß die Gasgeschwindigkeit in den Rohren 10 m/sek betrage. Die Strahlungs- und Leitungsverluste seien mit 5 v. H. der insgesamt übertragenen Wärmemenge einzusetzen.

Demnach ist bekannt:

1. Der Heizwert des Brennstoffes (Koks) . $H = 7000$ kcal/kg
2. Die Luftmenge je 1 kg Brennstoff . . . $L = 16$ kg
3. Die Abgastemperatur vor dem Abhitzekessel . . . . $\vartheta_1' = 600°$ C
4. Die Abgastemperatur hinter dem Abhitzekessel . . . . $\vartheta_1' = 250°$ C
5. Die Siedetemperatur des Wassers im Abhitzekessel bei 12 ata (nach Zahlentafel 1) $\vartheta_2 = 187°$ C
6. Der Wärmeinhalt des erzeugten Sattdampfes von 12 ata (nach Zahlentafel 1). $i = 664$ kcal/kg

7. Die Speisewassertemperatur . . . . . . $t_s = 50^0$ C
8. Die Leitungs- und Strahlungsverluste =
5 v.H. oder. . . . . $\eta = 0,95$.

Bei der Berechnung kann wieder von der Näherungsformel ausgegangen werden:

$$Q = \eta \cdot B \ (L + 1) \ (\vartheta_1' - \vartheta_1'') \cdot c_p,$$

worin die spezifische Wärme $c_p = 0,26$ bei Abhitzegasen zwischen 600—200° und bei Wasserhaltigkeit gesetzt werden kann.

Es ist dann:

$$Q = 0,95 \cdot 1680 \ (16 + 1) \ (600 - 250) \cdot 0,26$$
$$= 2\,430\,960 \text{ kcal/h.}$$

Die Heizfläche ist nunmehr näherungsweise gleich

$$F = \frac{Q}{\dfrac{(\vartheta_1'' - \vartheta_2) + (\vartheta_1' - \vartheta_2'')}{2} \cdot k} \cdot$$

Da im Verwerter sich siedendes Wasser befindet, wird

$$\vartheta_2' = \vartheta_2'' = \vartheta_2.$$

Für die Wärmedurchgangszahl k kann bei 10 m/sek Gasgeschwindigkeit nach Zahlentafel 26

$$k = 33 \text{ kcal/m}^2\text{h}^0$$

gesetzt werden.

Somit ist:

$$F = \frac{2\,430\,960}{\dfrac{(250 - 187) + (600 - 187)}{2} \cdot 33}$$

$$\cong 310 \text{ m}^2.$$

Die stündliche Dampfleistung ist:

$$D = \frac{Q}{i - t_s} = \frac{2\,430\,960}{664 - 50} \cong 4000 \text{ kg/h.}$$

Es werden somit je m² Heizfläche und Stunde

$$\frac{4000}{310} = 13 \text{ kg}$$

verdampft.

Bei der Berechnung ist angenommen, daß der Verwerter unmittelbar am Ofen stände. Liegt zwischen Ofen und Verwerter ein Gaskanal von x m Länge, so muß je 1 m Länge 1° C von ϑ_1' in Abzug gebracht werden. Es ist somit gegebenenfalls $\vartheta_1' - x$ in die Rechnung einzusetzen.

Bei natürlichem Zuge ist zwecks Vermeidung zu hoher Zugverluste mit geringerer Gasgeschwindigkeit zu rechnen. k wird hierbei normal = 23 kcal/m²h° gesetzt. Höhere Gasgeschwindigkeiten bringen nach Zahlentafel 26 ein höheres k, aber auf Kosten des laufenden Leistungsbedarfes der Saugzuganlage.

Zwecks Verbilligung der Anlage ist allerdings die Verwendung einer möglichst kleinen Heizfläche zu empfehlen, da sonst die Wirtschaftlichkeit der Anlage oft in Frage gestellt ist.

b) Die Abgaslufterhitzer.

Wärmeaustausch: Abgase $\rightarrow$ Wand $\rightarrow$ Luft.

Zuerst fallen die unter Gruppe 2b (S. 154 u. f.) als Rauchgasluftvorwärmer gebrachten Konstruktionen der Taschenlufterhitzer und von Ljungström auch in die Gruppe der Abgaslufterhitzer, da sie sich selbstverständlich auch für Abgase von technischen Öfen und Feuerungen eignen[1]). Hierzu gehören z. B. größere Schmelzöfen, Glühöfen, Brennöfen in der keramischen Industrie, wie in Ziegeleien, Schamotte-, Porzellanfabriken und ähnlichen Betrieben. Überall da, wo zu irgendwelchen Zwecken warme Luft dauernd oder periodisch gebraucht wird, wie für Trocknungsanlagen, zur Entnebelung feuchter Arbeitsräume, ganz besonders für Luftheizungsanlagen von Betriebsräumen, läßt sich die hierfür erforderliche Wärme fast kostenlos durch Abgas-Lufterhitzer den Abgasen obengenannter Feuerungen entnehmen. Zur Erzielung ausreichend hoher Lufttemperaturen ist es nur erforderlich, daß die auszunutzenden Abgase mit mindestens 250^0 in den Lufterhitzer eintreten. Man kann daher bei Abgasen, welche mit Temperaturen von 500^0 und höher anfallen, solche Lufterhitzer in Hintereinanderschaltung mit Abhitzekesseln, z. B. zur Dampferzeugung, bringen. In den Dampferzeugern wird alsdann eine Temperaturstufe von 500 bis 250^0 und in dem nachgeschalteten Abgaslufterhitzer ein solches von 250 bis 150^0 ausgenutzt. Damit ist die unterste Ausnutzungsgrenze für Abgase erreicht; mit der Endtemperatur von 150^0 müssen sie zur Esse streichen, weil man genügend weit von der Kondensationsgrenze des in den Abgasen enthaltenen Wasserdampfes bleiben muß.

Um die Wärmeverluste in der Anlage möglichst gering zu halten, ist es notwendig, daß der Weg der Abgase zum Luft-

---

[1]) Der Lufterhitzer von Ljungström aber mit der Einschränkung, daß er nur zur Vorwärmung von Verbrennungsluft anwendbar ist, da infolge des Rotors ein Teil der Gase in die zu erhitzende Luft übertritt.

erhitzer so kurz wie irgend ausführbar gehalten wird, und daß bei größerer Entfernung der Feuerungsanlage vom Verbrauchsort der Warmluft nicht die Abgase, sondern die erwärmte Luft an den Verbrauchsort geleitet wird.

Abb. 100 zeigt fünf Abwärmedampfkessel mit darüberliegenden Röhrenlufterhitzern an Reaktionsöfen für eine chemische Fabrik; diese sind ebenfalls von der MAN gebaut.

Abb. 100. MAN-Abwärmedampfkessel mit Lufterhitzern an Reaktionsöfen in einer chemischen Fabrik.

Die Konstruktion beruht auf der Erkenntnis, daß die Wärmedurchgangszahl einerseits von Abgasen auf Wasser und anderseits von Dampf auf Luft besser ist als bei einer unmittelbaren Wärmeübertragung von Abgasen auf Luft. Es wird somit eine höhere Wirtschaftlichkeit der Anlage erreicht.

Abb. 38 zeigt einen Abgaslufterhitzer Bauart MAN in Ansicht und Schnitt. Die Anlage beruht auf dem Prinzip der Abb. 27 und ist ausgeführt für die Zwirnerei und Nähfadenfabrik in Göggingen. Der Verwerter befindet sich in Hintereinanderschaltung mit einem 1200-PSe-Ölmotor. Die Abgase durchziehen einen Lufterhitzer, in dem etwa 20000 m³ Luft in der Stunde um 60° erwärmt werden. Diese Luft wird der

Trocknerei zugeleitet, wo sie zum Trocknen der Garne Verwendung findet.

Abb. 101 zeigt einen MAN-Lufterhitzer, welcher mit den Abgasen eines Dieselmotors von 200 PSe beheizt wird. Wie die Abbildung erkennen läßt, ist der Lufterhitzer als Röhrenvorwärmer gebaut, er erwärmt 3700 m³/h Luft von 10 auf 60⁰C.

Abb. 101. Abgas-Luftvorwärmer an einem Dieselmotor „Bauart MAN" zur Erwärmung von 3700 m³/h Luft von 10 auf 60⁰ C.

Gruppe 4: Überhitzer.

a) Der Zwischendampfüberhitzer.

Wärmeaustausch: Dampf → Wand → Dampf.

Zwischendampfüberhitzer werden unmittelbar neben der Verbrauchsstelle angeordnet. Die Überhitzung erfolgt zweckmäßig durch den zur Maschine strömenden Frischdampf.

Nach dem heutigen Stande der Technik empfiehlt es sich, den Zwischendampf auf 230—250⁰ zu überhitzen, um die mit Heißdampf zu erreichenden Vorteile auf der Niederdruckseite der Kraftmaschine voll auszunutzen.

Zur Erzeugung einer solch hohen Überhitzung genügt es aber nicht, überhitzten Frischdampf zu kondensieren. Es

176

muß vielmehr der für die Arbeitsleistung bestimmte Arbeitsheißdampf der Hochdruckseite mit zur Überhitzung des
Zwischendampfes herangezogen werden, und zwar in der
Weise, daß die überschüssige Überhitzungswärme, welche in
der Kraftmaschine nicht verwendet werden kann, nutzbar
gemacht wird. Abb. 102 u. 103 zeigen den Zwischendampfüberhitzer „Patent Langen-Szamatolski" in Ansicht und Ausführung.

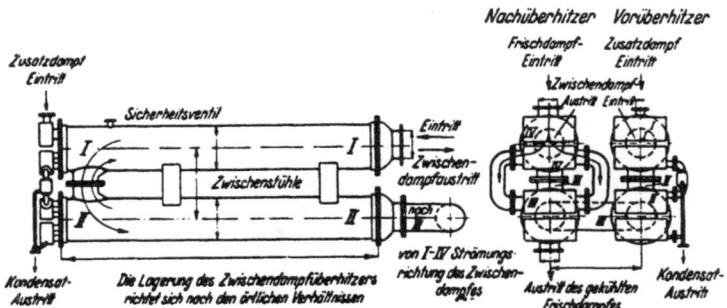

Abb. 102 u. 103. Der Zwischendampfüberhitzer Patent Langen-
Szamatolski in Ansicht und Ausführung.

Dieser Zwischendampfüberhitzer wird zweistufig ausgeführt. Er besteht aus einem Vor- und einem Nachüberhitzer.
Der Zwischendampf wird im Vorüberhitzer mittels kondensierenden Frischdampfes getrocknet und mäßig
überhitzt.
Im Nachüberhitzer wird der Zwischendampf auf die gewünschte Temperatur nachüberhitzt.

Durch die zweistufige Bauart wird der Arbeitsheißdampf auf die brauchbare Überhitzung heruntergekühlt und strömt in diesem Zustande der nachgeschalteten Kraftmaschine zu.

Es ist bekannt, daß zur Vermeidung von Schädigungen von Kraftmaschinen durch zu hoch überhitzten Arbeitsheißdampf Kesselüberhitzer, welche zu reichlich bemessen worden sind, sofort verkleinert werden müssen. Bei größeren Belastungen und bei Verwendung anderen Brennmaterials stellt es sich dann später heraus, daß die verkleinerten Überhitzer nunmehr wieder zu klein sind und die gewünschte Temperatur nicht mehr erreicht werden kann.

Der Zwischendampfüberhitzer beseitigt diese Übelstände; es wird nicht nur Zwischendampf überhitzt, sondern die zu hohe Überhitzungstemperatur des Frischdampfes wird für diesen Zweck nutzbar gemacht. Die Temperatur im Kesselüberhitzer kann infolgedessen erheblich höher gehalten werden als für die Kraftmaschine erforderlich ist.

Angenommen der Arbeitsfrischdampf wird im Kesselüberhitzer auf 400—420⁰ überhitzt. Der Kraftmaschine darf aber nur Dampf von 350⁰ zugeführt werden. Es steht somit ein Temperaturgefälle von 70⁰ für die Zwischenüberhitzung zur Verfügung[1]).

Die Zwischendampfüberhitzer „Patent Langen-Szamatolski" erhalten schmiedeeiserne Mäntel, in welche die nahtlosen Überhitzerrohre so eingebaut sind, daß die Walzstellen derselben von außen zugänglich und sichtbar sind. Jedes Rohr kann einzeln für sich nachgedichtet oder ausgewechselt werden.

---

[1]) Durch Einschaltung eines Zwischenerhitzers, welcher besonders bei Hochdruckanlagen unbedingt notwendig ist, wird es möglich gemacht, die höchsterreichbaren Überhitzungstemperaturen wirtschaftlich auszunutzen und somit die Rauchgasverluste einzuschränken. Auch Anzapfdampf kann mit Zwischenerhitzern nach guter Entwässerung nachgetrocknet und leicht überhitzt werden, um die Leitungsverluste einzuschränken und den Wirkungsgrad von nachgeschalteten Wärmeaustauschern durch Zuleitung von trocken gesättigtem Dampf statt Naßdampf zu erhöhen (s. Einfluß des Kondenswassers S. 72, ferner Band II).

Der hochgespannte Frischdampf strömt im Vor- und Nachüberhitzer durch die Röhren. Der niedergespannte Zwischendampf geht in beiden Überhitzern um die Röhren, und zwar
derartig, daß der Zwischendampf die Körper des Vor- und des
Nachüberhitzers hintereinander durchströmt.

Um einen hohen Wirkungsgrad zu erreichen, muß der Weg,
welchen der Zwischendampf zurücklegen muß, möglichst
lang bemessen werden. Betriebserfahrungen an Zwischen-
dampfüberhitzern dieser Bauart haben erwiesen, daß der Druckabfall für den Arbeitsfrischdampf und auch für den Zwischendampf gering ist.

b) Die Frischdampf-Überhitzer.

Wärmeaustausch: Abgase $\rightarrow$ Wand $\rightarrow$ Dampf[1]).

Es ist bekannt, daß überhitzter Dampf für industrielle
Betriebe jeder Art von größter Wichtigkeit ist und daß nur
Kesselanlagen mit Überhitzern wirtschaftlich ausgenutzt
werden. Ein Überhitzer gestattet aus der geringeren Menge des
nunmehr in den Kessel eingeführten Speisewassers festzustellen,
wieviel Wasser annähernd früher im erzeugten Dampf enthalten war. Heißdampf als solcher, der nicht mit Wasser
gesättigt zur Verwendung kommt, ergibt, wie leicht verständ-
lich sein dürfte, Kohlenersparnisse, welche 10—40 v. H. erreichen
können. Selbstredend sind solche Ergebnisse nur bei äußerst
angestrengtem Betriebe oder bei sehr langen Rohrleitungen,
wie solche in ausgedehnten Werken vorkommen, möglich. Durch
Anwendung von Überhitzern ist der Kessel in der Lage, bei
geringerer Dampferzeugung dieselbe effektive Leistung aufzu-
bringen wie früher, d. h. es wird mit weniger Kohle derselbe
Nutzeffekt erzielt. Außerdem fallen bei Überhitzern alle
Wasserschläge in den Rohrleitungen und evtl. sogar in den
Dampfzylindern der Maschinen fort, wodurch die Betriebssicherheit bedeutend erhöht wird.

---

[1]) Der Überhitzer ist ein Element der Abhitzekessel (Überhitzer — Abhitzedampfkessel — Speisewasservorwärmer) und seine
Kenntnis für die Konstruktion derselben unentbehrlich. Zudem
spielt er bei Dampfspeicheranlagen und zur Nachüberhitzung von
Anzapfdampf zuweilen eine wichtige Rolle (s. Band II).

Überhitzter Dampf kommt nicht allein für den Dampf-
maschinen- und Dampfturbinenbetrieb in Frage, sondern für
alle Industriezweige, welche Dampf zum Kochen, Dämpfen
oder Färben usw. verwenden. Z. B. wird durch Verwendung
überhitzten Dampfes in Färbereien eine sehr viel schönere
Farbe erzielt.

Für die Konstruktion von Überhitzern gelten folgende
allgemeine Richtlinien:

Die Überhitzer müssen nicht nur den ganzen Dampfstrom
gleichmäßig überhitzen, sondern vor allen Dingen unverwüst-
lich sein und ohne Reparaturen arbeiten. Aus diesen ange-
führten Hauptrichtlinien können folgende Grundsätze für die
Konstruktion abgeleitet werden:

a) Der Überhitzer muß in allen seinen Teilen aus dem
   zuverlässigsten Material — Schmiedeeisen — hergestellt werden,

b) die Anwendung von Flanschen und unter Druck stehenden Kappen muß unter allen Umständen vermieden
   werden,

c) die Kühlung der Überhitzerrohre muß in ausgedehn-
   tem Maße gesichert sein,

d) bei kleinster Überhitzerheizfläche muß höchste Überhitzung erzielt werden können,

e) jedes einzelne Überhitzerrohr muß einzeln auswechselbar sein,

f) jedes einzelne Überhitzerrohr muß ohne Mauerwerks-
   verletzung auswechselbar sein,

g) der Dampf muß zwangläufig von dem einen Überhitzerrohr in das andere geleitet werden, um möglichst
   lange Wege zurückzulegen,

h) Ruß und Flugasche darf sich nur so wenig wie möglich
   auf den Rohren ablagern,

i) die Entfernung des Rußes und der Flugasche von den
   Überhitzerrohren muß auf einfache Art und Weise
   schnell und wirksam erfolgen,

k) eine Droßlung des Dampfes muß vermieden werden,

l) die Einmauerung muß zweckmäßig und einfach sein.

180

Der in Abb. 104 dargestellte Überhitzer zeigt die Bauart Szamatolski. Der vom Dampfkessel kommende nasse Dampf gelangt durch den Einströmungsstutzen in die Dampfkammer und durchströmt dann, wie in der Abbildung beispielsweise dargestellt, die drei U-förmigen Rohre *1, 2, 3*. Er tritt bei

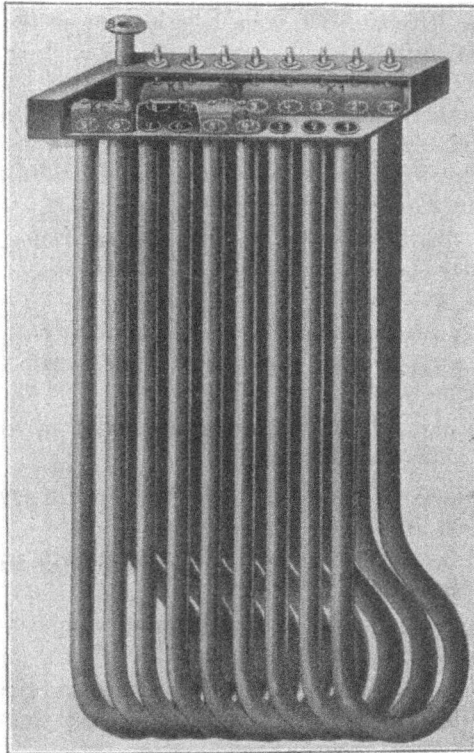

Abb. 104. Darstellung der Arbeitsweise beim Szamatolski-Überhitzer.

1′, 2′, 3′ in die Umlenkkappe K_1 ein und wird durch die Rohre *4, 5* zur Umlenkkappe K_2 geführt, d. h. jetzt statt durch drei Rohre nur noch durch 2 Rohre. Dies bedingt, daß der Dampf mit größerer Geschwindigkeit weiterströmen muß. Zuletzt beim Übertritt in die Kammer K_4 wird der Dampfstrom mit nochmaliger Geschwindigkeitsbeschleunigung durch Ankuppelung von nur einem einzigen U-förmigen Rohre *9* weiter geleitet. Es wiederholt sich die Durchführung durch ein einziges Rohr bis zu seiner vollkommenen Überhitzung um dann durch den Austrittsstutzen *B* der Verwendungsstelle zugeführt zu werden. Aus dieser Wirkungsweise heraus ist diesem Überhitzer der Name „Schnellstromüberhitzer" beigelegt worden. Zwei Vorteile dieser Konstruktion sind offensichtlich: Der Dampf wird auf einfache Art gezwungen, eine große Heizfläche hintereinander zu bestreichen, wodurch wieder eine sichere Kühlung der Heizflächen erreicht wird. Durch die häufige Richtungs- und Querschnittsänderung wird eine gründliche Durchmischung des Dampfes bewirkt, d. h. jedes Dampfteilchen muß mit den Wandungen des Überhitzers in Berührung kommen.

Wie aus der Abb. 104 hervorgeht, besteht der Schnellstromüberhitzer im wesentlichen aus der Dampfkammer und dem Rohrsystem. In das untere Kammerblech sind die nahtlosen schmiedeeisernen Überhitzerrohre eingerollt und verankert. Diesen gegenüber befinden sich im oberen Kammerblech die erforderlichen Handlöcher, welche von innen durch vom Dampfdruck angepreßte, ohne Dichtungsmaterial dichtende, konische eiserne Deckel geschlossen sind. Jedes eingewalzte Rohrende reicht einige Millimeter in die Dampfkammer hinein, über zwei oder mehrere solcher Rohrenden ist dann die Umlenkkappe gelegt und durch Druckschrauben leicht gegen die untere Dampfkammerwand gepreßt. Die Stahlblechkappen sind von allen Seiten von Dampf gleicher Spannung umgeben und leiten nur den strömen-den Dampf in vorgeschrie-bener Richtung; dieselben sind somit vollkommen ent-lastet. Es ist nicht nötig, daß die Kappen gegen die untere Dampfkammerwand absolut dichten.

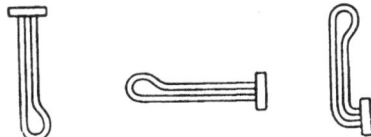

Abb. 105. Ausführungsformen des Szamatolski-Überhitzers.

Die Abb. 105 zeigt die verschiedenen Ausführungsformen des Schnellstromüberhitzers Bauart Szamatolski. Die hängende Anordnung ist die verbreitetste und vorteilhafteste. Die stehende Anordnung zeigt zwar die gleichen Vorteile, sie ist aber in der Herstellung teurer und soll nur dort angewendet werden, wo mit einem ganz indolenten Betriebspersonal gerechnet werden muß. Bei dieser stehenden Anordnung kann nämlich das Kondensat ohne Druck aus dem Überhitzer abgelassen werden. Auch bei der liegenden Anordnung der Schnellstrom- überhitzer fließt das Kondenswasser frei, ohne Druck, in die Kammer ab.

Bei der Aufstellung der Konstruktionsrichtlinien für Über- hitzer tritt zuletzt noch als eine der wichtigsten Forderungen hinzu, die in den Über- hitzerrohren auftreten- den Spannungsverluste, welche 1—3 ata und mehr je nach der Bau- art des Überhitzers er- reichen, zu beseitigen.

Es ist allgemein be- kannt, daß ein geringer Überdruck mehr Brenn- material bedingt. Kann also der Überdruck hin- ter dem Überhitzer so hoch gehalten werden, wie im Dampfkessel selbst, so ist die höchst- mögliche Ausnutzung bezüglich Dampfüber- druck erreicht.

Abb. 106 zeigt die Möglichkeit des Druck- ausgleiches durch Zu- schußdampf, dessen Menge im Betriebe ge- nau regelbar ist. Durch

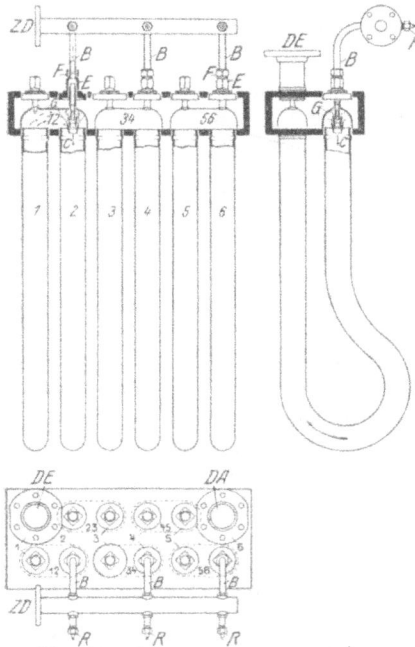

Abb. 106. Schematische Darstellung des Druckausgleiches bei Schnellstrom-Über- hitzern nach Szamatolski.

die kleine Rohrleitung ZD wird der im Dampfkessel erzeugte Frischdampf unmittelbar in die Lenkkappen eingeführt. Die einzuführende Dampfmenge wird durch die Ventile R ge- regelt, sie wird durch Rohre B in die Düsen C geleitet. Durch diese Maßnahme wird durch die hintereinander geschal-·

tcten Düsen C die vorüberhitzte Dampfmenge aus den vorliegenden Rohren angesaugt, so daß durch diese Unterstützung nur geringe Zuschußdampfmengen in Betracht kommen, um den Erfolg zu erzielen[1]). Es sei noch erwähnt, daß die besprochene Überhitzerart auch mit direkter Feuerung betrieben werden kann.

Im folgenden sei der besprochene Schnellstrom-Überhitzer mit Rohren großen Querschnittes, den von früher her bekannten engrohrigen Überhitzern gegenübergestellt. Hierbei ergibt sich für beide Bauarten folgendes Bild:

Engrohrige Überhitzer.

1. Der Dampf soll eine große Anzahl enger Dampfrohre gleichzeitig und gleichmäßig verteilt durchströmen. Diejenigen Rohre, welche dem Dampfeintritt am bequemsten liegen, werden aber den größten Teil, die übrigen Rohre nur einen geringen Prozentsatz des Dampfes aufnehmen. Die Folge hiervon ist, daß ein Teil der Rohre schlecht gekühlt und allmählich verbrennen wird. Sodann sind größere Heizflächen nötig, um die gleiche Wirkung wie bei Schnellstrom-Überhitzern zu erzielen.

2. Die Rohre sind an den vielen kurzen Krümmungen sehr geschwächt. Die Rohre werden kalt und ungefüllt gebogen, wodurch hohe Festigkeitsverluste eintreten, welche Brüche und

Schnellstrom-Überhitzer.

1. Der Dampf durchströmt eine geringe Anzahl weiter Rohre, und zwar tritt er mit Hilfe von Umlenkkappen von einer Rohrgruppe in die andere. Hierdurch entstehen sehr lange Dampfwege; der Dampf nimmt viel Wärme auf, das Rohrmaterial wird wirkungsvoll gekühlt und der Wirkungsgrad ist infolgedessen ein hoher. Die Anzahl der zu einer Gruppe vereinigten Rohre mit steigender Überhitzung nimmt ab, es wird durch die dabei wachsenden Geschwindigkeiten in Verbindung mit noch längeren Dampfwegen, ein guter Wirkungsgrad und eine besonders gute Rohrmaterialkühlung erreicht.

2. Jedes Rohr hat nur einen langen, warm gebogenen Krümmer. Die Rohre werden warm und gefüllt gebogen. Sie sind aus einem Stück bis zu 12 m Länge gefertigt, d. h. an keiner

---

[1]) Die Möglichkeit, beim Szamatolski-Überhitzer den Druckabfall aufzuheben, ist für solche Betriebe von besonderer Wichtigkeit, wo bestehende Kesselanlagen durch Umbau in ihrer Leistung gesteigert werden sollen. Die Kapitalknappheit verbietet oft eine Neuanlage, man kann sich aber zuweilen unter Mitverwendung eines Überhitzers mit Druckausgleich gut helfen.

gegebenenfalls den Eintritt von Explosionen begünstigen. Einzelne Rohre von etwa 4 m Länge werden stumpf aneinander geschweißt. Schweißnähte sollen aber bei Überhitzern der hohen Temperaturen wegen nicht angewendet werden, weil dieselben betriebsunsicher sind.

Stelle aneinander geschweißt und sämtlich nahtlos, daher ist eine hohe Betriebssicherheit gewährleistet.

3. Die Rohre sind vielfach an gußeiserne Sammelrohre angeflanscht. Gußeisen ist infolge seiner allgemeinen Eigenschaften besonders bei Wasserschlägen betriebsunsicher, auch werden die Flanschen und Dichtungen durch solche stark mitgenommen. Die Flanschen müssen nach Inbetriebsetzung nachgezogen werden. Falls schmiedeeiserne Sammelrohre verwendet werden, haben die Rohrwände durchschnittlich nur 10—12 mm Stärke; das ist zu dünn für ein einzuwalzendes Rohr. Vielfach werden Gewindestöpsel zum Schließen der Deckellöcher in den Dampfkammern verwendet, die undicht werden und festbrennen. Diese konischen Stöpsel müssen dann ausgebohrt werden.

3. Die Rohre sind in einer einzigen, schmiedeeisernen Dampfkammer durch Einwalzen befestigt. Flanschen und Dichtungen kommen nicht zur Anwendung, Wasserschläge können bei dieser Konstruktion keinen Schaden anrichten. Die Rohrwände sind mindestens 18 bis 22 mm stark, wodurch den Röhren eine große Walzauflagerfläche geboten wird. Die Dampfkammern sind sehr massiv gebaut. Es gelangen außerdem nur konische, durch den Dampfdruck dichtende Verschlußdeckel zur Verwendung.

4. Falls ein Rohr schadhaft wird, ist der Abriß des ganzen Überhitzers mit Mauerwerk nötig. Im allgemeinen werden die untersten Rohre und ihre Krümmungen, da sie dem Feuer am nächsten liegen, am meisten leiden. Wenn nun ein solches Rohr undicht wird, muß das ganze Mauerwerk und der ganze Überhitzer abgerissen werden, um den Schaden auszubessern. Dadurch entstehen, abgesehen von wochenlangen Betriebsstörungen, hohe Kosten.

4. Falls ein Rohr schadhaft wird, kann der Überhitzer fast ohne Mauerwerkverletzung im ganzen — also Kammer mit Röhren — aus dem Mauerwerk etwa einen halben Meter angehoben werden, das schadhafte Rohr wird neu eingesetzt, ohne andere Röhren lösen zu müssen, und der Überhitzer kann sofort wieder eingeschoben werden. Diese Instandsetzungsarbeit dauert höchstens einen Tag. Das Mauerwerk wird kaum beschädigt.

5. Die Rohre sind häufig am Ein- und Austritt durch Mauerwerk geführt; innerhalb der Rauchgaskammer ist ferner jedes Rohr noch an einer großen Anzahl von Stellen ummauert. Um eine solche Ummauerung herzustellen, ist es nötig, daß jedes Rohr eingebaut und nach dem Einbau einzeln ummauert wird. Die Kosten dafür sind natürlich hoch und die Montage mit Einmauerung dauert lange, weil der Maurer auf den Monteur und der Monteur auf den Maurer warten muß.

6. Dadurch, daß die Röhren beim Dampf-Ein- und Austritt durch das Mauerwerk hindurchgeführt werden, tritt in großen Mengen schädliche Luft in die Rauchgaszüge, wodurch der Nutzeffekt der Gesamtanlage durch „falsche Luft" stark beeinträchtigt wird.

7. Die einzelnen Rohre werden zum Teil vermittelst Winkeleisen in horizontaler Lage gehalten. Naturgemäß verbrennen diese nicht gekühlten Eisen, die Rohre verändern ihre Lage, wodurch die Reinigung von Ruß unmöglich gemacht wird. Die Folge hiervon ist, daß die Überhitzung stark fällt. Außerdem ruft aber die Veränderung der Rohrlage auch Undichtigkeiten an den Flanschen der Sammelröhren hervor. Es bleibt also nichts anderes übrig, als den Apparat abzubauen.

8. Das Abblasen des Rohrsystems erfolgt durch Schwenken eines geraden Dampfabblaserohres. Dieses Rohr bestreicht naturgemäß nicht die toten Ecken, wo sich der Ruß deshalb immer mehr ansammelt.

5. Kein einziges Rohr wird beim Ein- und Austritt durch Mauerwerk geführt, auch in der Rauchgaskammer selbst ist kein Rohr ummauert. Nur glatte Wände bilden die Einmauerung, welche jeder Maurer ausführen kann. Die Einmauerung ist daher billig und erfordert nur kurze Zeit.

6. Weil kein einziges Rohr durch das Mauerwerk geführt wird und nur die Dampfkammer abgedichtet zu werden braucht, kann keine schädliche Luft in die Rauchgaszüge treten.

7. Die einzelnen Rohre werden nicht versteift, sondern hängen frei in den Walzstellen der Kammer. Die Rußablagerung ist gering, da die Rohre hängen und nicht liegen. Rußansammlungen zwischen den Röhren können sich nicht bilden.

8. Die senkrecht angeordneten Überhitzerrohre bieten dem Ruß nur geringe Auflagerflächen, tote Ecken sind fast gänzlich vermieden.

9. Um den Überhitzer unterzubringen, ist ein großer Mauerkasten nötig, wodurch die Wärmeausstrahlungen groß werden.

9. Für den Einbau des Überhitzers, z. B. bei Flammrohrkesseln, genügt es, wenn das Mauerwerk um etwa 800 mm verlängert wird. Dazu kommt in einzelnen Fällen ein kleiner Aufbau.

10. Bei offener Feuertür sinkt die Überhitzung fast immer ab, weil diese Überhitzerbauarten in der Regel keine Anordnung zulassen, durch welche plötzliche Temperaturunterschiede ausgeglichen werden.

10. Jede Temperaturschwankung wird durch einen richtig angeordneten Wärmeakkumulator fast vermieden, welcher in der Regel bei Schnellstrom-Überhitzern vorgesehen wird.

11. Wenn der Überhitzer nach einer längeren Betriebsdauer untersucht werden soll, muß der Apparat vom Mauerwerk vollständig entblößt werden. Aber auch dann ist es schwer, jedes Rohr einzeln zu untersuchen, wenn der Apparat nicht vollständig abgebaut wird.

11. Der Schnellstrom-Überhitzer kann bei einer Untersuchung aus dem Mauerwerk herausgezogen und dann gründlich untersucht werden. Das Mauerwerk wird dabei kaum beschädigt.

12. Da sämtliche Rohre parallel geschaltet sind, werden im günstigsten Falle — d. h. wenn sich der Dampf auf alle Rohre gleichmäßig verteilt, wobei jedes einzelne Rohr zu Anfang von nassem, zu Ende von hoch überhitztem Dampf durchströmt wird — die Enden sämtlicher Rohre gleich ungünstig beansprucht. Die Folge hiervon ist, daß sämtliche Rohre zu gleicher Zeit ausgewechselt werden müssen, was der Neuanlage eines Überhitzers ungefähr gleichkommt.

12. Beim Schnellstrom-Überhitzer durchstreicht der Dampf die Rohre hintereinander. Es werden nur die letzten Rohre, wo der heißeste Dampf mit den Rauchgasen in Berührung kommt, sich abnutzen. Aus diesem Grunde braucht also nur ein geringer Prozentsatz der Rohre erneuert werden, um den Apparat wieder betriebsfähig zu machen. Es ist aber gezeigt, daß durch die wirkungsvolle Dampfumwälzung überhaupt kaum eine Wiederinstandsetzungsarbeit vorkommt.

13. Die Bedienung des Überhitzers muß, weil fast immer die leicht zerstörbaren gußeisernen Klappen zur Verwendung kommen, von der hinteren Stirnwand des Kessels erfolgen.

13. Die Bedienung des Überhitzers erfolgt durch eine selbsthemmende Winde vorn vom Heizerstande aus. Zur Umschaltung der Rauchgase werden in der Regel hochfeuerfeste Schamotte-Schieber verwendet.

14. Der Zusammenbau dauert 10—14 Tage.

14. Die Montage beansprucht in der Regel nur einen Tag für einen Überhitzer.

Abb. 107 zeigt den Einbau eines hängenden Schnellstrom-Zwillingsüberhitzers Bauart Szamatolski-Berlin hinter einem Zweiflammrohrkessel mit Braunkohlen-Treppenrostfeuerung. Der Wasserstand befindet sich hinten am Kessel. Die Rauchgase strömen aus den Flammrohren nach oben, treten oben

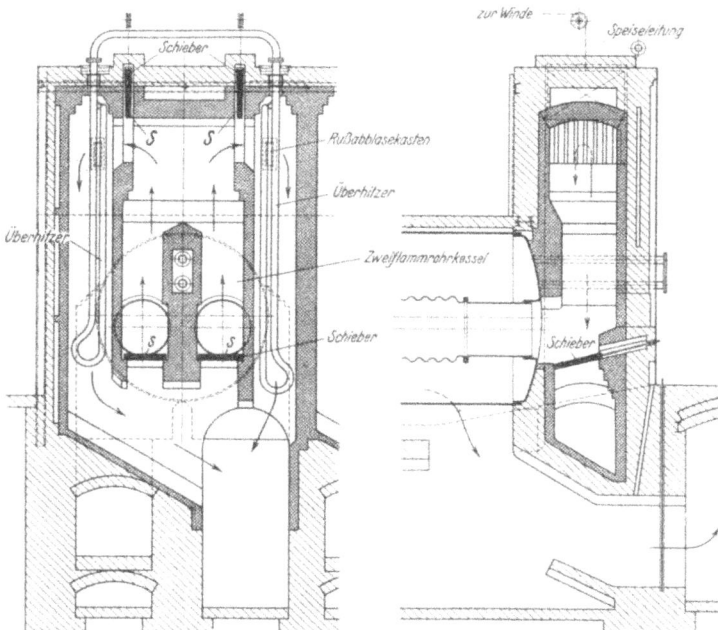

Abb. 107. Einbau eines Zwillings-Überhitzers Bauart Szamatolski, Berlin, hinter einem Zweiflammrohrkessel (hängende Bauart).

in die Überhitzer-Rauchgaskammern über, strömen an den Überhitzerrohren von oben nach unten und reißen die Flugasche mit sich, die sich unter den Überhitzerschleifen in einer Flugaschenkammer sammelt.

Die Rauchgase strömen dann den alten Weg im Kessel entlang.

Ausgeschaltet kann der Überhitzer durch die unter den Flammrohren angeordneten horizontalen Schamotteschieber *s* und die oberen vertikalen Schamotteschieber *S* werden. Der Lauf des Gasstroms ist durch Pfeile gekennzeichnet.

Abb. 108 zeigt den Einbau eines Szamatolski-Zwillings-Schnellstromüberhitzers hinter einem kombinierten Flammrohr-Röhrenkessel.

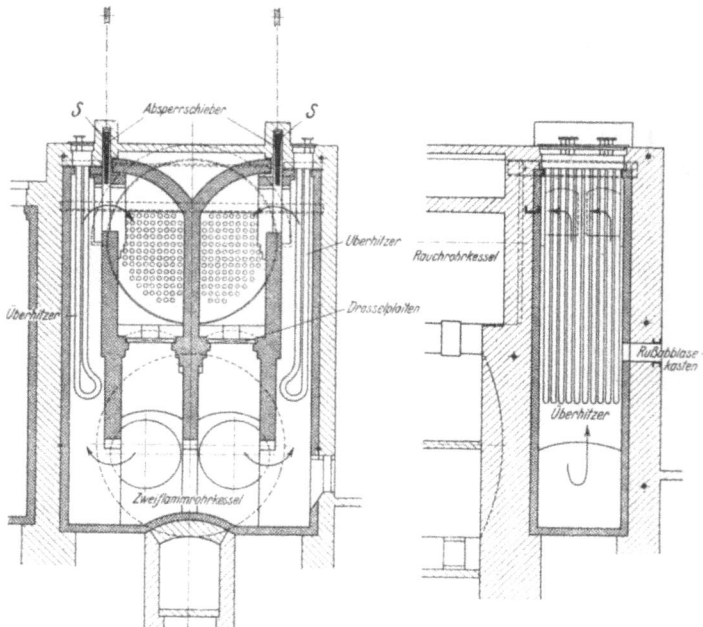

Abb. 108. Einbau eines Szamatolski-Zwillingsüberhitzers hinter einem kombinierten Flammrohrkessel (hängende Bauart).

Ein Teil der Rauchgase strömt durch die Drosselklappen direkt nach dem Rauchröhrenkessel; der größere Teil streicht aber durch die Seitenöffnungen in die Überhitzer-Rauchgaskammern, umspült die Rohre von oben nach unten und tritt durch die Öffnungen *S* in den Rauchröhrenkessel über, um dann den alten Weg im Kessel entlangzuströmen. Reguliert wird die Überhitzung durch Einstellen der oberen vertikalen Schamotteschieber *S*, welche vom Heizerstande aus mittels Winde be-

189

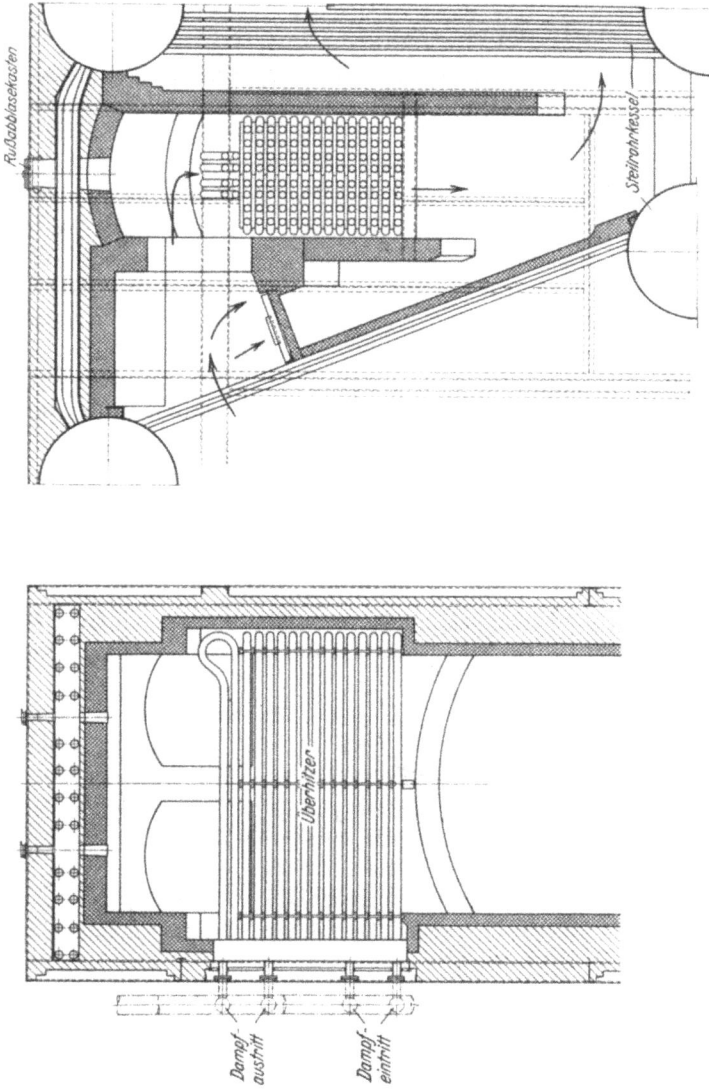

Abb. 109. Einbau eines horizontal gelagerten Szamatolski-Überhitzers zwischen die Rohrbündel eines Steilrohrkessels.

dient werden. Die Überhitzer können auch durch die Schieber *S* vollständig aus den Rauchgasen ausgeschaltet werden; alsdann müssen sämtliche Rauchgase die Drosselklappen passieren. Der Überhitzer arbeitet immer nur mit einem Teil der Rauchgase.

Wesentlich ist bei dieser Einmauerung, daß der Oberkessel von unten und oben Rauchgase erhält, so daß ein Verziehen, also Undichtwerden des Oberkessels nicht erfolgt. Die Überhitzer liegen in engen Mauerschächten und wirken teilweise durch die strahlende Wärme dieser Mauerwände.

Wesentlich ist bei diesem hängenden Einbau des Überhitzers, daß eine Rohrauswechslung ohne weiteres möglich ist. Der Überhitzer wird in diesem Falle etwa einen halben Meter angehoben. Alsdann kann jedes Rohr einzeln für sich ausgewechselt werden.

Abb. 109 zeigt einen horizontal gelagerten Überhitzer, welcher zwischen die Rohrbündel eines Steilrohrkessels so eingebaut ist, daß die gesamten Rauchgase nach Verlassen des ersten Rohrbündels den Überhitzer umströmen können. Ferner kann auch eine Regulierung der Rauchgasmengen erfolgen, indem nur ein Teil derselben die Überhitzerrohre umströmt; der andere Teil der Rauchgasmenge aber durch die Drosselklappen — welche nach Wahl für einen größeren oder kleineren freien Querschnitt einstellbar sind — hindurchgeleitet werden, so daß eine einstellbare Überhitzung geschaffen werden kann.

Diese Schnellstromüberhitzer sind alle mit weiten Rohren ausgerüstet. Hierdurch wird erreicht, daß durch das hohe Widerstandsmoment der Rohre selbst ein Durchsacken derselben vermieden wird. Es können sich also keine Wassersäcke bilden. Die Bildung von Wasser selbst hat nicht viel zu besagen, denn alle Überhitzer müssen, wenn dieselben von Wasser befreit werden, durch Druck ausgeblasen werden.

Zum Schluß sei hier noch ein Rechnungsbeispiel für einen normalen Überhitzer durchgeführt:

Ein Zweiflammrohrkessel von 100 m² Heizfläche, welcher Dampf von 13 ata erzeugt, soll nachträglich mit einem Überhitzer ausgestattet werden, welcher den Kesseldampf auf 350° überhitzen soll. Der Kessel verdampft je 1 m² Heizfläche und Stunde 22 bis 24 kg Wasser. Die bei Normalbelastung erzeugte Dampfmenge ist demnach 2200 bis 2400 kg/h Dampf.

Der Kessel wird mit Steinkohlen gefeuert. Der Nutzeffekt ist $\eta = 0,7$. Der erzeugte Frischdampf hat noch eine Dampfnässe von $d = 1,5$ v.H. Der CO_2-Gehalt der Rauchgase sei zu 10 bis 12 v.H. ermittelt worden. Die zur Verbrennung von 1 kg Brennstoff erforderliche Luftmenge sei zu 16 kg bestimmt und die Temperatur der Feuergase an der vorgesehenen Einbaustelle des Überhitzers sei = 550° C gemessen worden. Die Speisewassertemperatur betrage 37° C.

Demnach ist bekannt:

1. Der Heizwert des Brennstoffes (Steinkohlen) nach Zahlentafel 10 . . . . $H = 7000$ kcal/kg
2. Der Nutzeffekt des Brennstoffes . . . . $\eta = 0,7$
3. Die stündlich erzeugte Dampfmenge . . $D = 2300$ kg/h
4. Die Dampfnässe . . . . $d = 1,5$ v.H.
5. Die Luftmenge für 1 kg Brennstoff . . $L = 16$ kg
6. Die Sattdampftemperatur bei 13 ata (nach Zahlentafel 1) . . . . $\vartheta_2' = 191°$ C
7. Die Überhitzungstemperatur . . . . . . $\vartheta_2'' = 350°$ C
8. Die Temperatur der Feuergase vor dem Überhitzer . . . . $\vartheta_1' = 550°$ C
9. Die Speisewassertemperatur . . . . $t_s = 37°$ C.

Die Berechnung der Heizfläche des Überhitzers ist nun wie folgt vorzunehmen:

Die zur Verwandlung von 2300 kg Wasser in Sattdampf von 13 ata notwendige Brennstoffmenge ist:

$$B = \frac{D\,(i - t_s)}{H \cdot \eta},$$

worin i den Wärmeinhalt von 1 kg Dampf — im vorliegenden Falle Sattdampf von 13 ata — bedeutet und der Zahlentafel 1 oder dem Schaubild Abb. 1 entnommen werden kann. Es ist demnach

$$i = 665 \text{ kcal/kg.}$$

Für die Brennstoffmenge ergibt sich nunmehr:

$$B = \frac{2300\,(665 - 37)}{7000 \cdot 0,7} = 300 \text{ kg/h}^1).$$

Die für die Überhitzung von D kg trocken gesättigten Dampf erforderliche Wärmemenge ist

$$Q_1 = D\,(\vartheta_2'' - \vartheta_2') \cdot c_{pm},$$

in welcher Formel für die mittlere spezifische Wärme c_{pm} für über-

---

¹) Über Kesselwirkungsgrade siehe Rechnungsbeispiel für normale Ekonomiser S. 152.

hitzten Dampf nach Zahlentafel 2 bei 350° und 13 ata $c_{pm} = 0,542$ gesetzt werden kann. Es ist demnach:

$$Q_1 = 2300 \ (350 - 191) \cdot 0,542$$
$$\cong 197500 \text{ kcal/h}.$$

Für die Nachverdampfung des vom Sattdampf mitgerissenen Wassers — welches Siedetemperatur hat — ist außerdem eine zusätzliche Wärmemenge Q_2 erforderlich, welche sich aus der Formel bestimmt:

$$Q_2 = D \cdot \frac{d}{100} \left[(i - \vartheta_2') + (\vartheta_2'' - \vartheta_2') \cdot c_{pm} \right]$$
$$= 2300 \cdot 0,015 \left[(665 - 191) + (350 - 191) \cdot 0,542 \right]$$
$$\cong 19300 \text{ kcal/h}.$$

Demnach ist für die Überhitzung eine Gesamtwärmemenge

$$Q = Q_1 + Q_2$$
$$= 197500 + 19300 = 216800 \text{ kcal/h}$$

notwendig.

Die Abkühlung der Feuergase im Überhitzer berechnet sich aus der Formel:

$$x = \frac{Q}{B\,(L+1) \cdot c}.$$

Die spez. Wärme-„c" der Feuergase kann $= 0,24$ kcal/kg gesetzt werden. Es ist dann:

$$x = \frac{216800}{300\,(16+1) \cdot 0,24} \cong 180\,^\circ\text{C}.$$

Die Temperatur der Feuergase vor Eintritt in den Überhitzer war $\vartheta_1' = 550°$, infolgedessen ist die Temperatur ϑ_1'' nach Austritt der wärmeabgebenden Gase aus dem Überhitzer

$$\vartheta_1'' = \vartheta_1' - x$$
$$= 550 - 180 = 370°\text{ C}.$$

Nunmehr kann die Überhitzerheizfläche F_a — wie bekannt — bestimmt werden. Es ist:

$$F_a = \frac{Q}{\dfrac{(\vartheta_1'' - \vartheta_2') + (\vartheta_1' - \vartheta_2'')}{2} \cdot k}.$$

Rechnet man mit einer Wärmedurchgangszahl $k = 20$ kcal/m²h° (s. S. 97), so ist:

$$F_a = \frac{216800}{\dfrac{(370 - 191) + (550 - 350)}{2} \cdot k}$$
$$= 57 \text{ m}^2.$$

IIB. Die Wärmespeicher.

Allgemeines.

Dem Bestreben jeglicher Speicherung liegt das Gesetz zugrunde, daß energetische Vorgänge nur bei gleichmäßigem Verlauf ihren maximalen Wirkungsgrad erreichen. Jeder energetische Vorgang läßt sich grundsätzlich in drei Abschnitte gliedern: In Erzeugung, Fortleitung und Verbrauch. Um störungsfreies Wirken zu ermöglichen, müssen diese drei Faktoren einander in jedem Augenblick gleich sein, oder durch entsprechende, zwischengeschaltete Glieder einander gleichgemacht werden. Die Gleichwertigkeitsbedingung von Erzeugung, Fortleitung und Verbrauch ist in den seltensten Fällen erfüllt, so daß in der Regel ein ausgleichendes Zwischenglied in die Vorgänge eingeschaltet werden muß. Als Beispiel sei eine unter gleichmäßiger Belastung arbeitende Kolbendampfmaschine angeführt. Der Energieverbrauch ist hier konstant, die Energieerzeugung veränderlich. Die auf eine bestimmte Zeit bezogenen Summenwerte von Verbrauch und Erzeugung aber sind einander gleich. Zum Ausgleich der Schwankungen dient das Schwungrad, das die jeweiligen Energieüberschüsse in kinetischer Form aufspeichert, sie als Ausgleichswerte in Zeiten unter dem Verbrauch liegender Erzeugung abgibt und dadurch praktisch gleichbleibende Energieentnahme ermöglicht. Grundsätzlich dieselbe Bedeutung hat das Staubecken einer Wasserkraftanlage, das die über den Bedarf zufließenden Wassermengen bezüglich der Turbinen als potentielle Energieträger speichert und dadurch die voraussichtlichen Mengenschwankungen eines Jahres ausgleicht.

Diese beiden Beispiele kennzeichnen die Aufgaben der Speicherung, sie gelten sinngemäß auch für die Wärmespeicher.

Die Wärmespeicherung bezweckt die Aufbewahrung von Wärme für längere Zeit, oder den Ausgleich von Schwankungen, in der Wärmeentnahme oder die Umwandlung wechselnder und zeitweilig kurz unterbrochener Wärmeabgabe von seiten der Abwärmequelle in einen Wärmegleichstrom zur Weitergabe an Verbraucherstellen mit gleichmäßigem Wärmebedarf.

Für die Konstruktion solcher Wärmespeicher ist ausschlaggebend, in welcher Form die Wärme entnommen werden

soll. Es kommt Hoch- oder Niederdruckdampf, ferner Heißwasser oder warmes Gebrauchswasser und zuletzt Warmluft
in Frage. Die Wärme kann dem Speicher zugeführt werden in
Form von Hoch- oder Niederdruckdampf, mit Abgasen oder
mit elektrischem Abfallstrom.

Als Speicherfüllung dienen Wasser oder feste Stoffe mit
möglichst hoher spezifischer Wärme, bei möglichst kleinem
Rauminhalt.

Die Speicher mit Wasserfüllung eignen sich zur Speicherung
von Hochdruckdampf und für Niederdruckdampf, die Speicher
mit festen Füllstoffen dagegen vornehmlich zur Verwertung
elektrischer Abfallenergie.

Für die Abwärmetechnik kommen zwei Speichergruppen in
Frage je nachdem, ob die Speicher Dampf oder Heißwasser
an die Verbraucherstellen weiterleiten sollen. Es gehören zur

Gruppe 1: Die Dampfspeicher.

a) Gleichdruckspeicher
b) Ruths-Speicher   mit Wasserfüllung
c) Rateau-Speicher
d) Elektrospeicher   mit fester Füllung.

Gruppe 2: Die Heißwasserspeicher.

a) Großraumspeicher
b) Boiler   mit Wasserfüllung
c) Elektrospeicher   mit fester Füllung.

1. Die Dampfspeicher.

Bei den Dampfspeichern mit Wasserfüllung[1]) wird die
Wärme des Dampfes dadurch gespeichert, daß der zuströmende
Dampf seinen Aggregatzustand ändert; denn er wird auf die
Dauer der Speicherung gezwungen, sich im flüssigen Zustand
niederzuschlagen und die bei der Kondensation frei werdende
Wärmemenge dem Speicherwasser mitzuteilen. Die Speicher-
füllung gibt gleichzeitig oder später diese aufgenommene

---

[1]) Weitere Speicherarten, wie Hohlraum- und Glockenspeicher
siehe „Abwärmeverwertung" des Verf. VdI-Verlag 1926. — Diese
Speicher kommen aber heute wegen ihrer Kosten kaum noch
ernstlich in Betracht.

Wärme wieder durch Verdampfung einer Wassermenge ab, welche dem augenblicklichen Ausgleich zwischen Dampflieferung und Dampfbedarf entspricht. Bei den Elektrospeichern mit Wasserfüllung wird besonders der von den Elektrizitätswerken anfallende Nachtstrom zur Beheizung der Wasserfüllung mittels Elektroden oder Widerständen bewirkt. Es handelt sich also bei den Elektrospeichern fast ausschließlich um Zeitspeicher zur Aufbewahrung der Wärme für den kommenden Betriebstag.

Theoretisch der einfachste Weg wäre, die Speicherwirkung in die Großraumwasserkessel der Dampferzeugungsanlage selbst zu verlegen oder an die Kesselanlage einen Zusatzbehälter anzuschließen. In Grenzen kleinerer Schwankungen und Spitzenleistungen läßt sich dies auch grundsätzlich mit dem

a) Gleichdruckspeicher

der MAN bewerkstelligen.

Bei dem MAN-Verfahren (Abb. 110) wird die Heizfläche A des Kessels stets gleichmäßig belastet. Im Falle geringerer Dampfentnahme dient die überschüssige, von der Heizfläche A abgegebene Wärme zum Anwärmen von Wasser in einem Zusatzspeicher B auf Siedetemperatur. Ist eine verstärkte Dampfentnahme erforderlich, so setzt die normale Kesselspeisung ganz oder teilweise aus, und das bereits auf Verdampfungstemperatur vorgewärmte Speicherwasser wird nunmehr in den Dampfkessel eingespeist, wodurch mit der stärkeren Dampfentnahme auch eine verstärkte Verdampfung im Kessel erfolgt. Die Speisung wird selbsttätig dem Dampfbedarf der Verbraucherstellen angepaßt. Hierzu dienen in der Regel zwei Speisepumpen, von denen aber nur eine gegen den Kesseldruck arbeitet. Diese intermittierende Art der Kesselspeisung ist aber zugleich die schwache Seite des Verfahrens. Nach Angabe der MAN übersteigt die nach dem Gleichdruckverfahren zu erzielende Spitzenleistung die Durchschnittsleistung um 15—40 v.H. Das Verfahren ist anwendbar bei schwachen oder wenigen regelmäßigen Schwankungen.

Bei groben Bedarfsschwankungen ist dieses Verfahren aber nicht mehr anwendbar. Es muß in diesem Falle der Großwasserraum aus dem Hochdruckkessel herausgenommen und in besonderen Behältern untergebracht werden, die an

13*

196

sich unbeheizt sind, aber nach außen gegen Wärmeverluste gut isoliert werden und Dampf dem Betriebe zu einem Druck zur Verfügung stellen, welcher niedriger ist als der Kesseldruck der Anlage.

Durch diese Maßnahme kann die in der Dampfanlage arbeitende Wassermenge gegenüber dem Wasserinhalt des Kessels beliebig vergrößert werden. Es können also Wärme bzw.

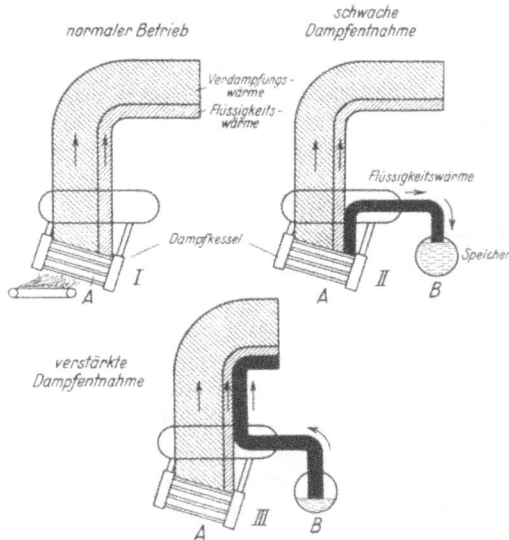

Abb. 110. Schematische Darstellung des MAN-Gleichdruck-Speicher-Verfahrens.

Dampfspeicher geschaffen werden, die sich großen Anforderungen anpassen. Da die hierzu notwendigen großen Behälter von 20—300 m³ Wasserinhalt nicht unter dem hohen Kesseldruck stehen, sondern in niederen Druckstufen ≤ 6 ata liegen, so wird die bekannte Eigenschaft des heißen Wassers ausgenutzt, bei niederen Drücken vielmehr Wärme aufzuspeichern. Für die Anwendungsmöglichkeit des Verfahrens besteht nur die Vorbedingung, daß außer hochgespanntem Dampf auch Mittel- oder Niederdruckdampf im Betriebe Verwendung finden kann, eine Bedingung, die fast überall vorhanden ist bzw. geschaffen werden kann.

Solche, nach oben gekennzeichneten Richtlinien gebauten Speicher werden nach ihrem Erfinder als

b) Ruths-Speicher

bezeichnet. Abb. 111 zeigt schematisch den Aufbau eines solchen Speichers. Er ist ein mit Dampfdom versehener Walzenkessel, welcher gut isoliert im Freien aufgestellt wird. Der Zudampf tritt durch das selbsttätige Ventil *1* in das Verteilungsrohr *2*, durch dieses und durch angeschlossene, diffusorförmig ausgebildete Ausblaserohre *3* in die Wasserfüllung *4* des

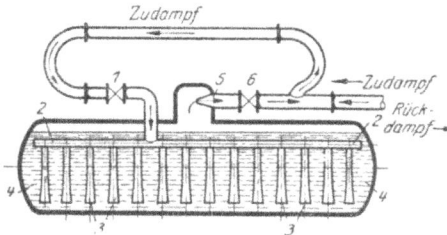

Abb. 111. Schematische Darstellung des Ruths-Speichers.

Speichers. Die Wasserfüllung beträgt normal 90 v.H. des Rauminhaltes des Walzenkessels. An der Dampfentnahmestelle am Dampfdom, ist eine Lavaldüse *5* und dahinter ein selbsttätiges Auslaßventil *6* eingebaut. Die Lavaldüse dient als Sicherheitsvorrichtung gegen zu plötzliche Entnahme großer Dampfmengen bei Unachtsamkeiten im Betriebe oder durch Rohrbruch, sie soll ein Überkochen des Speichers bei zu starker Dampfentnahme verhindern. Eine unzulässige Druckspeicherung im Speicher selbst wird durch Sicherheitsventile rechtzeitig verhindert, außerdem wird vom Kesselhaus aus durch Fernthermometer

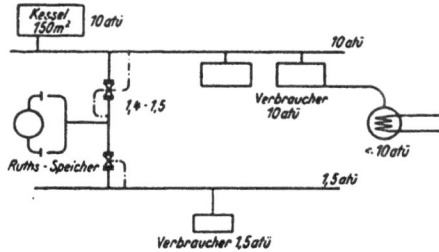

Abb. 112. Die Parallelschaltung von Kesselanlage und Ruths-Speicher.

der Speicherbetrieb überwacht. Ferner ist eine Speiseleitung zum Auffüllen der Speicher und zur Nachspeisung notwendig.

Abb. 112 zeigt das Schaltungsschema von Speicher und Kessel. Der Speicher wird dem Kessel parallel geschaltet; er speichert die vom Kessel im Normalbetriebe erzeugte und

nicht verbrauchte Dampfmenge auf und sammelt allen Anfall-
dampf verschiedener Spannung, wie z. B. in Abhitzekessel
erzeugten Dampf. Diese ihm zur Verfügung gestellten Anfall-
wärmen verwendet dann der Ruths-Speicher zum Ausgleich
des schwankenden Kraft- und Heizbedarfes des angeschlossenen Betriebes gegenüber der Normalleistung der Kesselanlage und entlastet somit dieselbe von Spitzenleistungen.
Damit aber kann die Kesselanlage dem normalen Durchschnitt-
betriebe angepaßt werden, d. h. sie kann kleiner gebaut
werden als ohne Parallelschaltung von Ausgleichspeichern.

In den Mitteilungen der AEG[1]) ist ein Fall beschrieben,
welcher deutlich die Speicherwirkung erkennen läßt, es handelt

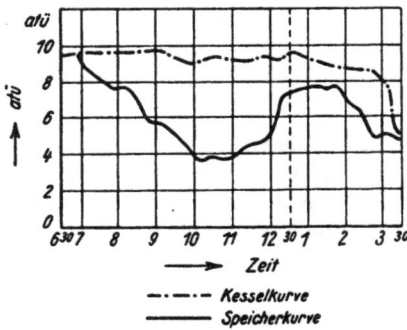

sich um eine Färberei, deren
Kraft- und Heizbedarf vor
Einbau eines Ruths-Spei-
chers von 2 Kesseln von
150 m² und 50 m² Heiz-
fläche gedeckt wurde, und
zwar war der größere für
den Maschinenbetrieb und
der kleinere zur Deckung
des Heizbedarfes für die
Färberei und Appretur be-
stimmt.

Abb. 113. Tagesverlauf des Kessel- und
Speicherdruckes einer zusammenarbeiten-
den Dampfkessel- und Ruths-Speicheranlage nach Abb. 112.

Um die Kesselanlage
nun von den schwankenden
Entnahmen zu entlasten,
wurde nachträglich ein Ruths-Speicher von 20 m³ Rauminhalt eingebaut, und zwar nach dem Schaltungsschema
der Abb. 112 unter Zwischenschaltung eines Lade- und
Entladeventils. Durch das Entladeventil wird die Färberei
mit 1,5 atü versorgt. Der Dampfkessel von 150 m² wird
gleichmäßig belastet und der Dampfüberschuß, den Maschine
und Appretur nicht im Augenblick aufnehmen können,
wird unter Konstanterhaltung des Kesseldruckes durch das
Ladeventil zum Speicher geschickt. Der Speicher selbst ist
imstande, mit seinem Rauminhalt von 20 m³ zwischen den

---

[1]) Mitteilungen der AEG, 13. Dezember 1924 in der Z. d. V. d. I.

Druckgrenzen 10 und 1,5 atü eine Dampfmenge von 1750 kg abzugeben. Der kleine Dampfkessel von 50 m² konnte stillgesetzt werden. Abb. 113 zeigt den Tagesverlauf des Kessel- und Speicherdruckes. Die Dampfabgaben des Ruths-Speichers an die Färberei bedingen naturgemäß Druckabsenkungen der Speicherkurve; es handelt sich dabei um Dampfabgaben, welche in diesen Zeiten nicht direkt vom Kessel geliefert werden. Hierdurch wird es möglich gemacht, daß der Druck und die Dampferzeugung des Kessels ungefähr konstant verlaufen.

Abb. 114. Ruths-Speicher in der Zellstoff-Fabrik
A. B. Edsvalla-Bruk, Edsvalla (Schweden). Raum-
inhalt 125 m³; Länge 11,3 m; Durchmesser 4,0 m;
Speicherleistung 7000 kg Dampf.

Abb. 114 zeigt eine Ruths-Speicheranlage mit einem Rauminhalt von 125 m³ und einer Speicherleistung von 7000 kg Dampf in der Zellstoff-Fabrik A. B. Edsvalla-Bruk, Edsvalla (Schweden).

Auf dem gleichen Arbeitsprinzip beruht der

c) Rateau-Speicher,

welcher im übrigen älter ist, wie der Ruths-Speicher. Er arbeitet aber im Gebiete niederer Spannungen (≤ 2 ata) und hat die Aufgabe zu erfüllen, wechselweise anfallende Abdampfmengen in einen Wärmegleichstrom umzuformen und diesen den nachgeschalteten Verbraucherstellen zuzuführen.

Abb. 115 und 116 zeigen zwei verschiedene Bauarten dieses Speichers, und zwar Abb. 115 den Schnitt des Schalenspeichers und Abb. 116 den Schnitt des Großwasserraumspeichers (mit geschlossener Wasserfüllung).

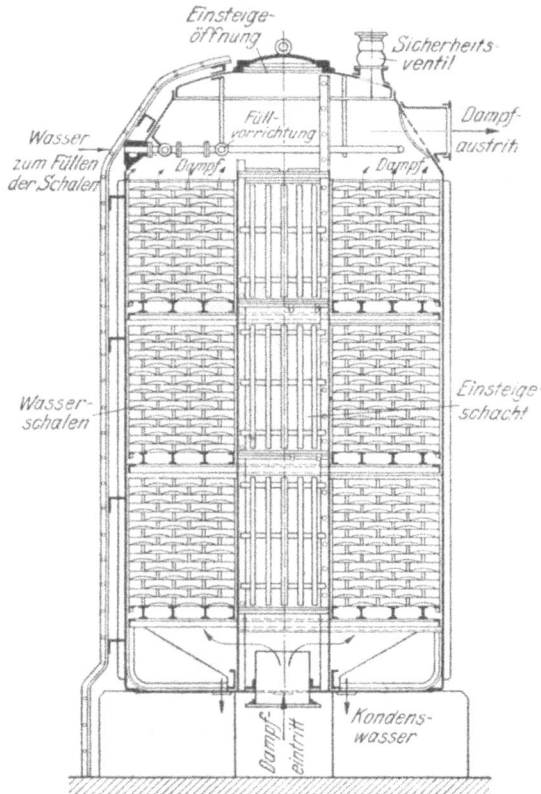

Abb. 115. Der Rateau-Schalenspeicher.

In dem Schalenspeicher (Abb. 115) wird das Speicherwasser auf einer großen Anzahl flacher, tellerähnlicher Schalen dem eintretenden Dampfe in großer Oberfläche zugänglich gemacht. Der Dampf umströmt die Schalen und gibt seine Wärme an das Wasser ab. Mit der Erwärmung des Wassers steigt der Druck im Behälter. Wird dem Speicher Dampf entnommen, so fällt

der Speicherdruck wieder, das Speicherwasser ist infolgedessen überhitzt und gibt die aufgenommene Wärme in Ge-
stalt von Dampf wieder ab, bis der Gleichgewichtszustand
wieder eingetreten ist.

Bei dem Großwasserraumspeicher nach Abb. 116 wird das
Speicherwasser in einer geschlossenen Wassermenge dem
zuströmenden Dampf entgegengestellt. Die Wassermenge
wird von einer Anzahl siebartig gelochter Rohre durch-
zogen, durch welche der Zudampf in das Speicherwasser
eintritt und dieses zugleich in lebhafte Bewegung versetzt.

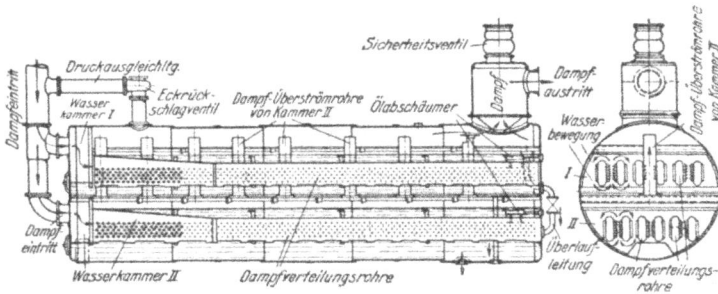

Abb. 116. Der Rateau-Großwasserraumspeicher (mit geschlossener Wasserfüllung).

Diese Bauart ist billiger wie die Wasserspeicherung in
Schalen, hat aber infolge der sehr geringen Druckgrenzen,
zwischen denen diese Speicher arbeiten, gegenüber dem Scha-
lenspeicher den erheblichen Nachteil, daß der eintretende
Zudampf einen Gegendruck zu überwinden hat, welcher der
Höhe der Speicherwassersäule entspricht[1]).

Zur Berechnung des notwendigen Speicherinhaltes und
damit zur Bestimmung der äußeren Abmessungen des Speichers
ist zuerst die zur Speicherung zur Verfügung stehende Dampfmenge zu ermitteln. Hierzu gehört vor allem die Feststellung
der Dampfmenge, welche der Speicher an die Verbrauchs-

---

[1]) Die beschriebenen Rateau-Speicher lassen sich aus alten
Rauch- und Flammrohrkesseln durch Einbau von entsprechenden
Elementen ohne großen Kostenaufwand herstellen. Sie sind leicht
in den Betrieben unterzubringen. Die Fundamentkosten sind gering.
Diese Speicherart wird in Deutschland von der Firma Balcke in
Bochum gebaut.

stationen abzuliefern hat. Die gesamte Dampfmenge muß durch
den Zudampf zum Speicher an sich gedeckt werden. Ist der
Zudampfstrom sehr unregelmäßig (arbeiten z. B. Förder- oder
Walzenzugmaschinen auf den Speicher), so müssen eingehende
statistische Untersuchungen über die Zahl der Dampfstöße,
der mit diesen Stößen anfallenden Dampfmengen und über die
Stoßdauer angestellt werden, um die mittlere stündlich anfallende Dampfmenge zu ermitteln und mit der stündlich gleichförmigen Dampfabgabe des Speichers in Übereinstimmung

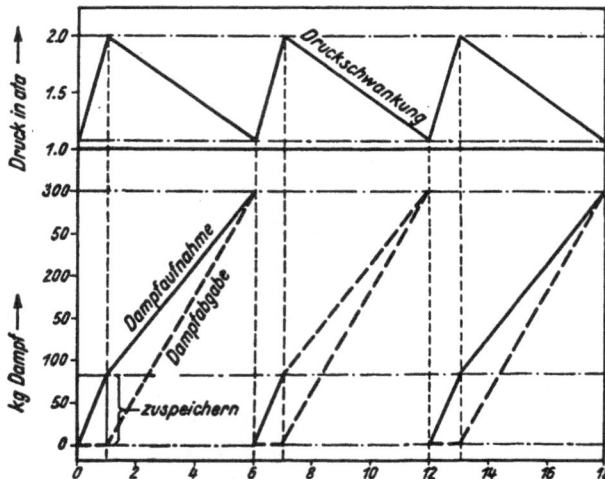

Abb. 117. Dampfspeicher-Arbeitsdiagramm für periodischen Betrieb.

zu bringen. Zur Kennzeichnung dieses Ermittlungsverfahrens
sei in Abb. 117 als einfachster Fall ein Dampfspeicher-Arbeitsdiagramm für periodisch anfallende, gleiche Abdampfmengen
entworfen.

Weiterhin muß die für die Speicherung zuzulassende
Drucksteigerung festgelegt werden. Die untere Druckgrenze
ist 1,03 → 1,05 ata, die obere schwankt. Sie wird normaler-
weise zwischen 1,2 → 1,4 ata gewählt, sie kann aber bei nachgeschalteter Heizungsanlage — und das ist ein in der Abwärmetechnik sehr oft in Betracht kommender Fall — bis auf 2 ata
ohne Unzulänglichkeiten gesteigert werden.

Abb. 118 zeigt die zur Speicherung benötigten Wasserinhalte beim Rateauspeicher in kg, in Abhängigkeit von je
1 kg zu speichernden Dampfes, bei verschiedenen Dampfdruck-
steigerungen und bei Annahme von 1,0 ata als untere Druckgrenze. Die theoretisch ermittelte Speicherwassermenge muß
an Hand von Erfahrungen daraufhin nachgeprüft werden,
ob der Speicher nicht zu unwirtschaftlich groß oder zu klein
ausfällt; hier die richtige Abstimmung zu treffen, ist langjährige
Erfahrungssache — zumeist ist die theoretisch berechnete
Speicherwassermenge 2- bis
2,5fach zu klein.

Der Verlauf der Kurve
in Abb. 118 zeigt, daß an-
fangs durch geringe Drucksteigerung erheblich an Rauminhalt gespart werden kann.
Von Enddrücken oberhalb
1,3 ata ab verläuft aber die
Kurve zur Ordinatenachse
mehr und mehr asymptotisch,
was besagt, daß über eine
Drucksteigerung von 1,3 ata
hinaus keine nennenswerten
Ersparnisse mehr erzielt werden können. Man geht aus
diesem Grunde — wie schon
erwähnt — nur dann über

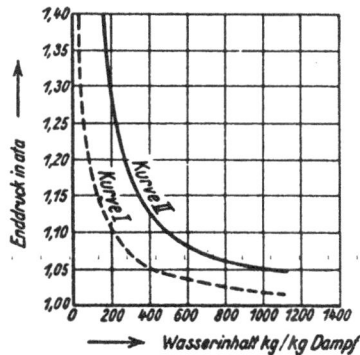

Abb. 118. Wasserinhalte von Rateau-
Speichern bei verschiedenen End-
drücken. Anfangsdruck = 1,0 ata.
Kurve I: theoretische Wassermenge.
Kurve II: effektive Wassermenge
$\cong 2,5 \times$ theor. Wassermenge.

einen Speicherenddruck von 1,3 ata hinaus, wenn der nach-
geschaltete Verbraucher (s. Heizungsanlage) einen höheren
Druck erfordert oder bei höherem Druck wirtschaftlicher
arbeitet. Ähnlich wie beim Rateauspeicher — aber in höhere
Druckgrenzen verschoben — liegen auch die Verhältnisse
beim Ruths-Speicher.

Durch die Festlegung der Druckgrenzen sind die zu
den betreffenden Drücken gehörenden spezifischen Flüssig-
keitswärmen bestimmt. Der Speicherinhalt kann dann an
Hand des folgenden Rechnungsvorganges ermittelt werden
(s. Abb. 119).

Es sei:

vor der Entladung	nach der Entladung
G_1 = dem Wassergewicht in kg t_1 = der Temperatur in °C des Speicherwassers γ_1 = dem spez. Gewicht des Wassers bei t_1° c_1 = der spez. Wärme des Was- sers bei t_1°	G_2 = dem Wassergewicht in kg t_2 = der Temperatur in °C des Speicherwassers γ_2 = dem spez. Gewicht des Wassers bei t_2° c_2 = der spez. Wärme des Was- sers bei t_2°

Dkg
Dampf von i_m mittlerer Gesamtwärme

| Zustand <br> vor der Entladung | ↑ | Zustand <br> nach der Entladung |

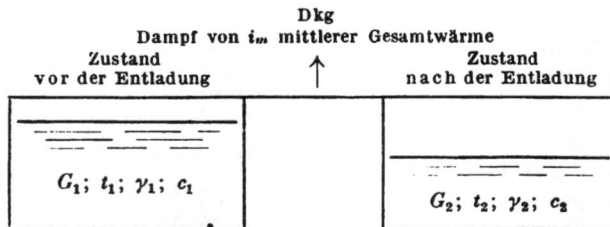

G_1; t_1; γ_1; c_1

G_2; t_2; γ_2; c_2

Abb. 119. Schema zur Berechnung des Speicherinhaltes.

Ferner sei:

W_s = dem Wärmeverlust des Speichers nach außen während der Entladung in kcal und

V_w = dem zu errechnenden Wasservolumen bei Beginn der Entladung in m³ bei nachfolgender Entnahme von D kg Dampf.

Der Wärmeinhalt von Sattdampf bei dem Anfangsdruck p_1 sei = i_1, beim Enddruck p_2 der Entladung = i_2. Der mittlere Wärmeinhalt pro kg des bei der Entladung entzogenen Speicherdampfes kann dann gleich

$$i_m = \frac{i_1 + i_2}{2}$$

gesetzt werden.

Sollen nun während der Entladung D kg Dampf vom mittleren Wärmeinhalt = i_m vom Speicher abgegeben werden und ist gleichzeitig der Wärmeverlust des Speichers nach außen während der Entladezeit = W_s, so werden der Wasserfüllung vom Volumen V_w insgesamt während der Entladung

$$D \cdot i_m + W_s \text{ kcal}$$

entzogen. Dieser Ausdruck stellt die linke Seite der aufzustellenden Entladegleichung dar.

Der Unterschied der Wärmeinhalte der Speicherfüllung vor und nach der Entladung ist gleich der in Dampfform und Strahlungswärme abgegebenen Wärmemenge $D \cdot i_m + W_s$ und stellt somit die rechte Seite der Entladegleichung dar. Der Wärmeinhalt der Wasserfüllung vor der Entladung ist $G_1 \cdot c_1 \cdot t_1$, nach der Entladung $G_2 \cdot c_2 \cdot t_2$, wobei $G_2 = G_1 - D$ gesetzt werden kann. Die Entladegleichung hat somit die einfache Form:

$$D \cdot i_m + W_s = G_1 \cdot c_1 \cdot t_1 - (G_1 - D) c_2 \cdot t_2.$$

Es kann nun weiterhin ohne großen Fehler $c_1 = c_2 = c$ gesetzt werden, wobei $c = 1{,}01$ innerhalb der bei dieser Speicherart üblichen Druckgrenzen gesetzt werden kann. Es vereinfacht sich sodann obige Gleichung unter gleichzeitiger Auflösung nach G_1 zu dem Ausdruck:

$$G_1 = \frac{D\,(i_m - c \cdot t_2) + W_s}{c\,(t_1 - t_2)}.$$

Das Gewicht der Speicherfüllung zu Beginn der Entladung interessiert aber nicht, sondern das Volumen V_w des Speicherwassers. Da aber $G_1 = \gamma_1 \cdot V_w$ ist, erhält man schließlich für V_w den Ausdruck:

$$V_w = \frac{D\,(i_m - c \cdot t_2) + W_s}{c \cdot \gamma_1\,(t_1 - t_2)}.$$

Die Wärmeverluste durch Strahlung sind anzunehmen. Sie werden je nach Speichergröße und Betriebsart bei guter Isolierung zwischen 1000—100000 kcal schwanken. Das Gesamtvolumen des Speichers muß um den Dampfraum von 0,001 bis 0,002 V_d größer sein als V_w, wenn V_d das Volumen von D kg Sattdampf von der Endspannung p_2 bedeutet.

Die vorstehende Berechnungsweise des Speicherinhaltes gilt auch für Hochdruck-Großwasserraumspeicher (Bauart Ruths). Die Zahlentafel 33 gibt die abs. Drücke, die Gewichte von 1 m³ Speicherwasser und die mittlere spezifische Wärme an in Abhängigkeit von dem bei Ruths und Rateau-Speichern vorkommenden Speichertemperaturen zwischen 100—200°.

206

Zahlentafel 33.

Die mittlere spez. Wärme und das Gewicht von 1 m³ Speicherwasser bei Dampfspeichern in Abhängigkeit von Temperatur und Druck im Speicher.

Höchsttemp. in °C im Speicher	Druck in ata	Mittl. spez. Wärme c nach Dieterici	Gewicht von 1 m³ Speicherwasser in kg = γ
100	1,033	1,0000	958,4
105	1,232	1,0005	954,7
110	1,462	1,0010	950,9
115	1,726	1,0015	947,2
120	2,027	1,0020	943,5
140	3,695	1 0046	926,3
160	6,323	1,0077	907,6
180	10,258	1,0113	886,6
200	15,890	1,0155	862,8

Die Kurventafel Abb. 120 ermöglicht die rasche Bestimmung der Speicherfähigkeit bei gegebenem Gefälle und gegebenem Speicherwasserinhalt in kg.

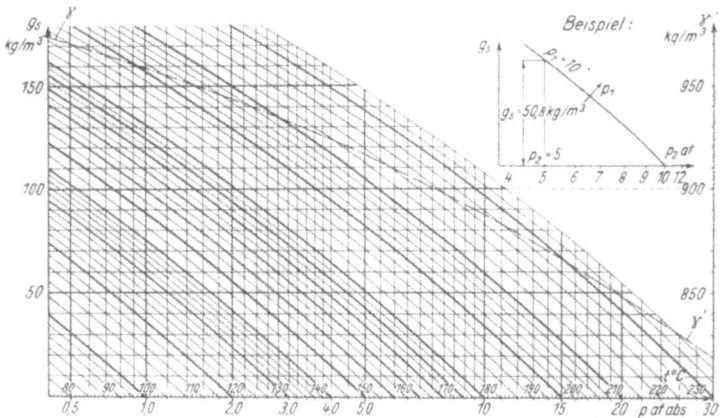

Abb. 120. Speicherdampfbildung, bezogen auf 1000 kg Speicherinhalt[1]).

Zur Erläuterung der Tafel ist ein Beispiel herausgezeichnet. Es soll das Speicherungsvermögen eines Hochdruckdampfspeichers von 10000 kg Wasserfüllung bestimmt werden, wenn ein Gefälle

[1]) Nach „Hütte", Aufl. 25. Verlag von W. Ernst & Sohn, Berlin.

von 10 auf 5,0 ata zugelassen wird. In der Kurventafel sind als Abszissen die Drücke, als Ordinaten das Speichervermögen an Dampf in kg je 1 m³ Speicherwasser aufgetragen. Man fährt auf der Linie gleichen Druckes, welche durch 10 ata läuft, hoch bis zum Schnitt mit der Ordinate, die durch 5,0 ata läuft. Die Höhe der Ordinate von der Abszissenachse bis zu dem Schnittpunkt kennzeichnet alsdann die Speicherfähigkeit je 1000 kg Speicherinhalt. Sie ist in dem Beispiel = 50,8 kg/m³. Bei 10 000 kg Speicherinhalt kann also der Hochdruckspeicher 508 kg Dampf speichern bei einem Druckgefälle von 10 auf 5 ata.

Zum Schluß ein Beispiel, um den Gang der Rechnung zu verdeutlichen, und zwar in Anlehnung an den in den AEG-Mitteilungen beschriebenen Fall (S. 198).

Der Speicher liefere zwischen den Druckgrenzen 11—2,5 ata, eine Dampfmenge $D = 1750$ kg. Die Anfangstemperatur ist dann $t_1 = 183,2^0$ und die Endtemperatur $t_2 = 126,8^0$. Der Wärmeverlust durch Strahlung werde bei guter Isolierung auf $W_s = 30\,000$ kcal gehalten. Es ist das Speichervolumen V_w zu ermitteln. Die Temperatur des Speisewassers sei $t_s = 70^0$.

Die Berechnung des Rauminhaltes geht wie folgt vor sich:

Die mittlere Gesamtwärme zwischen 11 und 2,5 ata ist

$$i_m = \frac{665,2 + 649,5}{2} + 657,4 \text{ kcal/kg}.$$

Es ist dann:

$$G = \frac{1750\,(657,4 - 1,01 \cdot 126,8) + 30\,000}{1,01\,(183,2 - 126,8)}$$

$$G = 16\,800 \text{ kg}.$$

Es ist nunmehr:

$$V_w = \frac{16\,800}{1000 \cdot \gamma_1}, \text{ worin } 1000 \cdot \gamma_1 \text{ nach Zahlentafel 33 bei } 183,2^0$$

$$= \sim 883,6 \text{ kg zu setzen ist. Somit wird}$$

$$V_w = \frac{16\,800}{883,6} = 19 \text{ m}^3.$$

Die Kurventafel Abb. 120 kann zur Rechnungskontrolle herangezogen werden. Aus derselben ergibt sich bei einem Gefälle von 11 → 2,5 ata eine Speicherfähigkeit von 95 kg/m³ Speicherinhalt. Soll eine Dampfmenge $D = 1750$ kg vom Speicher geliefert werden, so ist hierzu ein Speicherinhalt V_w von $\frac{D}{95} \cong 19$ m³ notwendig. Man sieht, daß die Rechnung und die Ermittlung aus der Kurventafel übereinstimmende Werte ergeben.

Ferner hat 1 kg gesättigter Dampf von 2,5 ata ein Volumen von 0,73 m³, oder es nehmen 1750 kg Dampf ein Volumen von 1277,5 m³ ein. Wird für den Dampfraum $0,002 \cdot 1277,5 = \sim 2,6$ m³ vorgesehen, so ist das Gesamtvolumen V des Speichers:

$$V = 19 + 2,6 = 21,6 \text{ m}^3.$$

d) Elektro-Dampfspeicher.

Im Maße, wie die Stromgewinnung mit Hilfe von Wasser-
kraft Fortschritte macht, — auch in Deutschland — und
überall da, wo die Hinbeförderung von Brennstoffen Schwierigkeiten bereitet, gewinnen die elektrischen Wärmespeicher
mit Wasser- oder fester Füllung mehr und mehr an Bedeutung.
Es ist so beispielsweise die Möglichkeit gegeben, elektrischen
Nachtstrom zur Wärmespeicherung für den kommenden
Tagesbedarf heranzuziehen. Gut gespeichert wird die elektrische Energie in Form von Flüssigkeitswärme in einem
Kessel mit großem Wasserraum. Solche Heißwasserspeicher be-

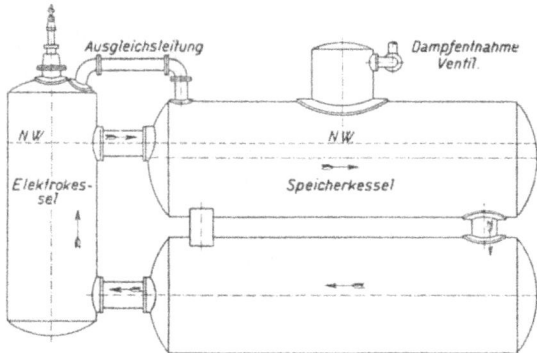

Abb. 121. Speicherung mit natürlichem Wasserumlauf.

stehen im normalen Falle aus einem elektrisch beheizten Vorwärmer und einem Großraumspeicher. Die Erwärmung geschieht
durch isolierte oder blanke stromdurchflossene Heizspiralen,
welche den vom Wasser durchflossenen Vorwärmeraum durchziehen, oder durch Elektroden, welche in das Wasser eintauchen.
Im ersten Falle ist die Spannung zumeist 500 Volt, bei nackten
Elektroden (d. h. ohne Verdampfröhren) geht man bis zu
Elektrodenspannungen von 3000 bis 6000 Volt. Die Regelung
der Leistung erfolgt im zweiten Falle durch verschiedene
Eintauchtiefe der Elektroden, oder durch Verstellung von
Verdampfröhren, welche die Elektroden umgeben und durch
ihre Verschiebung eine Verlängerung oder Verminderung des
Stromweges durch das zu erhitzende Wasser bewirken, womit

der Widerstand wächst und die Leistung größer wird (bzw. umgekehrt). Während man, wie gesagt, ohne Verdampfröhren mit der Spannung auf 3000 bis 6000 Volt heraufgeht, ist es bei Anwendung von Verdampfröhren und besonders dann, wenn durch besondere Umwälzpumpen für eine gute Wasserspülung

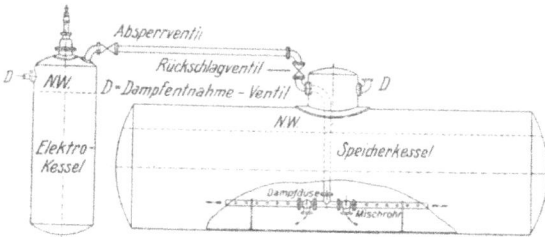

Abb. 122. Speicherung mittels Dampfdüse.

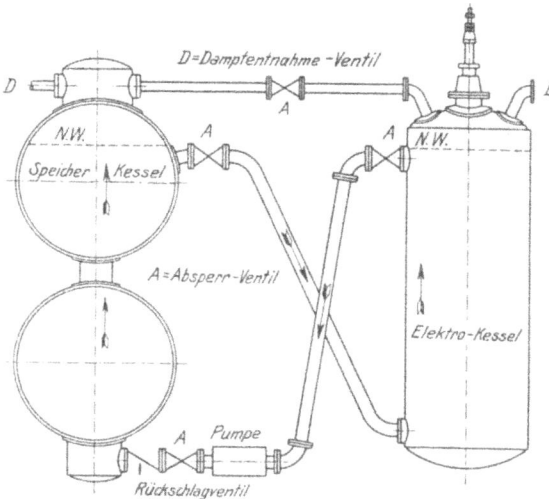

Abb. 123. Speicherung mit Umwälzpumpe.

der Elektroden gesorgt wird, möglich, die Spannung auf 8000 bis 15000 Volt zu erhöhen.

Die in Abb. 121 schematisch dargestellte Speicheranlage hat sich recht gut bewährt, sie hat jedoch den Nachteil, daß keine Ventile in den Verbindungsstutzen zwischen Kessel

Balcke, Abwärmetechnik I.   14

und Speicher angebracht werden können. Aus diesem Grunde muß bei Durchführung von Ausbesserungsarbeiten am Elektrodenkessel oder Speicher stets der ganze Wasserinhalt abgelassen werden.

Abb. 122 zeigt eine Anlage, bei welcher der im Elektrodenkessel erzeugte Dampf in den Wasserraum des Speichers durch geeignete Düsen eingeblasen wird. Letztere Anordnung wird dann gewählt, wenn besonders große zu speichernde Energiemengen in Betracht kommen. Genau wie beim Rateau-Speicher kondensiert der eingeblasene Dampf im Wasserinhalt und erhöht dadurch dessen Temperatur. Dementsprechend steigt auch der Druck, da jedem Sattdampfdruck eine bestimmte Temperatur des Wassers entspricht.

Bei der in Abb. 123 dargestellten Speicheranlage ist eine Pumpe zur Umwälzung des Wasserinhaltes notwendig, wodurch sich die Anlage zwar verteuert, dafür aber eine gleichmäßige Erwärmung des Speicherinhaltes durchgeführt wird.

Bei Beginn der Dampfverbrauchszeit (Entladeperiode) wird das Dampfentnahmeventil am Speicher geöffnet. Es stellt sich alsdann sofort eine Druckentlastung des Speicherinhaltes ein, so daß die Temperatur des Speicherwassers nicht mehr dem darüber lastenden Druck entspricht, d. h. es ist überhitzt und wird nunmehr so lange verdampfen bis der Gleichgewichtszustand wieder hergestellt ist.

Zur Deckung der Verdampfungswärme wird die überschüssige Flüssigkeitswärme der Speicher herangezogen. Bei allmählich absinkendem Druck wird nunmehr der Speicher entladen bis zu jenem tiefsten Druck, mit welchem der Dampf der Verbraucherstelle zur Verfügung gestellt werden muß.

Der höchste Druck, für welchen solche Speicher gebaut werden, liegt zwischen 6—9 ata. Einmal wird mit höheren Drücken die Zunahme der Speicherfähigkeit des Wassers relativ geringer, anderseits steigen aber sehr rasch die Anschaffungskosten des Speichers mit Wachsen des Höchstdruckes. Die Speicher müssen sehr gut isoliert werden, um Wärmestrahlung nach außen möglichst zu vermeiden.

Abb. 124 zeigt eine Anlage in der Baumwollspinnerei und Weberei Wettingen von Sulzer, Winterthur (Schweiz).

Der Speicher hat einen Inhalt von 32 m³, der in ihm herrschende Höchstdruck beträgt 14 ata. Der danebenstehende Elektrodenkessel hat ·eine Leistung von 300 kW und wird mit Drehstrom von 2100 V gespeist. Die nächtlich anfallende elektrische Abfallkraft wird aufgespeichert und während des Tages zum Beheizen der Werkstätten verwendet[1]).

Neben den Elektrowärmespeichern mit Wasserfüllung, bürgern sich die Speicher mit festen Füllstoffen ein.

Abb. 124. Elektro-Wärmespeicheranlage mit Wasserfüllung zur Dampferzeugung von Gebr. Sulzer, Winterthur. Speicherinhalt = 32 m³, Höchstdruck = 14 ata.

Von den Füllstoffen solcher Speicher müssen als Eigenschaften eine möglichst hohe spez. Wärme bei möglichst geringem Volumen, Billigkeit und das Aushalten der erforderlichen Temperaturen verlangt werden. Diesen weitgehenden Ansprüchen genügen u. a. Speckstein, Quarzsand, Schamotte, Eisen und Beton, deren Eigenschaften in Zahlentafel 34 nach Untersuchungen von Dr. Jenny zusammengestellt sind[2]).

[1]) Näh. s. „Elektro-Wärmeverwertung" von Rob. Kratochwil. Verlag R. Oldenbourg, München u. Berlin 1927.
[2]) Näh. s. Hottinger, „Abwärmeverwertung" 1922, Zürich, Verlag Julius Springer-Berlin, und Hottinger, „Heizung und Lüftung", Verlag R. Oldenbourg, München 1926.

14*

Zahlentafel 34.
Charakteristik fester Füllstoffe nach Dr. Jenny.

Speicherstoff	Spezifisches Gewicht γ = kg/dm³	Spezifische Wärme c kcal/kg° bei		Spezifischer Wärmeinhalt i' = c · γ kcal/dm³ bei		Wärmeleitzahl h = kcal/dm/dm²/°h bei	
		100°	200°	100°	200—250°	100°	200—250°
Speckstein	2,77—2,91	0,20—0,30	0,30	0,58—0,77	0,83—0,91	0,23—0,28	0,24—0,30
Quarzsand	1,37—1,55	0,25—0,29	0,29—0,31	0,40	0,44	0,030—0,049	0,033—0,059
Schamotte	1,71—1,98	0,19—0,25	0,30	0,40—0,50	0,55	0,078	0,087
Beton	1,86	0,28	0,36	0,50	0,65	0,068—0,076	0,07—0,078
Eisen	7,86	0,115	—	0,90	—	5,60	—

Anmerkung: In höheren Temperaturlagen > 250° ist c für die meisten Stoffe noch nicht genau ermittelt.

Genauere Untersuchungen, besonders über die spez. Wärme sind bisher nur bis zu Temperaturen von 250° durchgeführt worden. Für die vorliegenden Bedürfnisse genügt dieser Temperaturbereich aber vollkommen.

Bei der konstruktiven Durchbildung dieser Speicherart muß darauf geachtet werden, daß die Entladung möglichst gleichmäßig und weitgehend erfolgen und im übrigen gut geregelt werden kann. Aus diesem Grunde muß für eine gute Wärmeleitung aus allen Teilen der Speicherfüllung zur Wärmeentnahmestelle hin durch Einbau von Rippen aus solchen Baustoffen gesorgt werden, welche gut die Wärme leiten, z. B. Eisen. Auch die Einführung der Wärme in den Speicher muß entweder an mehreren Stellen geschehen, oder es müssen von der Einspeisestelle aus ebenfalls Wärmeleitrippen durch die Füllmasse gelegt werden. Das Ganze ist schließlich mit einer gut isolierten Ummauerung zu umgeben und zusammenzuhalten[1]).

[1]) Sollen Speicher mit fester Füllung zur Luftvorwärmung dienen, so ist innerhalb der Füllmasse ein Luftumlauf zur Erzielung einer gleichmäßigen Erwärmung und Entladung vorzusehen.

Abb. 108 zeigt einen festen Wärmespeicher Bauart
Tütsch zur Dampferzeugung. Derselbe besteht aus einer
Ummauerung, in welche als Speichermasse Quarzsand einge-
füllt ist. Die gewundenen, starkwandigen Verdampferrohre
sowie die mit Chromnickelheizdraht versehenen Heizstäbe
sind in Sand eingebettet. Um das Innere des Speichers möglichst gleichmäßig zu entladen, sind Eisenrippen in die Sand-
füllung eingelegt, welche die Wärme zu den Verdampferrohren

Abb. 125. Feste Wärmespeicher System K. Tütsch, zur Erzeugung
von Heizdampf von max. 2 at Betriebsdruck, in der Spinnerei
H. Bühler im Sennhof bei Winterthur.

auch aus den entferntesten Teilen leiten. Zur Speisung wird
das aus der Heizung zurückfließende Kondensat verwendet.
Zur Regulierung der Verdampfung sind genau einstellbare
Nadelventile vorhanden. Die Anlage besteht aus drei Speicher-
blöcken, von denen jeder sowohl im oberen wie im unteren
Teil eine für sich abstellbare Heizgruppe besitzt. Die maxi-
male Ladetemperatur beträgt 550° C, die anfängliche Ent-
ladespannung des erzeugten Dampfes ist 2 ata und nimmt mit
fortschreitender Entladung des Speichers ab[1]).

---

[1]) „Schweiz. Bauzeitung", 3. Sept. 1921, S. 124.

2. Die Heißwasserspeicher.

Die Warmwasserspeicher kommen besonders bei Warmwasserbereitungsanlagen für Bade- und Gebrauchswasser in Frage. Es handelt sich hier entweder um

a) Großraumspeicher

oder bei kleinen Abmessungen um Boiler.

Die Warmwasserbereitungsanlagen bestehen grundsätzlich aus einem Vorwärmer *1*, einem Speicher *2* und einer Umwälzpumpe *3*, welche das zu erwärmende Wasser während der Anheizperiode zwischen *1* und *2* umwälzt (s. Abb. 126).

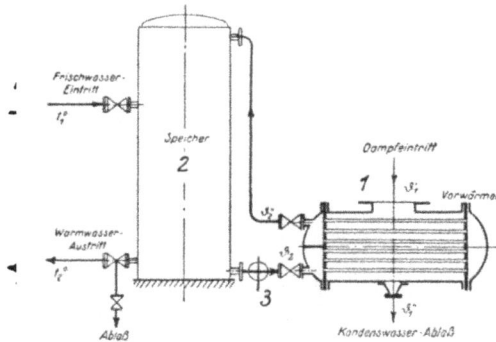

Die Heißwasser-
icher spielen als
sgleich und Zeit-
icher eine große
lle, als Ausgleich-
icher ganz beson-
s bei Abdampf-
rwertungsanlagen
wechselweise an-
endem Abdampf.
Tritt eine Pause
der Abdampfabgabe ein, so wird das
in diesem Augenblick
durch den Vorwärmer

Abb. 126. Schematische Darstellung einer Warmwasserbereitungsanlage.

laufende Speicherwasser nicht erwärmt. Im nächsten Augenblick fahren die Dampfkraftmaschinen wieder an und das Speicherwasser im Vorwärmer wird wieder erhitzt usw. Es tritt also nacheinander Wasser von verschiedener Temperatur in den Speicher ein. Die einzelnen Wasserschichten müssen zur Erzielung einer gleichmäßigen Temperatur des Speicherinhaltes sich in demselben mischen, um ihre kleinen gegenseitigen Temperaturunterschiede untereinander auszugleichen. Gerade die Erzielung einer gleichmäßigen Temperatur des Speicherwassers ist eine grundsätzliche Bedingung, die an jeden Heißwasserspeicher gestellt werden muß; denn einmal muß beim Öffnen der Brausen oder beim Einlassen der Bäder sofort heißes Wasser fließen, sodann muß die Austrittstemperatur des Gebrauchswassers mit Hilfe eines Mischventils (Mischung mit kaltem Wasser) durch einen kurzen Handgriff regelbar sein. Zur Erfüllung dieser Bedingung ist eine konstante Temperatur des dem Mischventil zufließenden Heißwassers erforderlich.

Die Herstellung des Warmwassers ist für Fernheizungen und Bäder an sich vollkommen gleich, dagegen sind die Aufgaben, die das Warmwasser zu erfüllen hat, bei beiden verschieden. Soll neben dem Heißwasser für eine Fernheizung gleichzeitig noch warmes Gebrauchswasser geliefert werden, so muß ein besonderer Strang zur Verteilung des warmen Wassers gelegt werden.

Die in der Hauptsache aus Vorwärmer und Speicher bestehende Warmwasserbereitung berechnet sich nach vorstehenden Darlegungen und an Hand der Abb. 126 wie folgt:

Aus dem Speicher werde während der Badezeit die Wassermenge G kg mit der Temperatur t_2 entnommen. Nach der Entladung werde der Speicher mit Frischwasser von der Temperatur t_1 wieder aufgefüllt. Die Wassermenge von G kg werde in y Stunden von t_1 auf t_2^0 erhitzt, dabei werde das Wasser x mal umgewälzt.

Ist die mittlere spez. Wärme des Speisewassers $= c$, so muß im ganzen während der Anheizperiode (Pause zwischen den Badeschichten) dem Speicherwasser ein Wärmebetrag

$$Q = G \cdot c \, (t_2 - t_1) \text{ kcal}$$

in z h zugeführt werden. Die mittlere spez. Wärme c ist hierbei der Zahlentafel 35 zu entnehmen.

Zahlentafel 35.

Die mittlere spez. Wärme von 1 kg Speicherwasser in Abhängigkeit von Temperatur und Druck bei Heißwasserspeichern.

Höchsttemp. in °C im Speicher	Druck in ata	Mittlere spez. Wärme nach Dieterici c
80	—	0,9985
90	—	0,9992
100	1,033	1,0000

Der Berechnung liegt wieder die allgemeine Wärme-austauschgleichung

$$Q = F \cdot k \cdot \Delta_m \cdot z \quad \text{(s. S. 106)}$$

zugrunde. Die Wärmedurchgangszahl k_m, für das gesamte Rohrbündel, kann bei Abdampf und liegender normaler An-ordnung des Rohrbündels zwischen 1400 und 2000 kcal/m²h⁰ schwanken (s. a. Abb. 20); bei stehender Ausführung liegt der Wert für k_m zwischen 600 und 1600 (Abdampfbetrieb vorausgesetzt!)[1].

Bezeichnen ϑ_1 die Temperaturen der heißeren Flüssigkeit und ϑ_2 die Temperaturen der kälteren Flüssigkeit, so kann überschläglich

$$\Delta_m = \frac{(\vartheta_1'' - \vartheta_2') + (\vartheta_1' - \vartheta_2'')^{[2]}}{2}$$

gesetzt werden, wobei bei kondensierendem Dampf $\vartheta_1' = \vartheta_1'' = \vartheta_1$ wird.

Es verändern sich nun im Verlauf der allmählichen Anwär-mung die Temperaturen ϑ_2' und ϑ_2'', und bei kondensierendem Dampf auch die Kondensattemperatur ϑ_1'' mit ϑ_2''; denn wenn von Verlusten abgesehen wird, muß die Kondensattempe-ratur der Austrittstemperatur des kälteren Stoffes aus dem Wärmeaustauscher entsprechen. Z. B. steigt ϑ_2'' allmählich von t_1 auf t_2.

Man kann nun vereinfacht die Heizfläche F des Vor-wärmers bestimmen, indem man die Annahme macht, daß das gesamte Wasser bei einmaligem Umlauf von t_1 auf t_2 erwärmt werden solle. Wird das Speicherwasser innerhalb einer Bade-pause von y Stunden x mal umgewälzt, so würde die Wärme-übertragungszeit $z = \frac{y}{x}$ sein. Es wäre demnach die Heiz-fläche

$$F' = \frac{Q}{\Delta_m \cdot k \cdot z}.$$

Überschläglich kann nun die Heizfläche x mal kleiner ge-halten werden, weil die Anwärmung sich nicht auf einen

---

[1] Im übrigen s. S. 73 u. 75.
[2] s. S. 107.

Kreislauf, sondern auf x Umwälzungen verteilt. Es wäre somit die wirklich notwendige Heizfläche:

$$F = \frac{F'}{x}.$$

Soll Dampf zur Erwärmung herangezogen werden und kondensiert derselbe beim Wärmeaustausch, so geht mit fortschreitender Erwärmung des Umlaufwassers der nutzbare Wärmeinhalt von 1 kg Dampf etwas zurück. Die Kondensattemperatur ϑ_1'' steigt nämlich allmählich von t_1 auf t_2 und entsprechend fällt der ausnutzbare Wärmeinhalt $i' = i - \vartheta_1''$. Man kann nun für die weitere Rechnung vereinfachend

$$\vartheta_1'' = \frac{t_1 + t_2}{2}$$

setzen. Somit wird

$$Q = D \left(i - \frac{t_1 + t_2}{2} \right),$$

wenn D die notwendige Dampfmenge bezeichnet.

Der Rechnungsgang sei an folgendem Beispiel erörtert:

Für eine Badeschicht werden 15000 kg Heißwasser von 70° C benötigt. Die Pause zwischen zwei Badeschichten dauert 6 h. In dieser Zeit werde der Speicherinhalt von 15000 kg 10mal umgewälzt. Der Speicher wird während der Badezeit vollkommen entleert und später mit Frischwasser von 10° C wieder aufgefüllt. Zur Erwärmung steht Sattdampf von 2 ata zur Verfügung, welcher bei dem Wärmeaustausch zugleich kondensiert werden soll. Es soll die benötigte Dampfmenge, die Vorwärmerheizfläche und die Abmessungen des Speichers bestimmt werden.

Es ist somit bekannt:

1. Die zu erwärmende Wassermenge . . . $G = 15000$ kg
2. Der Wärmeinhalt des Heizdampfes von
   2 ata (nach Zahlentafel 1) . . . . . . $i = 643$ kcal/kg
3. Die Dampftemperatur (nach Zahlentafel 1) $\vartheta_1' = 120°$ C
4. Die Frischwassertemperatur . . . . . . $t_1 = 10°$ C
5. Die Heißwassertemperatur . . . . $t_2 = 70°$ C
6. Die Zeit der Erwärmung . . . . $y = 6$ h
7. Die Zahl der Umwälzungen . . . . . . $x = 10.$

Die Berechnung geht nun an Hand der theoretischen Ausführungen wie folgt vor sich:

Zur Erwärmung werden benötigt:

$$Q = G \cdot c \,(t_2 - t_1) \text{ kcal}$$
$$= 15000 \cdot 0{,}998 \,(70 - 10) = 898200 \text{ kcal}.$$

Der nutzbare Wärmeinhalt von 1 kg Dampf ist:

$$i' = i - \frac{t_1 + t_2}{2}$$

$$= 643 - \frac{70 + 10}{2} = 603 \text{ kcal/kg.}$$

Demnach wird zur Erwärmung des Speicherinhaltes eine gesamte Dampfmenge

$$D = \frac{Q}{i'} = \frac{898\,200}{603} \cong 1500 \text{ kg}$$

benötigt.

Es werde ein liegender Vorwärmer mit normaler Rohranordnung nach Abb. 17 gewählt. Infolgedessen kann die mittlere Wärmedurchgangszahl des ganzen Rohrbündels nach S. 73 zu $k_m = 2000$ kcal/m²h⁰ gewählt werden.

Der mittlere Temperaturunterschied ist näherungsweise

$$\Delta_m = \frac{(\vartheta_1'' - \vartheta_2') + (\vartheta_1' - \vartheta_2'')}{2}.$$

Bei der hier benutzten Näherungsrechnung kann

$$\vartheta_1' = 120^0,$$
$$\vartheta_1'' = t_2 = 70^0,$$
$$\vartheta_2' = t_1 = 10^0 \text{ und}$$
$$\vartheta_2'' = t_2 = 70^0$$

gesetzt werden. Es ist somit:

$$\Delta_m = \frac{(70 - 10) + (120 - 70)}{2} = 55^0.$$

Die Wärmeaustauschzeit ist

$$z = \frac{y}{x} = \frac{6}{10} = 0,6 \text{ h.}$$

Somit wird

$$F' = \frac{Q}{\Delta_m \cdot k_m \cdot z}$$

$$= \frac{898\,200}{55 \cdot 2000 \cdot 0,6} = 14 \text{ m}^2.$$

Die wirklich notwendige Heizfläche ist alsdann:

$$F = \frac{F'}{x} = \frac{14}{10} = 1,4 \text{ m}^2.$$

Die Abmessungen des Speichers können der Zahlentafel 36 entnommen werden. Das Rechnungsbeispiel trifft gerade den Grenzübergang vom Boiler zum Großraumspeicher. Danach hat der Speicher eine Höhe von 4850 mm und einen Durchmesser von 2000 mm. Er wiegt z. B. in stehender Ausführung und verzinkt etwa 4000 kg bei 6 ata Speicherdruck.

Es können neben Abdampf auch Abgase zur Erwärmung des Speicherwassers herangezogen werden. Der Vorwärmer ist in diesem Falle durch einen Abhitzeverwerter (Abschnitt II A 3) zu ersetzen. Die Durchrechnung einer solchen Anlage ist an Hand des vorstehenden Zahlenbeispiels für Abdampf und der

Abb. 127. Wasseranwärmer mit Speicher, angebaut an
2 MAN-Dieselmotoren von je 700 PSe.
Verlag Ullstein & Co., Berlin.

weiteren Beispiele auf S. 152 und S. 171 leicht vorzunehmen. Bei mittleren Anlagen wird zum Teil auch das Heizsystem in den Speicher hineingezogen. Erspart wird auf diese Weise der Leistungsbedarf der Umwälzpumpe, weil man den Wasserumlauf dem natürlichen Auftrieb der wärmeren Wasserschichten überlassen kann. Es bildet sich sehr bald eine gleich-

mäßige, langsame Umwälzbewegung des Speicherinhaltes
heraus. Abb. 127 zeigt eine solche Bauart der MAN.

Der Wärmeverlust solcher Heißwasserspeicher ist bei
guter Isolierung unbedeutend. Bei mittleren Speichern von
7 bis 15 m³ Inhalt nimmt die Temperatur des auf 80⁰ C er-
hitzten Speicherwassers durch Strahlung innerhalb 12 h nur
um etwa 3 bis 5⁰, bei einer Außentemperatur von + 10⁰ C ab.

b) Boiler.

Diese Apparate werden besonders dort verwendet, wo
ein mittlerer Bedarf an heißem Wasser bei ungleichmäßiger
Entnahme vorliegt, wie beispielsweise in Brauereien, Färbereien, Schlachthöfen, Wäschereien
usw., bzw. wo zugleich der Abdampf von Maschinenanlagen
mit unterbrochenem Betrieb zur
Wassererwärmung verwendet wird.

Um bei ungleichmäßig zu-
strömendem Abdampf und un-
regelmäßiger Entnahme von warmem Wasser einen Ausgleich zu
schaffen, muß der Apparat einen
entsprechend großen Inhalt erhalten, der die Schwankungen des
Bedarfs und der zugeführten

Abb. 128. Stehender Boiler mit
2 „U"-Heizregistern Bauart
Schaffstaedt, Gießen.

Wärme ausgleicht. Abb. 128 zeigt
einen stehenden Boiler; als Heizsystem sind bei der abgebildeten
Ausführungsform U-Register vorgesehen. Als Heizmittel kann
Abdampf von Auspuffmaschinen, Gegendruckmaschinen, Kondensationsmaschinen und Dampfturbinen gleich gut verwendet
werden.

Da wo die Abdampfmengen nicht ausreichen, kann auch
Zwischendampf oder Frischdampf zur Wassererwärmung entweder zugemischt oder in einem zweiten U-förmigen Heiz-
apparat zugeführt werden (s. Abb. 128).

Die Zahlentafel 36 gibt eine Zusammenstellung der Haupt-
abmessungen und Gewichte stehender und liegender Boiler für
3 und 6 ata Betriebsdruck.

Zahlentafel 36.

**Abmessungen und Gewichte von stehenden und liegenden Boilern
für verschiedene Betriebsdrücke nach Schaffstaedt, Gießen.**
3 ata Betriebsdruck und 6 ata Probedruck.

Nr.	Inhalt ca. Liter	Durchmesser mm	Höhe mm	Blechstärke		Liegende Ausführung		Stehende Ausführung	
				Mantel mm	Boden mm	schwarz Gew. ca. kg	verzinkt Gew. ca. kg	schwarz Gew. ca. kg	verzinkt Gew. ca. kg
1	3000	1100	3250	5	6	650	690	800	840
2	4000	1150	3950	5	6	790	835	940	995
3	5000	1350	3600	5	7	900	950	1050	1100
4	6000	1450	3700	5	7	990	1050	1140	1200
5	7000	1500	4050	6	8	1300	1370	1460	1530
6	8000	1600	4100	6	8	1400	1485	1570	1655
7	9000	1750	3850	7	8	1640	1740	1810	1910
8	10000	1750	4200	7	8	1760	1870	1920	2030
9	12500	2000	4100	8	9	2280	2400	2470	2690
10	15000	2000	4850	8	9	2600	2740	2780	2920

6 ata Betriebsdruck und 9 ata Probedruck

Nr.	Inhalt ca. Liter	Durchmesser mm	Höhe mm	Mantel mm	Boden mm	schwarz Gew. ca. kg	verzinkt Gew. ca. kg	schwarz Gew. ca. kg	verzinkt Gew. ca. kg
1	3000	1100	3250	7	7	870	910	1030	1070
2	4000	1150	3950	7	7	1060	1105	1220	1265
3	5000	1350	3600	8	9	1420	1470	1590	1640
4	6000	1450	3700	9	10	1630	1690	1810	1870
5	7000	1500	4050	9	10	1810	1880	1990	2060
6	8000	1600	4100	9,5	11	2100	2185	2280	2365
7	9000	1750	3850	10,5	12	2420	2520	2610	2710
8	10000	1750	4200	10,5	12	2590	2700	2780	2890
9	12500	2000	4100	11,5	13	3200	3320	3400	3520
10	15000	2000	4850	11,5	13	3650	3800	3850	4000

Abb. 129 zeigt die Beheizung eines Boilers mit 2-U-Rohrsystemen durch den Ab- und Zwischendampf einer Kolbenmaschine nach vorheriger möglichst guter Entölung.

c) Elektro-Heißwasserspeicher.

Zur Anheizung des Speicherwassers kann auch wieder elektrischer Abfallstrom dienen. Das Wesen der Elektrowasserspeicher besteht darin, daß eine bestimmte Wassermenge während der Nachtzeit langsam auf etwa 90° erhitzt wird und alsdann so lange auf dieser Temperatur gehalten wird, bis es zur Verwendung gelangt. Die Apparate werden direkt an die Wasserleitung angeschlossen.

Sobald das Wasser die Höchsttemperatur von 60—90⁰
erreicht hat, vermindert sich die Stromaufnahme selbsttätig
soweit als zur Aufrechterhaltung der Höchsttemperatur notwendig ist, d. h. es wird nur derjenige Wärmebedarf noch gedeckt, welcher durch Strahlung nach außen verlorengeht. Um
diesen Wärmebedarf so niedrig wie möglich zu halten, ist der
Apparat mit guter Isolierung zu versehen.

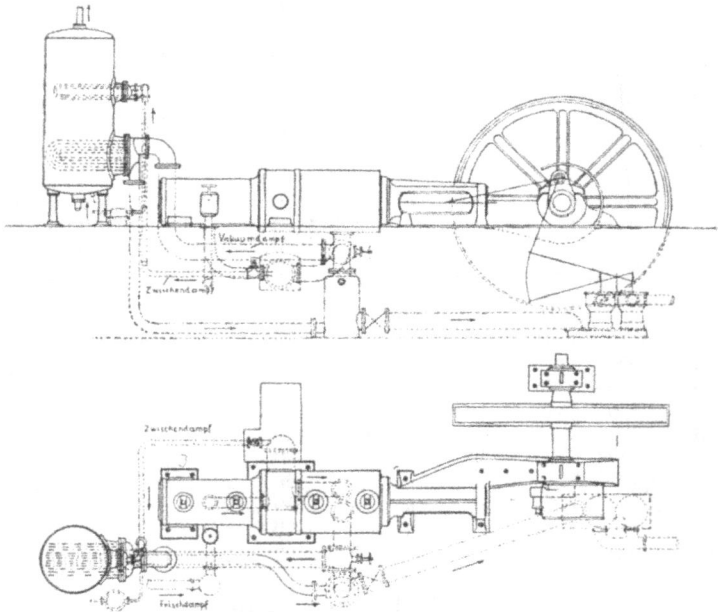

Abb. 129. Beheizung eines Boilers nach Abb. 127 durch den Ab- und Zwischendampf einer Kolbenmaschine.

In dem Maße, wie heißes Wasser aus dem Speicher entnommen wird, tritt kaltes Wasser aus der Wasserleitung
wieder in den Apparat ein, damit steigt die Stromaufnahme
aber selbsttätig auf ihr volles Maß bis das frisch eingetretene
Frischwasser auf die Höchsttemperatur aufgeheizt worden ist,
worauf alsdann wieder die Verminderung der Stromaufnahme
eintritt usw.

Eine wichtige Betriebsbedingung für diese Heißwasserspeicher ist das sichere selbsttätige Arbeiten der Temperatur-

regler. Man sollte deshalb nur Temperaturregler verwenden, die sich wirklich gut eingeführt haben, wenn sie auch teurer sein sollten, wie die übrige marktgängige Ware.

Die Eigenschaft der Warmwasserspeicher, das eingeführte Wasser nur allmählich zu erwärmen, muß bei der Größenbemessung der Apparate berücksichtigt werden. Der Inhalt muß so groß gewählt werden, daß derselbe für die größte vorkommende Entnahme genügt. Sollen die Apparate nicht mit Daueranschluß betrieben werden, so ist der Inhalt so groß zu wählen, daß derselbe dem größten augenblicklich vorkommenden Verbrauch oder dem Sperrzeitverbrauch zu entsprechen vermag. Bei Anlagen, welche nur nachts beheizt werden können, muß der Inhalt für den ganzen kommenden Tagesverbrauch ausreichen.

Die Heißwasserspeicher sollen ferner zur Vermeidung unnützer Wärmeverluste in den Leitungen möglichst nahe an den Verbrauchsstellen aufgestellt werden, und zwar in erster Linie in der Nähe derjenigen Stelle, welche dauernd Heißwasser benötigt, während die seltener benutzten weiter entfernt liegen können. Die Heißwasserleitungen sind im Durchmesser nicht zu groß zu wählen und müssen gut isoliert werden, um die Wärmeverluste auf das geringste Maß herabzudrücken.

Zuletzt sei zu dem Gesagten als Beispiel die Elektro-Wasserspeicheranlage des Baseler Gefängnisses beschrieben[1]):

Für die Warmwassererzeugung ist ein Warmwasserspeicher aufgestellt mit 1500 l Wasserinhalt, in welchem das Wasser in 8 h auf 95° C erwärmt wird. Der Energiebedarf beträgt 18 kW. Es ist ein automatischer Ausschalter vorhanden, der bei einer höheren Temperatur den Strom ausschaltet und, wenn die Temperatur des Wassers wieder gesunken ist, den Strom wieder einschaltet. Der Bedarf reicht für 100 Personen, außerdem für die Leimkocherei, für Bäder und zum Waschen. Die Schaltuhr, welche den jeweils entsprechenden Tarif zu- und abschaltet, ist mit einer Wochenscheibe versehen, so daß die Samstag- und Sonntag-Schaltung ab Samstag 12 Uhr mittags schon eingestellt wird. Die Uhr muß alle Monate einmal aufgezogen

[1]) „Elektro-Wärmeverwertung" von Rob. Kratochwil. Verlag von R. Oldenbourg, München u. Berlin 1927.

werden, und zwar mit der Hand oder elektrisch, doch wird der Handaufzug vorgezogen, weil er gleichzeitig Anlaß gibt, nachzusehen, ob die Uhr richtig gestellt ist oder ob sonst alles in Ordnung ist. Der Strompreis für den Boiler beträgt ab 10 Uhr abends bis $\frac{1}{2}7$ Uhr früh 4 Cts. Die Minimalgarantie beträgt pro Jahr 45 Fr. pro kW und entspricht ca. 1080 Benutzungsstunden.

Mit den Boilern wird durchschnittlich pro Mann und Tag 1 kWh verbraucht. Außer dem einen Boiler ist noch ein zweiter für gleichfalls 1500 l aufgestellt, der als Reserve dient für evtl. Mehrinanspruchnahme. Das Wasser für die Boiler wird unmittelbar der Wasserleitung entnommen. Zu diesem Zwecke wird vor dem Boiler ein Absperrventil eingebaut. Die Speicher sind ferner derartig eingerichtet, daß die Heizung zu unterst und im oberen Drittel angebracht ist, so daß im plötzlichen Bedarfsfalle nur das obere Drittel der Wassersäule erhitzt zu werden braucht. Die unteren zwei Drittel der Wassersäule bleiben kalt und ohne Einfluß auf das erwärmte obere Drittel. Die Übergangszone ist nur etwa 10 cm hoch, so daß man beinahe davon sprechen könnte, daß die kalten und die warmen Wasserschichten durch einen Deckel getrennt wären.

II C. Das Wärmefortleitungsnetz.

Allgemeines.

Als weiterer Grundbestandteil tritt zu den bisher besprochenen das Leitungsnetz hinzu, welches den Abwärmeverwerter mit dem Speicher und mit den Verbraucherstellen verbindet. Es dient zur Förderung des Wärmeträgers, welcher die aus den Abwärmequellen in den Abwärmeverwertern durch Wärmeaustausch herausgezogene Nutzwärme aufgenommen hat. Als Wärmeträger kommen in Frage Dämpfe, Gase, Luft und Wasser. Es ist zuerst die zweckmäßigste Verwendungsart der einzelnen Wärmeträger zu untersuchen.

1. Das Kriterium der Wärmeträger.

Die Zahlentafel 37 zeigt die Rauminhalte je 1000 geförderte Wärmeeinheiten der einzelnen hier in Betracht kommenden Wärmeträger, und zwar bei verschiedenen Drücken. Aus dieser Zahlentafel ist sofort zu erkennen, daß Luft als Wärmeträger nicht brauchbar ist, weil sie zur Fortleitung außerordentlich große Leitungsquerschnitte erfordert. Man vermeidet daher solche Leitungen sogar in Werksgebäuden und Hallen und ersetzt sie durch die weit zweckmäßigeren Einzellufterhitzer.

Zahlentafel 37.

Rauminhalte der wichtigsten Wärmeträger, bezogen auf je 1000 geförderte Wärmeeinheiten bei verschiedenen Drücken.

Medium	Raum- inh. von 1 kg m³	Ge- wicht von 1 m³ kg	Wärmeabgabe		Somit Raum- inh. pro 1000 kcal m³
			bei der	von 1 kg kcal	
Wasser v 70° C im Mittel	0,00102	977,8	Abkühlung um 20° C	20	0,051
Wasser v. 100° C im Mittel	0,00104	958,4	Abkühlung um 60° C	60	0,017
Dampf v. 1,1 ata	1,57	0,635	Konden- sation	538	2,92
Dampf v. 7 ata	0,279	3,59	„	als Nieder- druckdampf 538	0,52
Dampf v. 11 ata	0,182	5,49	„	als Nieder- druckdampf 538	0,34
Luft v. 35° C u. 760 mm. Hg	0,925	1,08	Abkühlung v. 50 auf 20°	7,1	130

Das gleiche gilt für Gase unter atmosphärischem Druck, jedoch sind heute Bestrebungen im Gange, besonders die auf Kokereien anfallenden Kokereigase, wegen ihres hohen Heizwertes unter hohem Druck fernzuleiten, um auf diese Weise auf kleine Leitungsquerschnitte zu kommen.

Es bleiben also als Wärmeträger Dampf und Wasser übrig, und auch hier ist noch eine Einschränkung zu treffen. Die nächste Zahlentafel 38 nach Hottinger[1]) bringt eine zahlenmäßige Gegenüberstellung der Verhältnisse für Hoch- und Niederdruckdampf sowie für Heißwasser von 80/60° und von 130/70° bei Fernübertragungen von 100000 kcal auf 100 m.

---

[1]) Hottinger, „Abwärmeverwertung", Zürich 1922, jetzt Verlag Julius Springer, Berlin.

Zahlentafel 38.

Dampf und Heißwasser als Wärmefernträger.

Wärmefernträger	Druckabfall pro m Leitung		Nötige Menge		Lichter ϕ in mm	Mittlere Geschw. in m/sek	Mittl. Temperatur in der Leitung in °C	Wärmeverlust in kg/cal bei 10° Lufttemperatur	
	ata	mm WS	m³	kg				unisoliert rund	bei Isolierung mit 80 v.H. Wirkungsgrad
Hochdruckdampf Anfang → Ende 3 ata 1,5 ata	0,068	680	76,2 von 2,3 ata	186	20	68	148	15000	3000
Niederdruckdampf Anfang → Ende 1,5 ata 1,2 ata	0,003	30	240 von 1,35 ata	186	49	36	107	20800	4200
Heißwasser 80° C → 60° C	—	11,5	5,1	5000	49	0,75	70	11800	2400
Heißwasser 130° C → 70° C	—	11,5	1,7	1670	32	0,6	100	14000	2800

Aus dieser Zahlentafel ergibt sich, daß die Fernleitung von Niederdruckdampf als Sattdampf nur für ganz eng begrenzte Distrikte in Frage kommt, aber auch dann noch ist zu erwägen, ob Niederdruckdampf, wegen der erheblichen Rohrweiten und der eintretenden Wärmeverluste unbedingt verwendet werden muß; er kann jedenfalls ohne besondere Maßnahmen nur zu Gebäude- oder Werksheizungen nutzbringend verwendet werden.

Soll Niederdruckdampf aber nun doch auf Entfernungen weitergeleitet werden, welche einen Radius von 300 m überschreiten, so ist es zweckmäßig, denselben vor der Fernleitung zu überhitzen, und ihm diese Überhitzung erst in einem Umformer an der Verbraucherstelle zu nehmen, weil es eine bekannte Tatsache ist, daß überhitzter Dampf sehr schlecht Wärme nach außen abgibt. Als solche Umformer kommen vor allem die Heißdampfvorwärmer System Szamatolski in Frage, welche im Abschnitt II A unter Vorwärmern besprochen worden sind (s. Abb. 57).

---

[1]) Balcke, „Abwärmeverwertung". VdI-Verlag 1926.

Wasser stellt sich bezüglich der Verluste (s. Zahlentafel 38) am günstigsten. Es bedingt aber zur Förderung Leitungen von wesentlich größerem Durchmesser als z. B. Hochdruckdampf. Dies ist aber zumeist nicht von ausschlaggebender Bedeutung, weil es sich einerseits um eine einmalige Auslage handelt und anderseits, weil aus Sicherheitsgründen bei einer Dampffernheizung mindestens zwei Dampfleitungen verlegt werden müssen, um den Betrieb auch dann aufrechtzuerhalten, wenn ein Rohr undicht geworden ist. Diese Maßnahme ist bei Wasser nicht nötig, weil hierbei die Leitungen weniger hohen und vor allem nicht so plötzlich wechselnden Temperaturen ausgesetzt sind. Bei den Pumpenheizungen kommt aber ein Pumpenaggregat mit dauerndem Leistungsbedarf hinzu, welches somit laufende Betriebskosten verursacht.

Hier sei einleitend zu den weiteren Betrachtungen gesagt, daß bei dem Entwurf des Netzes, welches die Zentrale mit den Verbrauchern verbinden soll, auf die Wahl des zweckmäßigsten Rohrdurchmessers der Leitung größter Wert gelegt werden muß. Dieser richtet sich nach dem in der betreffenden Leitung zugelassenen Spannungsabfall und der Fördermenge. Zwischen dem zulässigen Spannungsabfall und dem geringsten Rohrdurchmesser ist aus Gründen der möglichsten Herabminderung der Anlagekosten von Fall zu Fall ein zweckmäßiger Mittelweg aus der Erfahrung heraus einzuschlagen; jedenfalls wird der Spannungsabfall so weitgehend wie möglich und damit die Entspannung am Ausfluß der Leitung so niedrig als möglich gewählt werden.

Ferner ist besonders bei Fernleitungen darauf zu achten, daß sie möglichst gut isoliert werden. Die Wärmeverluste durch Strahlung verringern sich mit der Stärke der Isolierung. Von einer bestimmten Stärke ab aber nimmt die Wärmeersparnis nur noch derartig wenig zu, daß die Anlagekosten die Ersparnisse zu übersteigen beginnen. Man wird also auch hier einen Mittelweg einschlagen müssen. Auch darf der Wärmeschutz der Flanschen nicht vernachlässigt werden, desgleichen sind auch die Ventile und sonstigen Armaturen sorgfältig mit Wärmeschutzmasse einzupacken. Die Frage des zweckmäßigen Wärmeschutzes ist so wichtig, daß ihr ein Unterkapitel in diesem Abschnitt gewidmet werden wird.

2. Die Berechnung von Dampfrohrleitungen.

Zur Fortleitung des Dampfes von der Stelle der Erzeugung zur Stelle der Aufspeicherung oder des Verbrauches dienen die Dampfrohrleitungen. Für den Durchmesser der Leitung ist die Dampfmenge, der Druck und wenn überhitzter Dampf weitergeleitet werden soll, auch noch die Temperatur desselben maßgebend.

Bei der Strömung eines Stoffes durch Rohrleitungen treten Widerstände auf, die von der Adhäsion an den Rohrwandungen herrühren. Die an der Rohrwand entlang streichenden Teilchen des Mediums bleiben infolgedessen gegenüber den in der Mitte strömenden zurück, und so entsteht im Rohre eine „rollende" Bewegung, die zugleich Wirbel auslöst. Die Geschwindigkeit des Stromes ist in der Mitte des Rohres am größten und nimmt nach außen hin mehr und mehr ab, so daß sich also auch die einzelnen Teilchen des Stromes nicht nur an den Wandungen, sondern auch aneinander reiben und stoßen, weil in ein und demselben Rohrquerschnitte verschiedene Geschwindigkeiten herrschen. Die Geschwindigkeit, welche der Bestimmung der in der Zeiteinheit durch einen Rohrquerschnitt fließenden Menge des Wärmeträgers zugrunde gelegt wird, ist als die mittlere Geschwindigkeit anzusehen.

In den meisten Fällen ist die Spannung am Anfange der Leitung und die Länge der Leitung gegeben. Es entsteht alsdann die Frage, welche Spannung soll am Ende der Leitung noch vorhanden sein, und hiernach richtet sich dann — sofern eben eine bestimmte Wärmemenge am Ende der Leitung austreten soll — der Durchmesser der Leitung.

Der erforderliche Druck am Ende der Leitung ist durch die Verwendungsart des Wärmeträgers bedingt. Ist z. B. als Wärmeträger Dampf gewählt worden und soll derselbe Arbeitszwecken dienen, soll er also z. B. einen Dampfhammer treiben, so muß der Druck am Ende der Leitung möglichst groß sein; man muß demnach vor der Maschine einen möglichst hohen Druck zur Verfügung haben. Soll dagegen der Dampf zu Heiz- und Kochzwecken herangezogen werden, so genügt meist eine Dampfspannung von 1 bis 1,5 ata an der

Dampfverbrauchstelle und der Spannungsabfall in den Leitungen kann dann groß sein.

Zumeist werden bei der Berechnung des Durchmessers einer Rohrleitung gewisse Größen bekannt sein, wie z. B. die Länge der Leitung, die Anfangs- oder Endspannung und die Menge des Wärmeträgers bzw. diejenige Wärmemenge, welche am Ende der Leitung austreten soll. Aus diesen etwa bekannten oder zum Teil angenommenen Größen kann alsdann der Leitungsdurchmesser unter Zugrundelegung von Versuchen über die Größe des Widerstandes, welchen eine strömende Flüssigkeit durch die Reibung an den Rohrwandungen und durch innere Reibung erfährt, berechnet werden.

Der hier folgenden Berechnung des Rohrdurchmessers sei bei der Bestimmung des Druckabfalles die Formel von Fritzsche zugrunde gelegt, welche allgemein lautet[1]):

$$\Delta p = \varphi \cdot \frac{l}{d} \cdot \frac{p \cdot v}{T},$$

worin:

Δp den Spannungsabfall im kg/cm² oder in ata,

l die Länge der Leitung in m,

d den Durchmesser der Leitung in mm,

v die Strömungsgeschwindigkeit in m/sek,

T die absolute Temperatur des Wärmeträgers und

φ die Widerstandszahl

bedeutet.

Für Wasserdampf kann obige Formel durch Einführung der allgemeinen Zustandsgleichung der Gase $P \cdot v = R \cdot T$ $\left(\text{hier ist } v = \text{kg-Volumen} = \dfrac{1}{\gamma}\right)$ in den Ausdruck

$$\Delta p = \beta \, \frac{l}{d} \, \gamma \cdot v^2$$

vereinfacht werden, worin β die von $\gamma \cdot v$ und vom Durchmesser d des Rohres abhängige Widerstandszahl bedeutet.

Die Widerstandszahlen β in Abhängigkeit von $\gamma \cdot v$ und dem Durchmesser d der Leitung sind in Zahlentafel 2 (Anhang)

---

[1]) Mitteilungen über Forschungsarbeiten, herausgegeben vom Verein deutscher Ingenieure. Heft 60. Verlag von Julius Springer, Berlin.

nach Hüttig[1]) zusammengestellt. Es sei dazu bemerkt, daß sämtliche Werte β 6 Dezimalen aufweisen, von denen in der Zahlentafel nur 2 bzw. 3 angegeben sind. Außerdem enthält die Zahlentafel 2 — da β noch von dem Durchmesser der Rohrleitung abhängig ist — die Werte $\dfrac{\gamma \cdot v}{d}$ zur leichteren Benutzung der obigen vereinfachten Gleichung für $\varDelta\,p$ sowie noch die sich hieraus ergebenden Dampfgewichte $= G$ kg/h. Am Kopf der Tafel 2 sind die Rohrquerschnitte f für jeden Rohrdurchmesser in m² angegeben. Da nun das in einer Stunde durch den Rohrquerschnitt f mit der Geschwindigkeit v und dem spezifischen Gewicht γ hindurchströmende Dampfgewicht

$$G = f \cdot v \cdot \gamma \cdot 3600$$

ist, so muß jedem Wert von $\gamma \cdot v$ und dem Rohrquerschnitt f ein bestimmter Wert G zugeordnet sein, und es kann daher bei angenommenem oder gegebenem $\gamma \cdot v$ das Dampfgewicht G unmittelbar aus Tafel 2 entnommen werden.

Den Gebrauch der Tafel 2 zur Berechnung von Dampfleitungen verdeutliche folgendes Rechnungsbeispiel:

Es soll eine Dampfleitung von einer Entnahme-Dampfmaschine von 600 PS mit einem Dampfverbrauch von 8,58 kg/PS bei einem Frischdampfdruck von 9,9 ata und $t_d = 250^0$ zu einer Kocheranlage berechnet werden. Die Entnahmemenge beträgt 47,5 v.H. des der Maschine zugeführten Dampfes (s. Nr. 1 Zahlentafel 7). Der Entnahmedruck ist 2,5 ata, die Spannung in die Kochanlage eintretenden Heizdampfes muß noch 2,3 ata betragen. Die Geschwindigkeit des Dampfes sei mit $v = 25$ m/sek angenommen. Die Länge der Leitung sei 120 m. Es ist somit bekannt:

1. Das Dampfgewicht:
   $G = 600 \cdot 8,58 \cdot 0,475$ . . . . $G \cong 2450$ kg/h
2. Die Länge der Leitung . . . . $l = 120$ m
3. Die Anfangsspannung . . . . $p_1 = 2,5$ ata
4. Die Endspannung . . . . $p_2 = 2,3$ ata
5. Die Dampfgeschwindigkeit . . . . $v = 25$ m/sek.

Die Berechnung geht nun wie folgt vor sich:

Die mittlere Spannung in der Leitung ist $p_m = 2,4$ ata. Das spez. Gewicht des Dampfes ergibt sich bei diesem mittleren Druck aus Zahlentafel 1 durch Interpolation zu $\gamma = 1,34$. Somit ist

$$\gamma \cdot v = 1,34 \cdot 25 \cong 33,50.$$

---

[1]) Siehe Valerius Hüttig: Heizungs- und Lüftungsanlagen in Fabriken. 2. Auflage. Verlag von Otto Spamer 1923.

Die stündlich zu fördernde Dampfmenge war

$$G = 2450 \text{ kg/h}.$$

Für $\gamma \cdot v = 30$ und $G = 1908$ gibt Zahlentafel 2 (Anhang) eine Dampfleitung von $d = 150$ mm Durchm. an. Es ist nun zu ermitteln, ob der Druckverlust den zugelassenen Spannungsabfall von 0,2 ata nicht überschreitet.

Entsprechend $\gamma \cdot v = 33,5$ ist bei $d = 150$ mm Durchm. ein Mittelwert β aus der Zahlentafel zu entnehmen, welcher zwischen $\beta = 0,000095$ (bei $\gamma \cdot v = 30$) und $\beta = 0,000091$ (bei $\gamma \cdot v = 40$) liegt. Durch Interpolation ergibt sich für $\gamma \cdot v = 33,5$ ein

$$\beta = 0,0000936.$$

Für $l = 120$ und $v = 25$ ergibt sich dann:

$$\Delta p = \beta \cdot l \cdot \frac{\gamma \cdot v}{d} \cdot v$$

$$= 0,0000936 \cdot 120 \cdot \frac{33,5}{150} \cdot 25$$

$$\Delta p \cong 0,06 \text{ ata}.$$

Der Druckverlust des Leitungsstranges ist also gering. Es ist aber zu beachten, daß noch die Einzelwiderstände, wie Ventile, Krümmer, Wasserabscheider oder Entöler dazukommen. Bei guten Konstruktionen beträgt der Druckverlust im Entöler bzw. Wasserabscheider allein etwa 10 mm QS = 0,013 ata.

Bezeichnet man den Einzelwiderstand eines Bogens, Knies oder Ventils mit R, so kann derselbe — bezogen auf den Widerstand Δp der geraden Rohrleitung — nach Brabbée[1]) überschläglich wie folgt berechnet werden:

Es ist:

R für Bogen und Knie $= \Delta p$ für 1—1,5 m gerade Rohrleitung von gleichem Durchmesser,

R für $\left\{ \begin{array}{l} \text{Durchgangschieber} \\ \text{Durchgangshähne} \end{array} \right\} = \Delta p$ für 4 m gerade Rohrleitung von entsprechendem Durchmesser,

R für Ventile $= \Delta p$ für 10—40 m gerade Rohrleitung von entsprechendem Durchmesser.

Auf gute Ventilkonstruktionen ist also sorgsam zu achten.

Über die zulässigen Dampfgeschwindigkeiten ist folgendes zu sagen: Wird der Dampf für die Krafterzeugung gebraucht,

---

[1]) Rietschel-Brabée, „Leitfaden zum Berechnen und Entwerfen von Lüftungs- und Heizungsanlagen". Verlag Springer.

232

so soll die Geschwindigkeit desselben ≤ 16 m/sek sein, denn mit steigender Geschwindigkeit steigt auch der Druckabfall und dieser Druckabfall bedeutet Energieverlust. Kommt der Dampf für Fabrikationszwecke in Frage, so können höhere Dampfgeschwindigkeiten zugelassen werden.

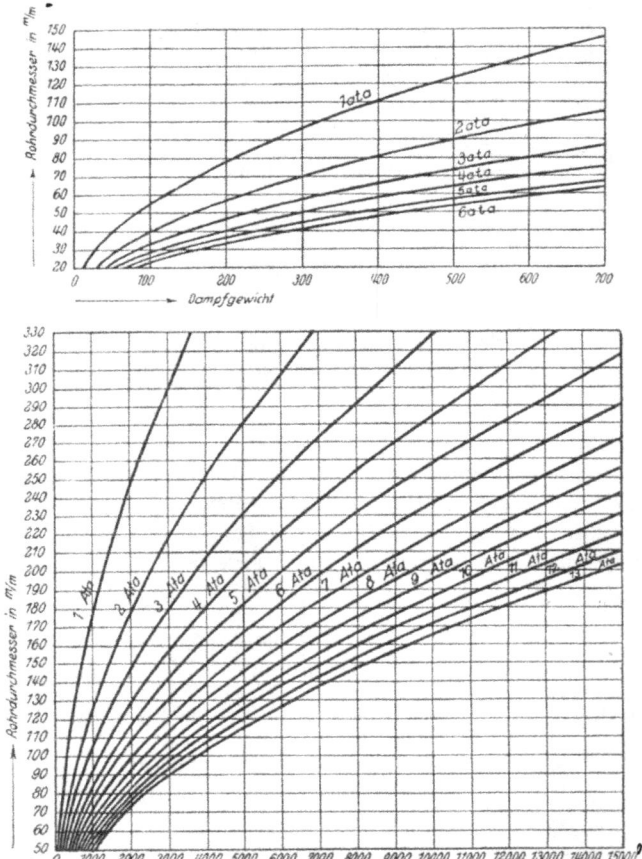

Abb. 130a u. b. Abhängigkeit des Rohrdurchmessers vom Dampfgewicht und dem Dampfdruck.

Besonders vorsichtig muß verfahren werden bei der Fortleitung des Abdampfes von Antriebsmaschinen. Hier muß möglichst an Druckabfall gespart werden, denn die Erhöhung eines Druckabfalles wirkt rückwirkend auf die Maschine ein und vermindert mit wachsendem Gegendruck die Leistung derselben. Abb. 130 a u. b zeigen die Abhängigkeit des Rohrdurchmessers von dem Dampfgewicht bei den verschiedenen Dampfdrücken für gesättigten Dampf von 20 m/sek, welche als Durchschnittsgeschwindigkeit angenommen werden kann.

3. Die übrigen Kesselhausleitungen.

Der Leitungsdurchmesser kann nach der Formel

$$d = \sqrt{\frac{G \cdot 4}{3600 \cdot \gamma \cdot v \cdot \pi}} \text{ m}$$

berechnet werden. Diese Formel leitet sich aus der Beziehung:

$$\frac{d^2 \pi}{4} \cdot v = \frac{G}{3600 \cdot \gamma}$$

ab und ist infolgedessen auch für Dampf verwendbar.

Es bedeutet:

d — den lichten Leitungsdurchmesser in m,

G — das stündliche Flüssigkeitsgewicht in kg,

v — die Geschwindigkeit in m/sek,

γ — das spezifische Gewicht der Flüssigkeit, welches bei Wasser mit 1000 einzusetzen ist ($1 \text{ m}^3 = 1000 \text{ kg}$).

Der Druckverlust ist nach Fischer und Gutermuth[1])

$$\Delta p = \frac{0,00105 \cdot \gamma \cdot l}{10\,000 \cdot d} \cdot v^2,$$

wobei Δp — den Druckverlust in ata,

l — die Leitungslänge in m bedeutet.

Die Wassergeschwindigkeit v wählt man in der Regel mit 0,5 m/sek.

Die Kesselablaßzweigleitungen erhalten 50 l. Durchm., die Ekonomiser-Ablaßleitungen ebenfalls und die Überhitzer-Ablaßleitungen 25 l. Durchm. Gewöhnlich werden sämtliche Ablaßleitungen in einer Sammelleitung vereinigt, welche je nach Größe der Anlage 80—125 l. Durchm. erhält.

Die Ekonomiser-Überlaufleitungen von 50 l. Durchm. münden in eine Sammelleitung von 80—100 l. Durchm., welche das Überlaufwasser in den Speisewasserbehälter zurückführt.

---

[1]) Z. d. V. d. I. 1887.

4. Das Rohrleitungsmaterial.

Als Material kommt hauptsächlich Schmiedeeisen und Stahl in Betracht.

Gußeisen verwendet man für Wasser- und Abflußleitungen, die hohen Temperaturen nicht ausgesetzt sind, für Dampfleitungen sind Gußrohre nicht verwendbar, da sie gegen die bei der Erwärmung auftretenden Spannungen nicht widerstandsfähig genug sind.

Bei Niederdruckdampfheizungen kommen schwarze und im Sonderfall auch verzinkte schmiedeeiserne Rohre zur Anwendung (und zwar von 2½″—65 mm Durchm., im lichten stumpfgeschweißten Rohre mit Muffenverbindung, und darüber hinaus patentgeschweißte Siederohre). Für ganz bestimmte Sonderzwecke und für sehr kleine Rohrdurchmesser kommt als Material zuweilen auch Kupfer in Frage.

Zur Weiterleitung von hochgespanntem und überhitztem Dampf werden nahtlose Mannesmann-Stahlrohre verwendet. Sie werden auf einen Druck von 50 ata mit kaltem Wasser geprüft. Ihre Abmessungen sind die gleichen wie die der Siederohre.

Der Verband deutscher Centralheizungsindustrieller empfiehlt für Zentralheizungsanlagen starkwandige Muffenrohre, welche unter der Bezeichnung „Verbandsrohr" hergestellt werden. Die äußern Durchmesser sind die gleichen wie die des gewöhnlichen Muffenrohres. Die Wandstärken sind dagegen größer. Es soll hiermit das Schwächen der Wandstärken beim Aufschneiden des Gewindes und das Abrosten des Rohres im Laufe der Zeit berücksichtigt werden.

Die Zahlentafeln 39—41 bringen die Abmessungen, Gewichte, Oberflächen und Inhalte von schmiedeeisernen, patentgeschweißten Siederohren (Tafel 39), schmiedeeisernen Gewindemuffenrohren (40) und Verbandsmuffenrohren (41).

Die Verbindung der einzelnen Rohrleitungsstücke untereinander geschieht durch Muffen aus Temperguß oder durch Flanschen. Bei Hochdruckdampfleitungen werden die Stoßstellen durch aufgedrillte Flanschen miteinander verbunden. Diese sind mit kurzem Hals und Nut oder Feder versehen, um ein Herausdrücken der Dichtung zu vermeiden. Um die

Zahlentafel 39.

Durchmesser, Wandstärken, Gewichte, Oberflächen und Inhalt von schmiedeeisernen, patentgeschweißten Siederohren.

Äußerer Durchmesser Zoll engl.	1	$1^1/_4$	$1^1/_2$	$1^5/_8$	$1^3/_4$	$1^7/_8$	2	$2^1/_8$	$2^1/_4$	$2^3/_8$	$2^1/_2$	$2^5/_8$	$2^3/_4$	$2^7/_8$	3
Äußerer Durchmesser mm	26	32	38	41,5	44,5	47,5	51	54	57	60	63,5	66	70	73	76
Innerer Durchmesser mm	21,5	27,5	33,5	37	40	43	46	49	51,5	54	57,5	60	64	67	70
Wandstärke . . . . . mm	$2^1/_4$	$2^1/_4$	$2^1/_4$	$2^1/_4$	$2^1/_4$	$2^1/_4$	$2^1/_2$	$2^1/_2$	$2^3/_4$	3	3	3	3	3	3
Gewicht eines m Rohr . kg	1,31	1,63	1,97	2,17	2,32	2,49	2,97	3,15	3,65	4,20	4,45	4,61	4,90	5,13	5,35
Oberfläche „ „ „ . m^2	0,0817	0,1005	0,1194	0,1304	0,1398	0,1492	0,1602	0,1697	0,1791	0,1885	0,199	0,207	0,220	0,229	0,239
Wasserinhalt „ „ . . l	0,363	0,594	0,881	1,075	1,257	1,452	1,662	1,886	0,083	2,290	2,60	2,83	3,22	3,53	3,85

Äußerer Durchmesser Zoll engl.	$3^1/_4$	$3^1/_2$	$3^3/_4$	4	$4^1/_4$	$4^1/_2$	$4^3/_4$	5	$5^1/_4$	$5^1/_2$	$5^3/_4$	6	$6^1/_4$	$6^1/_2$	$6^3/_4$	7	$7^1/_4$
Äußerer Durchmesser mm	83	89	95	102	108	114	121	127	133	140	146	152	159	165	171	178	185
Innerer Durchmesser mm	76,5	82,5	88,5	94,5	100,5	106,5	113	119	125	131	137	143	150	156	162	169	174
Wandstärke . . . . . mm	$3^1/_4$	$3^1/_4$	$3^1/_4$	$3^3/_4$	$3^3/_4$	$3^3/_4$	4	4	4	$4^1/_2$	$4^1/_2$	$4^1/_2$	$4^1/_2$	$4^1/_2$	$4^1/_2$	$4^1/_2$	$5^1/_2$
Gewicht eines m Rohr . kg	6,35	6,78	7,30	9,01	9,56	10,10	11,46	12,03	12,65	14,90	15,56	16,22	17,00	17,65	18,31	19,08	24,10
Oberfläche „ „ „ . m^2	0,261	0,280	0,298	0,320	0,339	0,358	0,380	0,399	0,418	0,440	0,459	0,478	0,500	0,518	0,537	0,559	0,581
Wasserinhalt „ „ . . l	4,60	5,44	6,15	7,01	7,93	9,03	10,03	11,12	12,27	13,48	14,31	16,06	17,67	19,11	20,61	22,43	23,78

Äußerer Durchmesser Zoll engl.	$7^1/_2$	$7^3/_4$	8	$8^1/_4$	$8^1/_2$	$8^3/_4$	9	$9^1/_4$	$9^1/_2$	$9^3/_4$	10	$10^1/_4$	$10^1/_2$	$10^3/_4$	11	$11^1/_2$	12
Äußerer Durchmesser mm	191	197	203	210	216	223	229	235	241	247	254	260	267	273	279	292	305
Innerer Durchmesser mm	180	186	192	197	203	210	216	222	228	234	241	246	253	258	264	277	290
Wandstärke . . . . . mm	$5^1/_2$	$5^1/_2$	$5^1/_2$	$6^1/_2$	$6^1/_2$	$6^1/_2$	$6^1/_2$	$6^1/_2$	$6^1/_2$	$6^1/_2$	$6^1/_2$	7	7	$7^1/_2$	$7^1/_2$	$7^1/_2$	$7^1/_2$
Gewicht eines m Rohr . kg	24,93	25,70	26,60	32,40	33,20	34,40	35,30	36,50	37,20	38,20	39,50	43,40	44,50	48,70	49,60	52,10	54,70
Oberfläche „ „ „ . m^2	0,600	0,619	0,638	0,660	0,679	0,701	0,719	0,738	0,757	0,776	0,798	0,817	0,839	0,858	0,877	0,917	0,958
Wasserinhalt „ „ . . l	25,45	27,17	28,96	30,48	32,37	34,64	36,64	38,71	40,83	43,01	45,62	47,53	50,27	52,28	54,74	60,26	66,05

Zahlentafel 40.

Durchmesser, Wandstärken, Gewichte, Oberflächen und Inhalt von schmiedeeisernen Gewindemuffenrohren.

Innerer Durch- messer	Zoll engl.	1/8	1/4	3/8	1/2	5/8	3/4	7/8	1	1 1/4	1 1/2	1 3/4	2	2 1/4	2 1/2	2 3/4	3	3 1/2	4
	mm	6	8 3/4	11 1/2	15	17 1/2	20 1/2	22 1/2	26	35	40 1/2	44 1/4	51 1/2	62 1/2	68	74	80 1/2	93	104
Äußerer Durchmesser	mm	10	13 1/4	16 1/2	20 1/2	23	26 1/2	29	33	42	48	53 1/4	59	70	76	82 1/2	89	102	114
Wandstärke	mm	2	2 1/4	2 1/2	2 3/4	2 3/4	3 1/4	3 1/4	3 1/2	3 1/2	3 3/4	3 3/4	3 3/4	3 3/4	4	4 1/4	4 1/4	4 1/2	5
Gewicht eines m Rohr .	kg	0,40	0,60	0,80	1,20	1,50	1,70	2,00	2,50	3,40	4,20	4,50	5,50	6,50	7,50	8,00	9,00	10,50	12,50
Oberfläche „ „	m²	0,031	0,041	0,052	0,064	0,072	0,083	0,091	0,104	0,132	0,151	0,163	0,185	0,22	0,239	0,259	0,280	0,320	0,358
Wasserinhalt „ „	l	0,03	0,06	0,10	0,18	0,24	0,33	0,40	0,53	0,96	1,29	1,54	2,08	3,07	3,63	4,30	5,09	6,79	8,50

Zahlentafel 41.

Durchmesser, Wandstärken, Gewichte, Oberflächen und Inhalt von schmiedeeisernen Verbandsmuffenrohren.

Innerer Durchmesser	Zoll engl.	3/8	1/2	3/4	1	1 1/4	1 1/2	1 3/4	2	2 1/2
	mm	11,25	14,50	20,00	25,50	34,00	39,50	43,25	49,50	65,50
Äußerer Durchmesser . .	mm	16,50	20,50	26,50	33,00	42,00	48,00	52,00	59,00	76,00
Wandstärke	mm	2 5/8	3	3 1/4	3 3/4	4	4 1/4	4 3/8	4 3/4	5 1/4
Gewicht eines m Rohr .	kg	0,88	1,26	1,87	2,68	3,74	4,62	5,06	6,38	9,10
Oberfläche „ „ . . .	m²	0,052	0,064	0,083	0,104	0,132	0,151	0,163	0,185	0,239
Wasserinhalt „ „ . . .	l	0,10	0,17	0,31	0,51	0,91	1,23	1,47	1,92	3,37

Zahl der Flanschenstellen zu verringern, werden heute gerne die einzelnen, aneinander stoßenden Rohre autogen zusammengeschweißt. Die Anlage bekommt hierdurch nicht nur ein gutes Aussehen, sondern es wird auch eine Verringerung der Wärmeverluste an den Flanschenstellen erzielt. Anderseits ist eine solche Anlage schwer zu demontieren, auch wird die Auswechselung beschädigter Anlageteile sowie der später etwa notwendig werdende Einbau neuer Teile (wie z. B. Abzweigstücke) in eine solche autogen geschweißte Rohrleitung sehr erschwert.

5. Die Lagerung der Rohrleitungen.

Leichte Muffenrohre werden in Bandeisenschleifen aufgehängt oder mit Rohrschellen befestigt. Die Durchführung durch Decken und Wände soll mittels Rohrhülsen geschehen, weil ein erwärmtes Rohr stets der Ausdehnung durch die Wärme unterliegt und sich deshalb in seiner Längsrichtung frei bewegen muß.

Abb. 131. Lagerung und Aufhängung der Rohrleitungen innerhalb von Gebäuden.

In Werksräumen werden die Rohrleitungen gewöhnlich frei vor den Wänden verlegt; in Wohn- und Bureaugebäuden legt man dieselben in besondere zu diesem Zwecke vorgesehene Rillen oder Schächte im Mauerwerk, welche dann durch eine Flachschicht von Mauersteinen oder durch Gipsdielen nach der Verlegung verputzt werden.

Lange horizontale Leitungen erfordern ganz besondere Aufmerksamkeit beim Verlegen, weil auf die Auffangung von Schüben — und dies ganz besonders bei Hochdruckdampfleitungen — infolge Dehnung sorgsam geachtet werden muß. Zur Abfangung der Schübe darf der Leitung nur eine Dehnungsmöglichkeit in der Wagerechten erlaubt werden; sie darf sich also nicht nach oben oder unten durchbiegen.

Die Leitung muß zunächst einmal verschiebbar in Schlingen, Rollen, beweglichen Schlitten oder Radgestellen gelagert werden (s. Abb. 131).

Dann aber müssen Längenausgleicher vorgesehen werden, und zwar alle 30 m in horizontaler Strecke. Als Längenausgleicher werden Kompensationsbogen gewählt, und zwar werden diese zumeist aus dem Rohr selbst hergestellt, sie sind so zu biegen, daß der Krümmungshalbmesser jedes Bogens mindestens dem fünffachen Durchmesser des Rohres entspricht.

Bei Fernleitungen wird man aber durch die Lage der Rohre selbst Kompensation in die Leitungen bringen können, indem man kleine Umwege macht, oder, bei geraden Strecken, dem Rohre selbst eine Durchbiegung von vornherein gibt, die es bei der Erwärmung dann befolgt, während es zu beiden Seiten in Festpunkten eingespannt ist.

Die Schuberscheinungen treten in erheblichem Maße nur beim Anlassen der Leitung auf; sie müssen durch sorgsame Vorwärmung der Leitung vor dem Anlassen möglichst ausgeglichen werden. Da aber bei Hochdruckdampfleitungen die Schuberscheinungen ungleich heftiger auftreten, wie bei Niederdruckdampfleitungen, sind vorsichtshalber an den Hauptventilen kleine Umgehungsventile vorzusehen.

Die Auflagerung hat so zu geschehen, daß der Wärmeschutz weder unterbrochen werden muß, noch beschädigt werden kann. Am besten umhüllt man zu diesem Zwecke die Schutzmasse an beweglichen Aufhängestellen mit einem Blechmantel, welcher dann gleichzeitig zur Befestigung der beweglichen Lager dienen kann. Die notwendigen Festpunkte werden zweckmäßig an Abzweigstücke oder an den Entwässerungsstellen angeordnet.

Über die Lagerung von Fernleitungen, welche sich über größere Versorgungsbezirke erstrecken, hat Verfasser das

Notwendige in seinem VdI-Taschenbuche „Abwärmeverwertung zur Heizung und Krafterzeugung", S. 175 u. f., gesagt.

6. Das Dichtungsmaterial.

Als Dichtungsmaterial kommt für Dampfleitungen bei niedrigem Drucke in Firnis gut getränkter Asbest, bei hohem Drucke Klingerit oder ein diesem gleichwertiges Material in Anwendung. Bei Warmwasserfernleitungen verwendet man ebenfalls Klingerit o. dgl., auch in Firnis gekochte Pappscheiben sind ein gutes Dichtungsmaterial für Warmwasserleitungen.

7. Grundsätzliches über den Entwurf eines Leitungsnetzes.

Bei dem Entwurf eines Leitungsstranges muß zunächst stets die kürzeste Verbindung zwischen der Lieferstelle und dem Verbraucher eingehalten werden, dabei müssen scharfe kurze Winkel und Kniestücke bei Ausbiegungen im Leitungszuge vermieden und durch gut geschweifte Bögen ersetzt werden, um die Rohrleitungswiderstände — soweit angängig — herabzudrücken.

Liegen die örtlichen Verbraucher fest, so ist bei dem Entwurf des Netzes, welches die Zentrale mit den Verbrauchern verbinden soll, auf die Wahl des zweckmäßigsten Rohrdurchmessers der Leitung größter Wert zu legen. Dieser richtet sich nach dem in der betreffenden Leitung zulässigen Spannungsabfall und der Durchflußmenge. Zwischen dem zulässigen Spannungsabfall und dem geringsten Rohrdurchmesser ist aus Gründen der Herabminderung der Anlagekosten, von Fall zu Fall der zweckmäßigste Mittelweg aus der Erfahrung heraus festzustellen. Jedenfalls ist der Spannungsabfall so groß wie möglich und der Enddruck am Ausfluß der Leitung dementsprechend so niedrig wie eben zulässig zu wählen.

Auch der beste Wärmeschutz kann nicht verhüten, daß sich in Dampfleitungen ein Teil des Dampfes durch Abkühlung als Kondensat niederschlägt. Dieses sich bildende Kondenswasser muß selbsttätig aus der Leitung entfernt werden. Zu diesem Zwecke muß die Dampfleitung mit Gefälle verlegt werden. Sollte es nicht möglich sein, das Gefälle in der Strömungsrichtung des Dampfes (Vorwärtsgefälle) zu verlegen, z. B. infolge baulicher oder Geländehindernisse, so ist es zweckmäßig, die Streckenstücke, in denen das Kondensat mit in die Höhe gerissen werden soll, möglichst kurz zu machen und möglichst steil zu verlegen. Dadurch erhält die Leitung ein sägeförmiges Aussehen. An den tiefsten Punkten der Leitung, und zwar ganz gleich, welche Art der Verlegung gewählt wird, muß eine selbsttätige Entwässerung mit Hilfe von Kondenstöpfen und Kondensleitungen stattfinden. Diese Kondenstöpfe bilden eine sehr wichtige Armatur bei Abwärmeverwertungsanlagen, weil sie bei nicht sorgfältiger Wartung oder bei schlechter Konstruktion eine Hauptfehlerquelle für die Wärmewirtschaftlichkeit der Heizungsanlage darstellen. Sie werden unter Armaturen (II D) besprochen werden.

Die zumeist aus Schmiedeeisen hergestellten Kondenswasserleitungen müssen alle vier bis sechs Betriebsjahre erneuert werden, da sie durch das Dampfkondensat und besonders durch den von diesem mitgeführten Luftsauerstoff zerfressen werden. Schon nach kurzer Betriebszeit bilden sich Sauerstoff und Kohlensäurezerfressungen. Diese können nur auftreten, weil das Kondenswasser durch seine chemische Reinheit keinen Stein ansetzt, der die Rohre durch seinen Belag vor solchen Gaskorrosionen schützt. Es ist deshalb erforderlich, die Kondenswasserleitungen an geeigneten Stellen durch kleine selbsttätige Ent- und Belüfter zu entlüften. Es ist ferner darauf zu achten, daß die Kondenswasserleitung durch eine kurze Schleife am Ende der Leitung unter Wasserverschluß gesetzt wird, und zwar so, daß sie ständig voll Wasser steht.

Bei den Kondenswasserleitungen treten natürlich auch Dehnungsschübe auf. Da sie nun zumeist gleichgerichtet mit den Dampfleitungen verlaufen, werden zweckmäßig ihre Festpunkte unter denen der Dampfleitung angeordnet, schon allein um zu verhüten, daß bei etwa nicht gleichgerichteter Dehnungsbewegung beider Leitungen, die Kondenswasserleitung von der Hauptdampfleitung abreißt.

Zu achten ist bei Dampfleitungen noch darauf, daß vor dem Anschluß einer solchen an eine Dampfkraftmaschine ein gut arbeitender Wasserabscheider in die Leitung eingebaut wird, welcher mit einem sicher arbeitenden Kondenstopf in Ver-

bindung steht. Im Wasserabscheider nimmt der Dampf durch
Querschnittserweiterung eine geringere Geschwindigkeit als in
der Rohrleitung an, um bei seinem Austritte die frühere wieder
anzunehmen. Das mitgeführte Wasser muß sich infolge seines
größeren spez. Gewichtes abscheiden, der Dampf wird ent-
wässert. Konstruktionen von Wasserabscheidern werden
unter Armaturen besprochen werden.

Bei Warmwasser-Pumpenheizungen geschieht die
Entlüftung am besten durch ein besonderes Rohr, welches
dem nächsten Expansionsgefäß zugeleitet wird. Ist aber die
Entfernung zu groß, so bringt man kleine Windkessel an den
höchsten Punkten der Strecke an, aus denen zeitweilig etwa
angesammelte Luft durch Öffnen eines Lufthahnes abgelassen
werden kann.

Das bei Warmwasser-Fernheizungen notwendige Pumpwerk hat die Reibungsarbeit beim Wasserumlauf sowie eine
etwa gleichbleibende Außenförderhöhe zu überwinden. Die
Reibungsarbeit ist abhängig von der Wassergeschwindigkeit.
Je größer aber einerseits die Wassergeschwindigkeit gewählt
wird — und damit auch größere Reibungswiderstände zugelassen werden — um so kleiner wird anderseits der Rohrdurchmesser der Leitung und damit die Anlagekosten. Zur
richtigen Wahl der Wassergeschwindigkeit ist folglich eine
Rentabilitätsermittlung notwendig, um festzustellen, unter
welchen Annahmen Betriebskosten und Anlagekosten zusammen ein Minimum darstellen. Die Art der Anlage bringt
den Vorteil mit sich, daß sie von keinen Geländeschwierig-
keiten abhängig ist, es muß aber an den Stellen, an welchen
die Möglichkeit von Luftansammlungen gegeben ist, für Vorrichtungen zur schnellen Entlüftung gesorgt werden. Bei
dem Entwurf des Rohrnetzes ist grundsätzlich auf möglichste
Widerstandsverringerung durch gute Führung der Leitung
zu sehen, weil diese Widerstände durch eine erhöhte Pumpen-
leistung dauernd überwunden werden müssen, welche stündlich Geld kostet. Aus diesem Grunde müssen auch die einzubauenden Schalt-, Absperr- und Abzweigorgane möglichst
geringen Widerstand besitzen.

Die ehemals durchweg verwendeten Kolbenpumpen haben
den rotierenden Pumpen Platz machen müssen. Der Vorteil

liegt in den geringeren Anlagekosten und besonders in dem gleichförmigen Umlaufen der Pumpen, wodurch lästige Schwingungen und Resonanzerscheinungen in der Leitung vermieden werden. Desgleichen können in der Leitung und in den an diese angeschlossenen Heizkörpern keine Drucksteigerungen wie bei Kolbenpumpen auftreten. Der Antrieb geschieht bei kleinen und mittleren Einheiten durch Elektromotor, bei großen Einheiten durch Dampfturbinen, deren Abdampf zur Wiedererwärmung des Umlaufwassers mitbenutzt werden kann.

Ein Ansaugen des Umlaufwassers durch das Pumpwerk ist nicht statthaft. Dasselbe ist möglichst an der kältesten Stelle der ganzen Umlaufleitung, d. h. möglichst nahe am Wiedererhitzer aufzustellen, da sonst unliebsame Störungen auftreten können. Ferner ist ein Ausdehnungsgefäß kurz vor dem Pumpwerk in die Kaltwasserrücklaufleitung einzuschalten. Für die Höhenlage der Ausdehnungsgefäße ist maßgeblich, daß die Summe aus dem statischen und dynamischen Druck höchstens = 40 bis 50 m WS max. betragen darf; da die gußeisernen Heizflächen auf 60 m WS abgedrückt werden, und bei Bemessung der Höhe des Ausdehnungsgefäßes ein reichlicher Sicherheitsfaktor gelassen werden muß. Außerdem müssen in jedem Gebäude — welches an eine Fernwarmwasserheizung angeschlossen ist —, und zwar am höchsten Punkt, geschlossene Ausdehnungsgefäße mit Entlüftungseinrichtung eingebaut werden.

8. Der Wärmeschutz für Rohrleitungen[1]).

Die Wirtschaftlichkeit eines Betriebes hängt wesentlich davon ab, in welchem Grade die unvermeidlichen Verluste vermindert werden. Ebenso, wie man bei einer Dampfkesselanlage die noch in den abziehenden Rauchgasen enthaltene Wärme zur Speisewasser- oder Luftvorwärmung auszunutzen sucht, um die Verluste so gering als möglich zu gestalten, so können auch die Wärmeverluste der zur Fortleitung von Dampf oder heißen Flüssigkeiten bestimmten Leitungen durch

---

[1]) Näheres siehe Hütte I, ,,Bewegung der Gase und Dämpfe durch Rohrleitungen".

zweckmäßigen Wärmeschutz auf ein Mindestmaß eingeschränkt werden, sofern nur die einmaligen Ausgaben und ihre Verzinsung hierfür nicht die durch die Verluste verursachten Kosten selbst überschreiten.

Es ist deshalb zu untersuchen, wie hoch diese Verluste im Jahre sind; ihnen müssen die einmaligen Ausgaben für Wärmeschutz, deren Verzinsung und Amortisation gegenübergestellt werden.

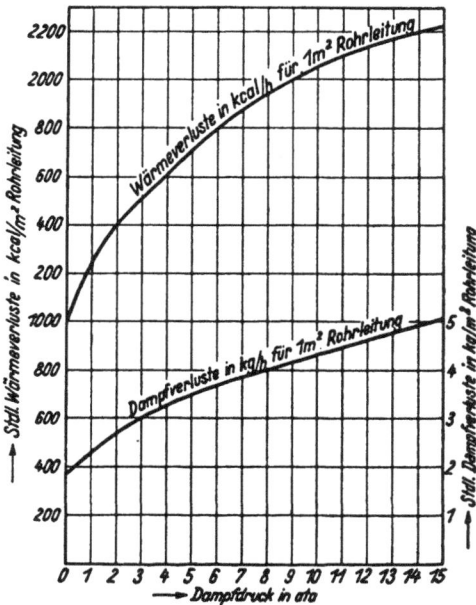

Abb. 132. Stündliche Dampf- bzw. Wärmeverluste bei nackten Rohrleitungen.

Bei der Anwendung von Wärmeschutzmitteln — insbesondere für Dampf, Warmwasserleitungen und Behälter, welche mit Dampf oder heißen Flüssigkeiten gefüllt sind u. a. m. — ist die Zahl der Betriebsstunden im Jahre zu berücksichtigen. Ist die Zahl dieser Betriebsstunden eine große, so wird ein guter aber meist dann auch teurer Wärmeschutz einem geringerwertigen und danach billigeren vorzuziehen sein.

Der Wärmeübergang an die umgebende Luft bei nackten Rohren erfolgt durch Leitung und Strahlung, und zwar ist dieser Wärmeverlust gleich

$$Q = k \cdot (t_1 - t_2),$$

in welcher Formel t_1 die Temperatur des Dampfes oder der heißen Flüssigkeit und t_2 die Temperatur der umgebenden Luft, k die Wärmedurchgangszahl und Q den Wärmeverlust bedeutet. Die Wärmedurchgangszahl k kann im Durchschnitt = 13 kcal/m²h⁰ angenommen werden. Wie groß die Wärme- oder Dampfverluste für nackte Rohrleitungen sind, geht aus dem Kurvenbild Abb. 132 deutlich hervor. Man ersieht aus diesem Schaubild, daß die Leitungsverluste mit dem Betriebsdruck steigen. Je niedriger der Betriebsdruck ist, desto geringer sind die Wärmeverluste. Schon hieraus folgt, daß der Dampf- druck für die Fabrikation und für die Heizung möglichst niedrig gehalten werden soll und daß man zweckmäßig den Dampf bei langen Leitungsstrecken bei niedrigem Druck hoch überhitzt, um die Leitungsverluste herunterzudrücken.

Durch den Wärmeschutz von heißen Kanälen, Leitungen, Kesseln, Speichern und anderen Apparaten sollen folgende Zwecke erreicht werden:

a) Es soll das Sinken der Temperatur des die Wärme leitenden Stoffes verhindert werden (Fernleitung), oder

b) es soll die Wärme zusammengehalten werden (Kessel, Speicher, Apparate), oder

c) es soll die Erwärmung der umgebenden Räume ver- hindert werden.

Zumeist werden mehrere der angegebenen Zwecke zu- gleich verfolgt. Besonders wichtig ist im Rahmen des vor- liegenden Buches die Zweckerreichung von a) und b).

Die Höhe des Wärmeverlustes W_s einer nicht umhüllten Dampfleitung, läßt sich nach Eberle aus der Formel ermitteln:

$$W_s = F\,k\,(\vartheta_m - t_0),$$

worin F die äußere Rohroberfläche einschließlich der Flan- schenoberfläche in m², ϑ_m die mittlere Dampftemperatur zwischen Anfang und Ende der Leitung und t_0 die Temperatur der umgebenden Luft bedeutet. Ist das Dampfgewicht $= D$ kg und die spezifische Wärme $= c$, so ist der Temperaturverlust:

$$\Delta t = \frac{W_s}{c \cdot D} \cdot$$

Die Wärmedurchgangszahl kann nach Eberle:

für Sattdampf: $k = 8 + 0{,}04\, \vartheta_m$ kcal/m²h⁰, und

„ Heißdampf: $k = 8 + 0{,}036\, (\vartheta_m - \Delta\vartheta)$ kcal/m²h⁰

gesetzt werden. Es ist zu beachten, daß bei Heißdampf ein Temperaturunterschied von $\Delta\vartheta^0$ zwischen Dampf und Wandung, durch Einführung von $\vartheta_m - \Delta\vartheta$ in obige Formel berücksichtigt werden muß. Bei Sattdampf dagegen ist $\Delta\vartheta$ unwesentlich klein und kann fortgelassen werden.

Die Formel für W_s zeigt, daß die Rohroberfläche zur Einschränkung der Wärmeverluste möglichst klein gehalten werden muß. Dies kann durch Zulassen einer hohen Dampfgeschwindigkeit bis zu 60 m/sek erreicht werden, allerdings wieder unter Inkaufnahme eines erheblichen Druckverlustes. Die Bedenken werden aber durch die Erwägung verringert, daß durch Drosselung von Sattdampf eine Trocknung des Dampfes bewirkt wird.

Die isolierende Wirkung der Wärmeschutzmittel beruht auf der geringen Wärmeleitfähigkeit der in den Poren des Schutzstoffes eingeschlossenen Luft, jedoch dürfen die Luftporen nicht zu groß sein, damit eine möglicherweise eintretende Wärmeübertragung durch Luftströmung unterbunden wird, schon weil die Wärmeübertragung durch Strahlung mit wachsender Temperatur erheblich zunimmt. Aus diesem Grunde ist die Güte des Wärmeschutzstoffes von der gleichmäßigen und feinen Struktur der Poren und einem geringen Leitvermögen der begrenzenden festen Bestandteile abhängig. Die Güte ist also eindeutig durch die Wärmeleitzahl λ bestimmt.

Die Wärmeleitzahl λ ist eine Materialkonstante, welche von der Form des Körpers unabhängig ist. Je kleiner ihr Wert ist, desto besser ist die isolierende Wirkung des Stoffes.

Allgemein wächst λ bei allen Schutzstoffen mit der Temperatur. Aus diesem Grunde muß bei der Wertangabe von λ die Bezugstemperatur hinzugefügt werden. Die in den nachfolgenden Zahlentafeln 42—44 angegebenen Werte für λ beziehen sich — wie allgemein üblich — auf Wärmeschutzstoffe in völlig trockenem Zustand.

Für die Beurteilung des Wertes der Isolierung ist die Angabe des Raumgewichtes γ in kg/m³ wesentlich, weil durch das Raumgewicht der Materialaufwand und die Belastung der isolierten Teile mit Wärmeschutzmasse gekennzeichnet wird.

Die folgende Erwägung zeigt die Wichtigkeit der Einführung des Raumgewichts γ: Die Wärmeschutzstoffe speichern während des Betriebes eine gewisse Wärmemenge auf. Wird nun der Betrieb durch Feierschichten unterbrochen, so strahlt die in den Schutzstoffen aufgespeicherte Wärme allmählich aus und stellt somit einen zusätzlichen Wärmeverlust dar, welcher bei Wiederinbetriebnahme gedeckt werden muß und dessen Größe durch die spez. Wärme der Volumeneinheit bestimmt ist. Da aber c bei den in Betracht kommenden Stoffen nur wenig schwankt, so gibt schon das Raumgewicht eine genügende Kennzeichnung für die Speicherfähigkeit. Liegt ein ununterbrochener Betrieb vor, so entfällt der oben besprochene Wärmeverlust. Man wird daher bei unregelmäßigem und oft unterbrochenem Betriebe, bei gleichem λ den Stoff mit dem geringeren Raumgewicht vorziehen.

Im übrigen wird von der Wärmeschutzmasse Haltbarkeit und eine gewisse Festigkeit verlangt. Es dürfen durch hohe Temperaturen oder durch starke Temperaturschwankungen bei Betriebsbeginn oder Schluß oder durch Schütterbewegungen keine Risse oder Lockerung der Isoliermasse eintreten. Es stehen aber Festigkeit und guter Wärmeschutz im Gegensatz zueinander. Man muß also einen Mittelweg einschlagen und auf Kosten eines besseren Wärmeschutzes sich mit einer geringeren Festigkeit des Materials begnügen.

Die Isolierstoffe können, soweit sie für die Abwärmetechnik in Betracht kommen[1]), in 3 Gruppen eingeteilt werden,

---

[1]) Die Gruppe für Temperaturen $< 0°$ kommt hier nicht in Frage, man verwendet als Isolierstoffe bei Temperaturen von 0 bis — 100° Asbest, Baumwolle oder Seide.

und zwar nach den Temperaturgrenzen, in welchen sie verwendbar sind.

Es umfaßt:

Gruppe a) die Wärmeschutzstoffe für mittlere Temperaturen von 0—120⁰,

„ b) die Wärmeschutzstoffe für mittlere Temperaturen von 100—600⁰,

„ c) die Wärmeschutzstoffe für mittlere Temperaturen von 200—1000⁰.

Gruppe a) Wärmeschutzstoffe für mittlere Temperaturen von 0—120⁰.

Siehe auch Zahlentafel 42 nach Prof. Gröber[1]).

(Die Werte der Zahlentafeln 42—44 sind lediglich Durchschnittswerte!)

In dieser Gruppe werden als Wärmeschutzstoffe verwendet:

1. Korkisolierung in Form von Platten, Schalen, Formstücken, in der Regel aus Korkschrot mit Bindemittel, wie Ton oder Leim (Korkstein) hergestellt, oder als loses Füllmaterial für Isolierschläuche aus Faserstoffen, welche um die zu isolierenden Rohre gewickelt werden.

2. Torf in Platten oder Schalen mit wasserabweisendem Bindemittel, ähnlich wie Kork, oder in loser Form verwendet.

3. Faserstoffe, Seidenabfälle, Baumwolle, Filz, Haare in Schnüren (Seidenzopf), Schläuchen oder Polster.

Die Verwendung von organischen Stoffen ist dabei auf Temperaturen bis 100⁰ beschränkt.

---

[1]) Siehe Prof. Gröber, Forschungsarbeiten Heft 104. Weiteres s. „Merkblatt für die wärmetechn. Bedeutung und Beurteilung der Wärmeschutzmittel", Archiv f. Wärmewirtschaft 1922, S. 682. Besonders wichtiges und vollständiges Material enthalten die Mitteilungen des Forschungsheims für Wärmeschutz. München, Heft 5, Dez. 1924.

Zahlentafel 42.

Wärmeschutzstoffe für mittlere Temperaturen von 0—120° C.

Wärmeschutzstoff:	Raumgewicht γ in kg/m³	Wärmeleitzahl λ in kcal/m h° für $t_m =$ [2])		
		0°	20°	40°
Platten aus Kork	150	0,038	0,040	—
„ „ Torf	300	0,051	0,054	—
„ „ Filz	600	0,076	0,080	—
Gips	800	0,20	0,21	—
	1200	0,35	0,36	—
Korkklein:				
Korngröße 3—5 mm . .	45	0,031	0,032	0,035
„ 3—5 „ . .	85	0,038	0,042	0,046
„ 1—2 „ . .	45	0,027	0,029	0,031
Seidenzopf	130	0,034	0,036	0,038
	150	0,039	0,042	0,045
Torfmull[1]), trocken . . .	190	0,040	0,041	—
„ normalfeucht	190	—	0,060	---
Sägemehl[1])	210	0,060	0,062	---
Strohfaser[1])	140	0,039	0,043	—

Gruppe b) Wärmeschutzstoffe für mittl. Temp. von 100—600°.

Siehe Zahlentafel 43 nach Prof. Gröber.

Zahlentafel 43.

Wärmeschutzstoffe für mittlere Temperaturen von 100—600° C.

Wärmeschutzstoff:	Raumgewicht γ in kg/m³	Wärmeleitzahl λ in kcal/m h° für $t_m =$ [2])			
		100	200	300	500
Gebrannte Kieselgursteine in					
Platten	300	0,075		0,101	0,125
Schalen	400	0,083		0,109	0,135
Steinen	600	0,110		0,135	0,160
Kieselgur, kalziniert	250—270	0,055	—		
	350	0,066	0,072	0,078	
	500	0,076	0,084	0,091	
Kieselgurmasse für Rohre .	600	0,093	0,100	0,107	
	700	0,111	0,118	0,124	
	800	0,130	0,136	0,143	
Schlackenwolle	420	0,073	0,082	0,090	
Glaswolle:					
regellos gestopft	410	0,064	0,086	0,108	
Fasern, parallel liegend . .	220	0,043	0,057	0,170	
Asbest	580	0,167	0,180	0,186	

[1]) Nur anwendbar, wenn Feuchtigkeitseinflüsse nicht vorhanden und geringe Haltbarkeit zulässig ist.

[2]) $t_m =$ mittlere Temperatur im Wärmeschutz.

Die Isolierstoffe dieser Gruppe bestehen im wesentlichen aus anorganischen Rohstoffen, es werden verwendet:

1. Gebrannte Isoliersteine aus Kieselgur + Tonzusatz + Korkschrot bzw. andere organische Beimengungen. Die organischen Beimengungen verbrennen beim Brennen der Steine und lassen Poren zurück, welche die Isolation bewirken.

2. Wärmeschutzmasse mit Wasser zu einem dicken Brei zusammengerührt, auf die zu isolierenden Gegenstände aufgestrichen und erhärtet. Zur Verwendung gelangen Kieselgur, Magnesia und Gichtstaub + Ton als Bindemittel, mit Zusätzen von anorganischen oder organischen Faserstoffen, zur Erhöhung der Festigkeit und Vermeidung der Rißbildung. Oft wird zuerst eine sogen. Hochdruckmasse mit Asbestfaserzusatz aufgebracht (zum Aushalten der hohen Temperaturen) und dieselbe mit einer Niederdruck- oder Nachstrichmasse, welche organische Beimengungen enthält (und weniger hitzebeständig ist), überstrichen.

3. Füllstoffe (für Isolierschläuche), und zwar Kieselgur, Magnesia, Gichtstaub (gewonnen durch Schwemmverfahren aus dem bei der Feinreinigung der Hochofengase anfallenden Staub), Schlackenwolle (hergestellt durch Zerspritzen flüssiger Schlacke im Dampfstrahl), Glaswolle (hergestellt durch Ausziehen von zähflüssigem Glase zu sehr dünnen Fäden), Naturbims, Hochofenschlacke, Asche und Kohlenschlacke.

Gruppe c) Wärmeschutzstoffe für Temp. von 200—1000°.

Siehe Zahlentafel 44 nach Prof. Gröber.

Zahlentafel 44.

Wärmeschutzstoffe für mittere Temperaturen von 200—1000° C.

Wärmeschutzstoff:	Wärmeleitzahl λ in kcal/m h° für $t_m =$		
	200°	600°	1000°
Silika-Steine	0,56	0,88	1,19
Dinas-Steine	0,74	0,93	1,13
Schamotte-Steine	0,51	0,66	0,82
Magnesit-Steine	1,15	1,29	1,43

Flanschen, Absperrorgane, Formstücke u. a. müssen, soweit angängig, sorgsam isoliert werden; denn der Wärmeverlust bei nackten Flanschen ist ebenso groß wie der eines nackten Rohres von gleicher Oberfläche, während der Wärmeverlust bei einem Ventil ebenso groß ist wie ein Meter nackten Rohres der an das Ventil angeschlossenen Leitung. Die Flanschen werden am besten mit Blechkapseln versehen und diese mit Kieselgur eingehüllt. Bei Ventilen werden sich immer Wärmeverluste einstellen, da sie wegen Handrad und Spindel nicht völlig in den Wärmeschutzstoff eingebettet werden können. Der Wärmeverlust läßt sich aber bei sorgsamer Isolierung der nicht bewegten Teile auf 25 v. H. des entsprechenden nackten Rohres durch Isolation verringern.

IID. Die Armaturen.

1. Die Armaturen im neuzeitlichen Dampfbetriebe.

Die sprunghafte Steigerung der Betriebsdrücke, aber vor allem die Notwendigkeit der Verbindung von neuangelegten Hoch- und Höchstdruckkesseln mit schon bestehenden Anlagen geringerer Spannung, ferner die selbsttätige Sicherung dieser Anlagen vor unerwünschten Beeinflussungen durch die andere Druckseite erfordern neuartige und sehr sorgfältig gearbeitete Armaturen. Die Einführung der Wärmespeicher mit ihren vielseitigen Anwendungsmöglichkeiten und Schaltungen, die zunehmende Zwischendampfentnahme und die Verwertung des Abdampfes ergeben neue und verschärfte Anforderungen an die Dampfarmaturen, wobei auf die Notwendigkeit streng zu achten ist, daß Druckabfälle in Dampfleitungen auf das geringste Maß beschränkt werden.

Bei Einrichtungen, wo Dampf zu Fabrikationszwecken, d. h. zu Heiz-, Trocken- oder Kochzwecken gebraucht wird, kommt es vielfach darauf an, diesen Verbrauchsstellen Dampf mit stets gleichbleibendem Druck zuzuführen.

Jede Veränderung des Dampfdruckes ändert die Wärmezufuhr. Menge und Güte der Ware werden jedoch dadurch sehr oft in mehr oder weniger hohem Maße beeinflußt, z. B. beim Trockenprozeß. Ein Zuwenig oder Zuviel verursacht oft Unannehmlichkeiten und Schäden. Bei chemischen und physikalischen Vorgängen, wo Wärme zugeführt wird, darf die Temperatur der Ware oft eine bestimmte Höhe nicht über- oder unterschreiten.

Dampf-, Förder- und Walzenzugmaschinen, Pressen, Dampfhämmer, Dampfspeicher u. dgl. benötigen die Einhaltung eines bestimmten Druckes, damit die Gewähr für eine ordnungsgemäße Arbeitsweise gegeben ist.

Vielfach benutzt man für vorstehende Zwecke besondere Kessel. Bei Vorhandensein eines sicher wirkenden Reglers könnten diese Maschinen jedoch von einer Hauptkesselbatterie mitversorgt werden, wodurch bedeutende Ersparnisse an Anlagekapital und Betriebskosten zu erzielen sind. Sollten bereits besondere Kessel für vorgenannte Maschinen bestehen und bleiben müssen, jedoch nicht leistungsfähig genug sein, so kann von der etwa bestehenden Hauptkesselbatterie, die meistens ja auch mit hohem Druck arbeitet, durch einen Regler entsprechend Zusatzdampf zugeführt werden.

Der für vorstehend erwähnte Vorgänge benötigte Dampf muß nun entweder ganz oder zum Teil aus hochgespannten Dampfleitungen, Dampfkesseln oder Dampfspeichern usw. entnommen werden, was nur mittels eines Druckminderapparates durchführbar ist. Durch diesen wird dann den Verbrauchsstellen der hochgespannte Dampf — gleichgültig ob es sich dabei um Satt- oder Heißdampf handelt — dem gewünschten Verbrauchsdruck entsprechend gemindert und mit dauernd konstantem Minderdruck zugeführt. Weder große Schwankungen des Hochdruckes, noch stark schwankende Dampfentnahmen dürfen dabei den eingestellten Minderdruck in irgendeiner Weise beeinflussen.

Wenn heute die Anschaffung eines neuen Kessels notwendig wird, so werden, entsprechend dem neuesten Fortschritt der Technik, vielfach Hoch- oder Höchstdruckkessel und vorausblickend dann meist auch größere Einheiten gewählt, als dem augenblicklichen Betriebe entspricht. Ein in seiner Heizfläche zu groß gewählter Kessel erzeugt nun bei voller wirtschaftlicher Ausnutzung mehr Dampf, als zurzeit die neuen Maschinen und Einrichtungen gebrauchen. Die bestehenden alten Kessel, welche noch mit niedrigen Kesseldrücken arbeiten, sind jedoch meistens überlastet und liefern infolgedessen nicht den erforderlichen Dampf. Kesselanlagen, die zu gering oder zu hoch belastet sind, arbeiten in beiden Fällen unwirtschaftlich.

Der sparsame Dampfbetrieb erfordert eine selbsttätige Zusammenarbeit beider Kesselgruppen. Diese notwendige Zusammenarbeit wird durch Einbau eines Überströmapparates gewährleistet.

Der Hochdruckkessel soll möglichst immer normal belastet sein, da er der wirtschaftlichst arbeitende Kessel ist. Bei Vorhandensein eines Dampfüberströmapparates kann die Spannung im Hochdruckkessel immer auf ca. 1,2—1,5 ata, je nach Wunsch und Einstellung, unter dem eigentlichen Kesseldruck gehalten werden. Der nun weiter erzeugte Überschußdampf wird dann durch den Überströmapparat zu den Niederdruckkesseln, Maschinen od. dgl., die nur für geringere Drücke gebaut sind, übergeleitet. Der Hochdruckkessel wird also nicht abblasen und kann immer normal und voll belastet arbeiten. Wird für den ganzen Betrieb zu viel Dampf erzeugt, so blasen zuerst die Sicherheitsventile der Niederdruckkessel ab und werden dann in der Feuerung zuerst zurückgehalten.

Bei der Verbindung ungleich gespannter Kessel wird zwecks Verhütung von Gefahren für die Niederdruckkessel usw. neben einem Rückschlagventil in vielen Fällen, je nach Lage der Betriebsverhältnisse, auch noch die Zwischenschaltung eines Dampfminderapparates erwünscht sein.

Bei Vorhandensein eines Überström- und Druckminderapparates wäre dann die Arbeitsweise der beiden ungleich gespannten Kesselgruppen derart, daß der Hochdruckkessel immer so lange Dampf zu der Niederdruckkesselbatterie überströmen läßt, als der Druck im Hochdruckkessel den am Überströmapparat eingestellten Druck nicht unterschreitet und die Niederdruckkessel noch nicht den zulässigen Druck, wie solcher durch den Minderapparat eingestellt ist, erreicht haben. Sobald der. Druck dort erreicht ist, läßt der Minderapparat keinen Dampf mehr vom Hochdruckkessel zu der Niederdruckkesselbatterie überströmen. Praktischerweise stellt man den Druckminderapparat eine Kleinigkeit über den Kesseldruck der Niederdruckkessel ein, so daß die Sicherheitsventile der Nieder-

druckkessel anfangen abzublasen, bevor der Minderapparat
die Dampfzufuhr vom Hochdruckkessel abgesperrt hat. Dies
ist dann für die Kesselwärter das Zeichen, die Feuerung der
Niederdruckkessel einzudämmen, während die Feuerung des
Hochdruckkessels in gleicher Weise weitergeht.

Auf diese Weise wird der Hochdruckkessel immer in der
bestmöglichsten und wirtschaftlichsten Weise ausgenutzt,
wodurch sich die Anschaffungskosten der Regler in kürzester
Zeit bezahlt machen.

Wo der Dampfdruck in einer Leitung, in Sammelbehältern,
Maschinen (Papiermaschinen, Kocher usw.), konstant gehalten
werden soll, kommt ein Stauapparat in Frage, namentlich
dort, wo es auf eine absolut sichere und genaue Druckhaltung
ankommt.

Das Hauptgewicht ist bei dem Stauapparat auf äußerst
hohe Empfindlichkeit zu legen, so daß schon bei der geringsten
Drucküber- bzw. -unterschreitung der Apparat in Tätigkeit
tritt. Bei Überschreitung des eingestellten Dampfdruckes läßt
der Stauapparat den überschüssigen Dampf in eine andere
Leitung, oder aber je nach Wunsch, durch den Auspuff ins
Freie.

Bisher bediente man sich zur Regelung des Dampfdruckes
in Ermangelung eines zuverlässigen Reglers noch sehr oft der
einfachen Regelung von Hand. Es ist jedoch nicht möglich,
auf diese Weise dauernd und zuverlässig die gewünschten und
erforderlichen Betriebszustände zu erreichen, nur eine selbsttätige Regelung kann neben der Ersparnis an Bedienungskosten einen ordnungsgemäßen Betrieb gewährleisten.

Soweit die Handregulierung schon ausgeschaltet wurde,
war man auf Dampfdruckregler angewiesen, die den an sie
gestellten Ansprüchen nicht entsprachen. Sie leiden alle
daran, daß der Druck durch einstellbare Federn, Membranen
od. dgl. geregelt wird.

Federn und Membranen haben aber verschiedene Nachteile, die nicht nur eine genaue Einregulierung ausschließen,
sondern auch die Lebensdauer der Apparate ungünstig beeinflussen.

Es kommt beispielsweise bei solchen Hilfsmitteln darauf
an, wie stark die Federn usw. zusammengedrückt werden,

da jeder Zusammenpressung der Federn usw. ein anderer Druck entspricht. Soll beispielsweise bei einem solchen Regulier-apparat einmal viel, einmal weniger Dampf durchströmen, so muß das Durchtrittsventil im ersteren Falle wesentlich mehr als im letzteren Falle geöffnet sein. Im ersteren Falle wird daher die Feder usw. wesentlich mehr gespannt sein als im letzteren, und der Dampfdruck, der die Federspannung erzeugen muß, wird einmal hoch, einmal gering sein, je nach-dem viel oder wenig Dampf gebraucht wird. Allmählich lassen Federn und Membranen aber auch in ihrer natürlichen Span-nung nach und werden dann gänzlich unbrauchbar.

Solche vollständig versagenden Reduzierventile kann man in fast jedem Betriebe beobachten. Auch die Regulier-ventile, die mit direkter Gewichtsbelastung arbeiten, bei denen also der gewünschte Druck durch eine Gewichtsbelastung des Ventiltellers erzeugt wird, lassen keine genauere Druckein-stellung zu, da die Bewegung der großen Gewichtsmassen schon bei kleinen Ventilen und geringen Druckunterschieden große Druckschwankungen erzeugen. Ein Dauererfolg ist aus-geschlossen; in kurzer Zeit treten laufend Betriebsstörungen ein, und Ersatzteile und Reparaturen werden notwendig.

Die Firma Albert Lob, Düsseldorf, hat nun einen ge-steuerten „Allo"-Druckregler auf den Markt gebracht, welcher sich seit seinem Auftauchen im letzten Jahre auf den meisten Zechen und Hüttenwerken Westfalens sehr schnell eingeführt hat und nach allem, was man hört, recht zufriedenstellend arbeitet. Abb. 133 u. 134 zeigen diesen Regler in Ansicht und Schnitt[1]).

Er besteht aus einem Durchlaßventil A und einem Steuer-ventil B. Auf das Steuerventil B ist das mit dem Gewicht C versehene Steuerorgan aufgebaut, welches das Durchlaß-ventil A steuert. Das Durchlaßventil A ist mit praktisch voll-kommen entlasteten Abschlußorganen ausgeführt und daher unempfindlich gegen Druckschwankungen. Das Steuerventil B ist mit dem am Manometer ablesbaren Dampfdruck in Ver-bindung. Es erfolgt die Betätigung des Steuerorgans durch den Dampfdruck. Das Steuerorgan und die Hebelübersetzung werden

[1]) Die „Allo"-Regler eignen sich sehr für Kesselanlagen mit parallel geschalteten Hochdruck-Dampfspeichern; s. Bd. II.

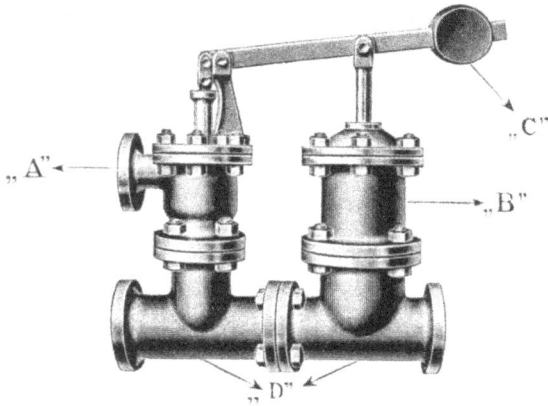

Abb. 133.

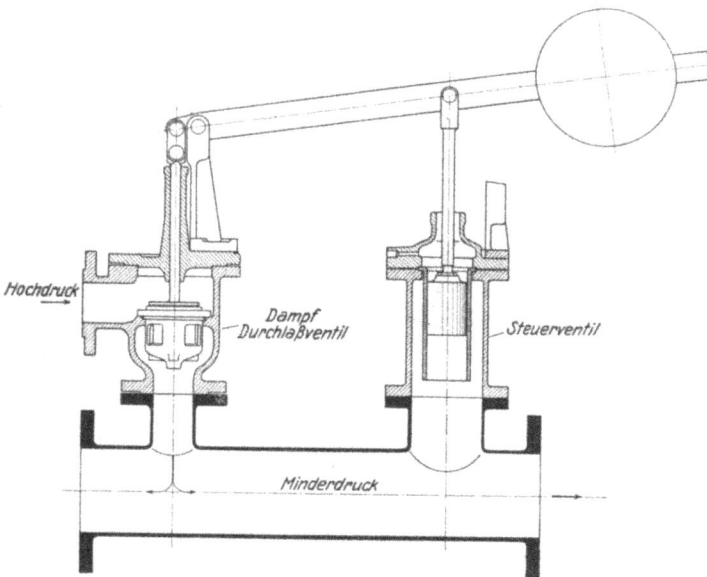

Abb. 134.

Abb. 133 u. 134. Ansicht und Schnitt des „Allo"-Reglers der Firma Albert Lob, Düsseldorf.

von Fall zu Fall derartig gewählt, daß größte Feinheit der Regulierung ermöglicht wird. Der gewünschte Dampfdruck
läßt sich durch einfaches Verschieben des Laufgewichtes C auf
dem Hebel genau in gewissen Grenzen einstellen. Der unter
dem Steuerorgan wirkende Dampfdruck hält sich mit dem von
oben auf das Steuerorgan wirkenden Gewicht C im Gleichgewicht. Sobald dieser Druck jedoch nur um einige hundertstel
Atmosphären sinkt, wird das Steuerorgan durch das Gewicht C
verschoben, wodurch je nach Verlegung des Hebeldrehpunktes,
— d. h. ob Minderapparat oder Überströmapparat in Frage kommt
— das Durchlaßventil A öffnet oder schließt, bis der eingestellte
Druck wieder erreicht und das Gleichgewicht zwischen dem
nach unten wirkenden Belastungsgewicht C und dem nach
oben wirkenden Dampfdruck wieder hergestellt ist. Das Ver-
bindungsstück D dient zur Verbindung des Durchlaß- mit dem
Steuerventil und zum Anschluß an die Dampfleitung.

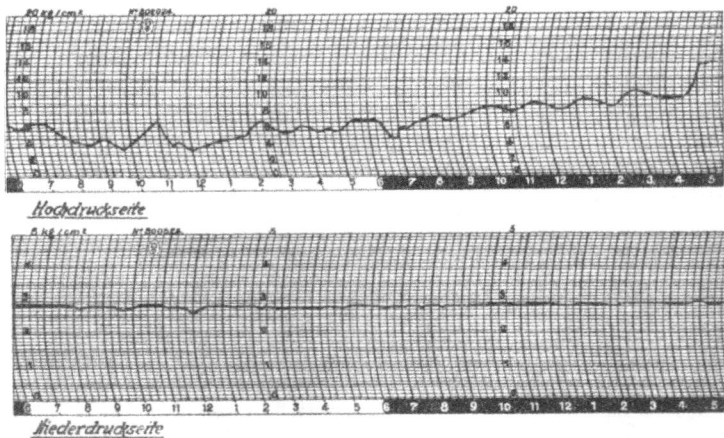

Abb. 135. Betriebsdiagramm einer Zeche mit ,,Allo‘‘-Regler.

Abb. 135 zeigt ein Betriebsdiagramm einer Zeche, aus welchem hervorgeht, in welch genauer Weise dieser ,,Allo‘‘-Druck-
regler den Dampfverbrauchsstellen den Dampf nach Menge
und Druck zuführt.

Die Schwankungen des Hochdruckes waren sehr große,
und zwar von 15 ata herunter bis zu 4,5 ata. Die Größe des

Ventiles war für solche Hochdruckschwankungen nicht vorgesehen. Auf dem Niederdruckdiagramm sind einige Schleifen
nach unten zu erkennen, welche darauf zurückzuführen sind,
daß der Hochdruck in dem betreffenden Augenblick zu stark
fiel und nicht mehr genügend Dampf nachkommen konnte.
Bei Hochdruckschwankungen von 15 bis 5 ata blieb der
Niederdruck jedoch mit einem
Gesamtdruckunterschied von
$1/_{10}$ ata, also nach plus und minus
mit einem Druckunterschied von
$5/_{100}$ ata noch konstant. Erst wenn
der Hochdruck unter 4 ata sank,
kam nicht genügend Dampf nach,
und der Niederdruck fiel. Es ist
dies in Anbetracht dessen, daß der
Apparat nur für einen Hochdruck-
eintritt zwischen 11 und 15 ata
bestellt wurde, eine recht beacht-
liche Leistung.

In vielen Dampfbetrieben hat
man wegen der durch Rohr- und
Kesselbrüche bedingten Gefahren
Rohr- und Kesselbruchventile eingebaut. Abb. 136 zeigt ein Ventil
der Firma Hübner & Mayer, Wien,
welches sich durch sofortigen
Selbstschluß in schon weit mehr
als 200 Fällen ausgezeichnet hat,
wobei Hunderte von Menschen
vor schweren Unfällen bewahrt,
Kesselexplosionen verhütet und
kostspielige Betriebsstörungen vermieden wurden.

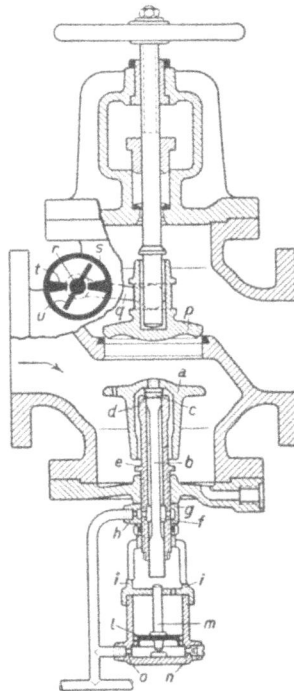

Abb. 136. Selbstschlußventil für
Rohr- und Kesselbrüche der Firma
Hübner & Mayer, Wien.

Unter Vermeidung von Federn, Stopfbüchsen, Membranen
usw. arbeitet nur der Dampf selbst als offenhaltende und
schließende Kraft; das Ventil ist daher auch unabhängig von
äußeren Einflüssen. Es vereinigt in sich ein Rohrbruchventil
mit Fernbetätigung und ein zugleich als Absperr-(Entnahme-)
organ dienendes Kesselbruchventil.

Der Rohrbruchkegel *a* ist mit einer stopfbüchsenlos nach außen geführten Spindel *b* verbunden, deren Kegel *c* gegen den Sitz *d* am oberen Ende des im unteren Deckel eingeschraubten Hohlzapfens *e* dichtet. Der Überdruck des Dampfes auf den Kegel *c* hält den Rohrbruchkegel *a* mit so großer Kraft in der Offenstellung, daß sein Eigengewicht fast. außer Betracht bleibt und das Ventil in jeder Lage eingebaut werden kann. Bei einem Rohrbruch vergrößert sich durch die plötzliche Entlastung an der Bruchstelle die Dampfgeschwindigkeit so stark, daß die auf die Unterseite des Kegels *a* einwirkende, schließende Kraft des strömenden Dampfes die den Kegel offenhaltende Kraft der Dampfbelastung überwindet und den Kegel *c* von seinem Sitze *d* abhebt. Der Kegel *a* bewegt sich, vom Dampfstrom mitgenommen, beschleunigt gegen seinen Gehäusesitz. Sobald der den Hohlzapfen *e* umgebende, unten verjüngte Teil des Kegels *a* auf dem oben verstärkten Hohlzapfenteil zu gleiten beginnt, strömt in die nun gebildete Kammer weniger Dampf ein, als aus ihr zwischen Hohlzapfen *e* und Spindel *b* ins Freie entweichen kann. Der Druck in der Kammer vermindert sich, der Kegel *a* wird durch den Überdruck auf die dem Außendurchmesser des Hohlzapfens entsprechende Fläche bremsend beeinflußt und gelangt ohne Schlag auf seinen Gehäusesitz. Der ins Freie strömende Dampf zeigt den Selbstschluß gut sicht- und hörbar an.

Nach Handabsperrung des oberen Kegels *p* gleichen sich die Drücke über und unter dem Rohrbruchkegel *a* durch eine kleine Bohrung im Kegel aus, worauf die Dampfbelastung den Kegel *a* in seine Bereitschaftslage zurückdrückt und der kleine Kegel *c* wieder nach außen abdichtet. Zwischen Kegel *c* und Sitz *d* etwa eingeklemmte Fremdkörper kann man durch Anheben der Spindel *b* mit einem auf einen der Ansätze *i* gestützten Stab leicht ausblasen. Auch die Freibeweglichkeit des Kegels kann so geprüft werden. Einem Versagen durch Verkrustung ist durch die stopfbüchsenlose Führung des Kegels nach außen vorgebeugt. Der nach einem Selbstschluß abströmende Dampf kann durch die Bohrung *h* im Ring *g* am äußeren Hohlzapfenteil und durch eine anschließende Hilfsleitung unter die Fernbetätigungskolben *l* der Rohrbruchventile der mitarbeitenden Kessel geführt werden. Der Zapfen *m* dieser Kolben reicht bis unter die Kegelspindel *b*. Aus dem Raum unter dem Kolben *l* führt eine drosselbare Öffnung *n* ins Freie, die zweite Öffnung *o* ist an die Hilfsleitung angeschlossen. Eine aus dem Raum über dem Kolben *l* ins Freie führende Bohrung verhindert das Entstehen eines Gegendruckes im Zylinder. Sobald vom Rohrbruchventil Dampf unter die Fernbetätigungskolben *l* der Rohrbruchventile der mitarbeitenden Kessel gelangt, werden diese Ventile zwangsweise geschlossen, falls sie etwa wegen zu kleiner Bruchstelle bei zu großer Entfernung oder wegen stark gedrosselter Absperrventile nicht selbst schließen konnten. Mit der gleichen Fernbetätigungseinrichtung kann man auch irgendwelche Maschinen, Schalter, Relais usw. an- oder abstellen, Sicherheitsventile oder Signale betätigen usw. Durch Dampfeinlaß in die sonst leere Hilfsleitung kann man im Gefahrfalle oder zur Probe eine Fernbetätigung der Rohrbruchventile oder anderer Vorrichtungen bewirken und die Anlage zum Stillstand bringen.

Der Absperr- und Kesselbruchkegel *p* ist auf der Absperrspindel lose geführt. Die Spindel *r* eines ihn umgreifenden Gabelhebels *q* reicht stopfbüchsenlos in ein mit dem Ventilgehäuse fest verbundenes Bremsgehäuse *s*, das durch eine Wand *t* in zwei Kammern geteilt ist. Auf der Spindel sitzt eine an den Gehäusewänden gleitende Scheibe *u*. Der strömende Dampf hebt den Kesselbruchkegel *p* dem Verbrauch entsprechend hoch. Bei einem Rückströmen des Dampfes wird der Kegel *p* sanft auf seinen Sitz gedrückt.

Ein beschädigter Kessel wird also von den noch betriebsfähigen Kesseln selbsttätig abgeschaltet, so daß diese ungestört weiter arbeiten können. Beim Zurückbleiben eines mangelhaft gewarteten Kessels in der Dampfentwicklung wird das Dampfüberströmen von den regelrecht arbeitenden Kesseln her unterbunden. Der Kegel *p* verhindert auch das nachteilige Zuschalten eines unter niedrigem Drucke stehenden Kessels, da er sich nach dem Aufdrehen der Absperrspindel erst öffnet, bis der Druck mit dem der übrigen Kessel gleich ist. Während des Kesselputzens kann auch durch versehentliches Öffnen der Absperrspindel die Reinigungsmannschaft nicht gefährdet werden. Lose Kesselbruchkegel neigen bei stoßweiser

17*

Dampfentnahme zum Hämmern und damit zu vorzeitiger
Zerstörung. Die Bremse verhindert dies wirksam, weil das
darin entstehende Dampfwasser bei jeder Bewegung der
Bremsscheibe u erst durch die leichte Undichtheit zwischen
Scheibe und Wand in die andere Bremskammer gepreßt
werden muß und die Dampfstöße hierdurch aufgefangen
werden. Die Handhabung beschränkt sich auf Betätigung der
Absperrspindel und auf gelegentliche Prüfung der Freibeweglichkeit. Das Ventil eignet sich auch für Betriebe mit plötzlich
schwankender Dampfentnahme, für Anlagen mit großen,
schnellaufenden, rasch anzulassenden Maschinen und als Fern-
und Schnellschlußventil. In Erkenntnis der Wichtigkeit des
Schutzes der Anlagen und der darin tätigen Menschen sind
Rohrbruchventile in mehreren Staaten gesetzlich vorge-
schrieben.

Da Druckverluste Wärmeverluste bedeuten, ist man
bestrebt, Druckabfälle in Dampfleitungen auf das geringste
Maß zu beschränken. Absperrventile sind der durch sie be-
wirkten großen Druckverluste wegen zu vermeiden. Wesentlich günstiger ist hierfür der Dampfschieber, weil durch ihn
bei richtiger Durchbildung kaum mehr Druckabfall entsteht, als
in einem gleich langen Stück geraden Rohres. Keilschieber
sind für Dampf ungeeignet. Unter den Schiebern mit Parallel-
flächen sind jene nicht zu empfehlen, bei denen die Dichtflächen
während des ganzen Hubes oder auch nur in dessen letztem
Teile aufeinander gleiten, weil die sich dann vorzeitig abnützenden Dichtflächen nicht dauernd dichthalten können.
Deshalb mußten die Vorteile der Schieber — gerader, freier
Durchgang ohne Drosselverluste — mit jenen guter Ventile —
zentrales Anpressen bei dauernd guter Abdichtung und
leichter Bearbeitung—vereinigt werden. So entstand das neue
Schieberventil nach Abb. 137 der Firma Hübner & Mayer, Wien.
    Der Ventilkegel a ist im Kegelgehäuse b gut geführt. Den
Nickelsitz c im Kegel umgibt ein vorspringender, ihn schützen-
der und beim Schließen zentrierender Ring d. Der Nickelsitz e
im Gehäuse ist von einem den Kegelring d zentrisch einführen-
den Ring f umgeben. In das Kegelgehäuse b ragt der prismati-
sche Teil g der steigenden Spindel h. Das Prisma hat Schräg-

flächen i und l, auf denen Rollen m und n gleiten, die sich auf Achsen o und p leicht drehen. Die Achse o gleitet beiderseits längs der Fläche q, die Achse p in einer Aussparrung im Boden des Kegelgehäuses b. Die Achsen sind dadurch gegen seitliches Verschieben und Ecken gesichert. Zwei Laschen t

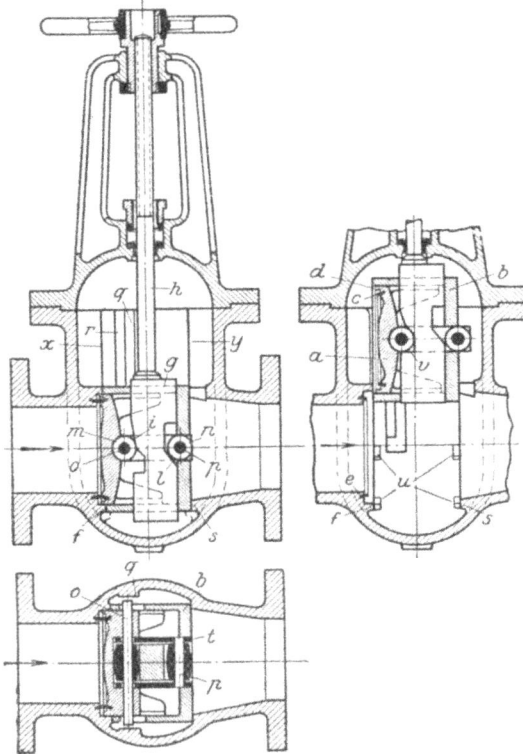

Abb. 137. Schieberventil für Hochdruck und Heißdampf. Bauart Hübner & Mayer, Wien.

verbinden die Achsen o und p. Das Kegelgehäuse ist an den Innenflächen der Leisten r, x und y und der Vorsprünge f und s allseits geführt. Anschläge u im Gehäuse sichern das Einhalten der tiefsten Stellung des Kegelgehäuses b. Beim Schließen schiebt das Prisma g das Kegelgehäuse mit dem versenkten Kegel a nach abwärts, bis es auf den Anschlägen u aufsitzt.

Das im aufruhenden Kegelgehäuse weitergleitende Prisma *g* drückt nun mit der sich auf der Schrägfläche *i* abwälzenden Rolle *m* den Kegel *a* wie bei einem Ventil in die Schlußstellung, wobei ihn die Zentrierringe *d* und *f* genau auf seinen Sitz führen. Die am Handrad ausgeübte geringe Kraft bewirkt, durch die Schrägfläche vielfach verstärkt, ein kräftiges, zentrales Anpressen des Kegels *a* auf den Sitz und damit ein ebenso gutes Abdichten wie bei einem guten Absperrventil. Beim Öffnen zieht die auf der Schrägfläche *l* gleitende Rolle *n* den Kegel *a* vorerst in sein Gehäuse *b* zurück, bis die Rolle *m* auf dem Anschlag *v* des Prismas *g* aufsitzt, worauf das steigende Prisma das Kegelgehäuse mit dem versenkten Kegel in die volle Offenstellung hochzieht. In dieser ist der Kegel dem strömenden Dampf, der Abnutzung und Verunreinigung entzogen. Der gerade Durchgang ist vollkommen frei, und der Dampf strömt, durch den verjüngten Ausgangstutzen gut geleitet, ohne Druckabfall und ohne Stoß durch den Schieber.

Die bewegenden Kräfte sind so groß, daß das in beliebiger Lage einzubauende Schieberventil auch für wechselnde Dampfströmung geeignet ist. Während der Bewegung des Kegelgehäuses ist der Kegel und während der Kegelbewegung das Gehäuse blockiert. Fremdkörper können sich an der tiefsten Stelle des Gehäuses ablagern, die Anschläge *u* und die Kegelführungen liegen höher. Bei halboffenem Schieber ist der Kegel *a* durch das Gehäuse *b* der Einwirkung des Dampfstromes entzogen. Die zentrische Kegeleinführung sichert auch bei abgenutzten Führungen gutes Aufsitzen und Abdichten. Das Berühren der Sitzflächen ohne Gleiten verhütet frühes Undichtwerden. Die Kegellage ist an der Spindelstellung erkennbar. Beim Abheben werden alle beweglichen Teile mit herausgehoben. Dann ist durch leichtes Herausziehen der sonst blockierten Achsen *o* und *p* ein schnelles Zerlegen und Wiederzusammensetzen möglich. Die Sitze können bei eingebautem Gehäuse nachgeschliffen werden. Das Schieberventil besteht aus einfachen, betriebssicheren, heißdampfbeständigen, sich nicht lockernden, klemmenden oder abnützenden Teilen und ist für Hochdruck und Heißdampf, für Druckwasser und andere hochgespannte Druckmittel verwendbar.

Auf dem Wege vom Dampfkessel zu den Verbrauchsstellen wird infolge natürlicher Abkühlung ein Teil des Dampfes als Kondenswasser niedergeschlagen. Dasselbe sammelt sich in den Rohrleitungen an und verringert somit den Durchgangsquerschnitt. Bei Heizungen, Kochapparaten usw. vermindert es zudem die Größe der Heizfläche und damit die Heizwirkung. Auch werden durch das sich ansammelnde Wasser leicht Undichtigkeiten an den Flanschenverbindungen hergerufen und Wasserschläge verursacht, welche für die Anlage selbst, wie auch für das Betriebspersonal gefährlich werden können.

In der heutigen Zeit ist es ganz besonders erforderlich, die Dampfanlagen zu so hoher Vollendung zu bringen, daß der Kraftbedarf mit geringstem Aufwand an Kohlen gedeckt und der erzeugte Dampf auf das sparsamste ausgenutzt wird. Das Diagramm der Abb. 138 zeigt, wie z. B. kleine Undichtigkeiten zu großem Dampfverlust führen können.

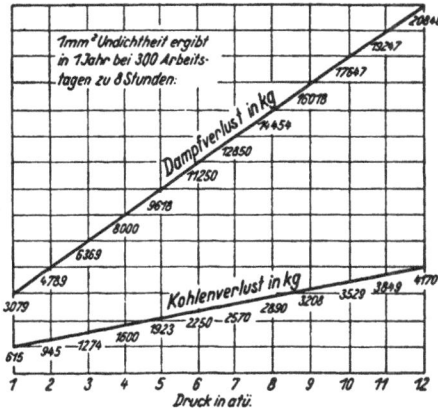

Abb. 138. Verluste an Dampf bzw. Kohlen in kg bei 300 Arbeitstagen bei einer Undichtheit von 1 mm² (Arbeitstag zu 8 h gerechnet).

Die Menge des Niederschlagwassers ist abhängig von der Temperatur und dem Sättigungsgrade des Dampfes. Auch spielt die Temperatur des Raumes, in welchem sich die Dampfleitungen, Apparate usw. befinden, hierbei keine unwesentliche Rolle. Bei großen Rohroberflächen, langen Leitungen, Kochapparaten mit großen Heiz- und Mantelflächen, namentlich auch bei niedriger Anfangstemperatur des Dampfes und bei niedriger Außentemperatur ist die Menge des niedergeschlagenen Wassers natürlicherweise besonders groß. Wie in dem Abschnitt über Wärmeschutz (S. 242) gezeigt wurde, läßt sich durch Verkleiden der Rohre, Dampfapparate usw. mit schlechten Wärmeleitern die Wärmeausstrahlung und die dadurch bedingte Kondensation des Dampfes auf ein gewisses Minimum herabsetzen, keineswegs aber ganz beseitigen. Bei Sattdampf bildet sich erfahrungsgemäß unter normalen Betriebsverhältnissen pro m² mit Kieselgur gut isolierter Rohroberfläche stündlich etwa 2,5 l Kondenswasser.

Erheblich größer ist diese Menge bei Inbetriebnahme der einzelnen Dampfverbrauchsstellen, bis die Leitungskörper sich entsprechend angewärmt haben. Eine größere Kondenswasserbildung ergibt sich schließlich vielfach bei zeitweise schwächerer Beanspruchung der Dampfanlage mit niedriger Dampfgeschwindigkeit.

Bei jeder Dampfanlage muß daher für eine regelmäßige und vollkommene Ableitung des Kondenswassers gesorgt werden. Man ordnet zu diesem Zwecke unmittelbar vor und hinter den angeschlossenen Apparaten Kondenstöpfe an, welche das Wasser selbsttätig ohne Dampfverluste aber unter Dampfdruck zeitweise oder fortwährend ableiten. Das Konstruktionsprinzip der meist zur Verwendung gelangenden Bauarten beruht:

1. im Auftrieb und Gewicht (letzteres nur bei offenen Schwimmern) des sich ansammelnden Kondenswassers. Sobald der Topf mit einer gewissen Wassermenge gefüllt ist, werden die Abflußorgane selbsttätig durch dessen Einwirkung geöffnet und schließen sich von selbst wieder, nachdem eine bestimmte Wassermenge ausgeflossen ist;

2. in der Ausdehnung metallischer Körper oder mit leicht siedenden Flüssigkeiten gefüllter, hermetisch verschlossener Hohlkörper, die in erwärmtem Zustande die Abflußorgane abdichten. Das sich ansammelnde Kondenswasser kühlt dann das Dehnungselement wieder ab, welches das Ventil nun so lange geöffnet hält, bis der Hohlkörper durch den nachströmenden Dampf von neuem erwärmt wird und dieser die Abflußöffnung wieder selbsttätig schließt.

Auf dieser Grundlage, aber auch nach verschiedenen anderen Prinzipien sind im Laufe der Jahre eine große Anzahl

der verschiedenartigsten Kondenstopf-Konstruktionen entstanden, aber nur wenige vermochten sich zu behaupten.
Auszuscheiden sind nach Ansicht des Verfassers von vornherein solche Kondenstöpfe, welche mittels Ventilen geöffnet
und geschlossen werden, ganz gleich wie der Öffnungs- und
Schließungsvorgang an sich bewirkt wird, und zwar aus folgendem Grunde:

Auf der einen Seite des Ventils befindet sich Dampf und
Kondenswasser von etwa Dampftemperatur. Es herrscht hier
Dampfspannung. Auf der anderen Seite des Ventils, auf wel-

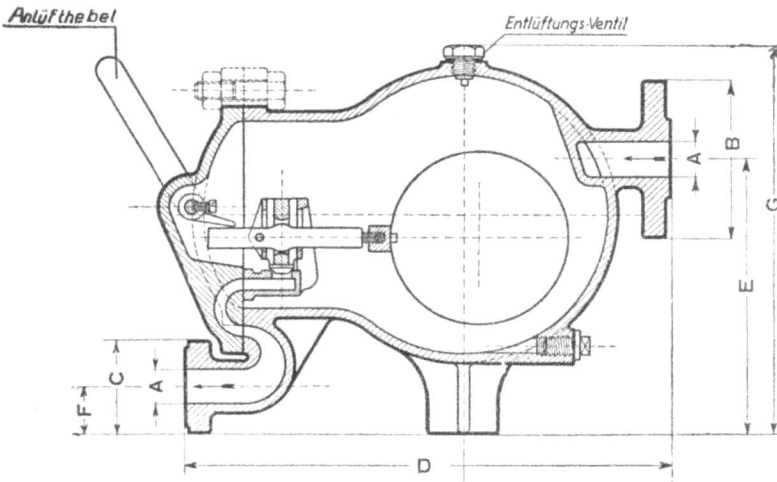

Abb. 139. Niederdruck-Kondenstopf mit geschlossenem Schwimmer und
Schieberabschluß Bauart Klein, Schanzlin & Becker, Frankenthal i. d. Pfalz,
zur Entwässerung von Abdampfleitungen, Kochapparaten u. dgl.

cher die Kondensleitung ansetzt, herrscht fast kein Druck.
Beim Übertritt von der Druckseite wird in die Kondenswasserleitung bei jedem Kondensatübertritt ein kräftiger Dampf
strahl infolge Lässigkeit des Ventils mit übertreten. Dieser
Übertrittsdampf entweicht oft unausgenutzt durch das Be-
lüftungsventil. Die Verluste vergrößern sich mit der Zeit
durch die Abnutzung des Ventilkegels oder der Spitzen der
Töpfe. Zuletzt werden durch das fortwährende Nagen des
Dampfes in die Kegel oder Spitzen Rillen eingefressen, durch

welche auch bei Ventilschluß zuletzt ständig ein feiner Dampfstrom auf die Seite mit geringerem Druck übertritt. Solche

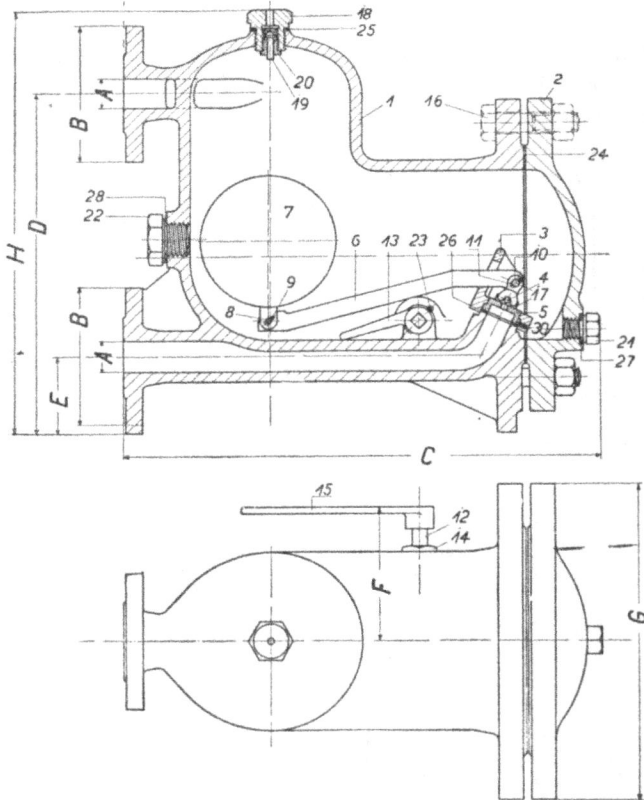

Abb. 140. Hochdruck-Kondenstopf mit geschlossenem Schwimmer und
Schieberabschluß. Bauart Klein, Schanzlin & Becker, Frankenthal i. d. Pfalz.

Ausführung
mit Gußeisengehäuse für Drücke von 8 bzw. 16 at und Temperaturen
bis 300⁰ C,
mit Stahlgußgehäuse für Drücke bis 22 at und Temperaturen bis
400⁰ C.

Kondenstöpfe müssen zur Vermeidung erheblicher Dampfverluste des öfteren überholt und deshalb leicht auswechselbar
in der Leitung eingebaut werden können.

Wie groß die Kondensverluste bei Verwendung nicht ordnungsgemäß arbeitender Kondenstöpfe sein können, zeigte schon Abb. 138, welche sich im besonderen auf undichte Kondenstöpfe bezieht.

Die vorbeschriebenen Nachteile vermeiden solche Kondenstöpfe, welche mit Schieberschluß ausgestattet sind. Abb. 139 und 140 zeigen 2 Schieberkondenstöpfe der Firma Klein, Schanzlin & Becker, Frankenthal, für Hoch- und Niederdruck. Sie gehören ihrer Wirkungsweise nach zu der unter 1. angegebenen Konstruktionsgrundlage.

Der auf dem Schieberspiegel hin- und hergleitende Schieber schleift sich ständig nach, verhindert das Ansetzen von Fremdkörpern und gewährleistet somit einen dichten Dampfabschluß. Es können also keine Dampfverluste auftreten. Die Abdichtungsteile sind aus nichtrostendem Stahl hergestellt und haben daher große Dauerhaftigkeit. Der Innenapparat kann nach Entfernung des Deckels leicht herausgenommen werden, ohne daß der Kondenstopf von der Rohrleitung abgeschraubt zu werden braucht. Er hat außerdem eine selbsttätig wirkende Entlüftung.

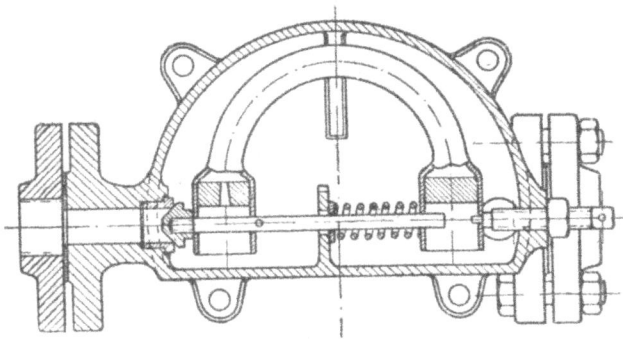

Abb. 141. Dehnungs-Kondenstopf Bauart Klein, Schanzlin & Becker, Frankenthal i. d. Pfalz.

Abb. 141 zeigt einen zur zweiten Konstruktionsgrundlage gehörenden Dehnungstopf der gleichen Firma. Dehnungstöpfe finden hauptsächlich bei solchen Anlagen Verwendung, die mit Dampf von etwa 0,1 bis 5 at Druck gespeist werden, wie z. B. bei Dampfheizungen. Sie haben im allgemeinen den Vorzug der Billigkeit, ohne indes die sonstigen Vorteile der Schwimmertöpfe, auch hinsichtlich langer Lebensdauer zu besitzen.

Eine weitere Gattung sind die unter dem Namen „Stauer" vereinzelt auf den Markt gebrachten Kondenswasserableiter, deren Funktion auf dem Zusammenwirken des sich angesammelten Kondenswassers mit im Gehäuse angeordneten Stau- oder Drosselvorrichtungen bzw. gekreuzten Dampfströmungen beruht. Dadurch, daß das Kondenswasser hierbei als Sperrflüssigkeit dienen muß, die eine erhebliche Mehrkondensation für die Arbeitsweise dieser Stauer direkt erfordert, dienen sie in erster Linie als Kondenswassererzeuger und erst dann als Kondenswasserableiter, was natürlich mit dauernden erheblichen Wärmeverlusten verbunden ist. Auch ist die Verstopfungsgefahr bei ihnen eine sehr große.

Die bei Heizanlagen od. dgl. sich bildende Kondenswassermenge K kann aus der Formel

$$K = 1,25 \frac{Q}{i}$$

berechnet werden. In dieser Formel bedeutet:

K — die Kondenswassermenge in kg/h,

Q — die Anzahl der abgegebenen kcal/h

i — den Wärmeinhalt von 1 kg Dampf, wobei abgerundet $i = 520$ kcal/kg angenommen werden kann.

Sind z. B. zur Beheizung eines Krankenhauses 1 500 000 kcal/h erforderlich, so ist stündlich eine Kondenswassermenge

$$K = 1,25 \frac{1 500 000}{520} = 3600 \text{ kg/h}$$

abzuleiten.

Als Grundlage zur Größenbestimmung von Kondenstöpfen kommen in Betracht:

1. die sich stündlich bildende Kondenswassermenge,
2. die Kühlfläche in m²,
3. der stündliche Verbrauch in Wärmeeinheiten, oder
4. der stündliche Verbrauch von kg Dampf.

Bezeichnet man mit

L — die normale Betriebsleistung einer bestimmten Kondenstopfgröße je Stunde,

K — die sich bildende Kondenswassermenge in kg/h,

F — die Größe der Kühlfläche bei Luftkühlung (nicht isoliert),

F_1 — die Größe der Kühlfläche bei Luftkühlung (gut isoliert),

F_2 — die Größe der Kühlfläche bei Wasser- oder sonstiger Flüssigkeitskühlung,

Q — die Menge der abgegebenen oder verbrauchten Wärmeeinheiten pro Stunde,

D — die Menge des verbrauchten Dampfes in kg/h (Kondensation in geschlossenen Räumen vorausgesetzt),

so ist die erforderliche stündliche Betriebsleistung L des benötigten Kondenstopfes:

$$L = K = D$$

oder

$$L = 5 \cdot F = 2{,}5 \cdot F_1 = 20 \cdot F_2$$

oder

$$L = 1{,}25 \cdot \frac{Q}{D}.$$

Erfahrungsgemäß können die sich je 1 m² Kühlfläche ergebenden Kondenswassermengen wie folgt veranschlagt werden:

a) bei Luftkühlung (nicht isoliert) ca. 5,0 l/m²,

b) bei Luftkühlung (gut isoliert) . ca. 2,5 „

c) bei Wasserkühlung . . . . . . ca. 20,0 „

Die vorstehenden Werte stellen Durchschnittswerte dar unter Berücksichtigung der sich bei der Inbetriebsetzung bildenden Kondenswassermengen.

Zahlentafel 45—47 zeigen die Zusammenstellung von Leistungen, Gewichten und Abmessungen von:

1. Niederdruckkondenstöpfen nach Abb. 139, Zahlentafel 45,

2. Hochdruckkondenstöpfen nach Abb. 140, Zahlentafel 46,

3. Dehnungstöpfen nach Abb. 141, Zahlentafel 47;

nach Angaben der Firma Klein, Schanzlin & Becker, Frankenthal (Pfalz).

Zahlentafel 45.

Leistungen und Abmessungen von Niederdruck-Schieber-Kondenstöpfen.

Nach Abb. 139.

Maximale Leistung	2 at	1300	2000	3700	5800	8000
je Stunde in Litern	1 at	910	1400	2600	4100	5500
bei:	0,5 at	650	1000	1850	2900	4000
Lichte Weite am Ein- und Austritt . . . . A		16	20	25	32	40
Flanschendurchmesser am Eintritt . . . . B		85	90	100	120	130
Flanschabmessungen am Austritt C		50/90	56/100	64/112	72/125	80/140
Baulänge . . . . D		275	300	340	390	455
Bauhöhe bis Mitte Eintritt E		150	175	195	225	260
Bauhöhe bis Mitte Austritt F		25	28	32	36	40
Größte Bauhöhe . . . . . G		210	235	280	295	335

Zahlentafel 46.

Leistungen und Abmessungen von Hochdruck-Schieber-Kondenstöpfen.

Nach Abb. 140.

Mit Gußeisengehäuse für Drücke von 8 bzw. 16 at und Temperaturen bis 250° C, mit Stahlgußgehäuse für Drücke bis 22 at und Temperaturen bis 400° C.

Maximale Leistung je Stunde in Litern bei einem Betriebsdruck von:	5 at	650	1300	2250	4050	9000	13200	21700
	8 at	350	650	1650	2900	6700	11400	16700
	12 at	250	700	1140	2000	3500	6300	10000
	16 at	175	300	510	1350	2900	5500	9400
	22 at	150	220	340	600	1075	1565	3120
Lichte Weite am Ein- und Austritt . . . . A		16	20	25	32	40	50	60
Flanschdurchmesser . . . . B		100	105	115	140	150	165	175
Baulänge C		340	410	420	430	455	475	500
Bauhöhe bis Mitte Eintritt . D		230	270	285	305	350	380	405
Bauhöhe bis Mitte Austritt . E		60	70	75	85	90	100	105
Abstand des Anlüfthebels von Mitte Topf . . . . F		100	110	110	110	135	135	165
Größte Breite . . . . . . G		210	225	235	260	295	315	370
Größte Bauhöhe . . . . . H		285	325	350	390	430	470	510

Zahlentafel 47.
Leistungen und Abmessungen von Dehnungs-Kondenstöpfen.
Nach Abb. 141.

Normale Betriebs-leistung in Litern je Stunde	bei 5 at	50	70	80	115	200	390	450
Maximale bzw. peri-odische Leistung in Litern je Stunde	bei 5 at	400	700	1150	1750	4000	7000	10000
Für eine Kondens-oberfläche bei Luft-kühlung und 5 at Betriebsdruck von	m²	10	14	16	23	40	78	90
Baulänge ausschl. Gegen-flanschen . . . . . . mm		125	145	175	195	220	260	320
Gasrohrgewinde d. Gegen-flanschen . . . . . . Zoll		$^3/_8$	$^1/_2$	$^3/_4$	$^3/_4$	1	$1^1/_4$	$1^1/_2$

2. Die Armaturen zur Reinhaltung der Heizflächen von Abwärmeverwertern.

Die notwendigen Armaturen sind auf Seite 101 angeführt worden. Es handelt sich in der Gruppe 1 um Entöler und Wasserabscheider. Bei der Gruppe 2 und 3 um Ruß- und Staubausbläser sowie Abkratzeisen.

a) Entöler.

Der Dampf nimmt bei Kolbendampfmaschinen im Zylinder Öltropfen auf. Ein Teil dieser mit dem Abdampf mitgerissenen Öltröpfchen geht hierbei sofort in eine Emulsion über, die auf mechanischem Wege aus dem Abdampf nicht entfernbar ist. Infolgedessen wird eine vollständige Entölung nicht erreich-bar sein, es ist aber unbedingt erforderlich, das Öl, soweit angängig, aus dem Abdampf wieder zu entfernen.

Zur wirksamen Entölung sind die verschiedensten Wege eingeschlagen worden. Für die Abwärmetechnik kommen aber nur Verfahren in Betracht, welche auf mechanische Weise den Dampf von Öl zu reinigen versuchen. Be-sonders zu bevorzugen ist das Entölen durch zwangläufigen und plötzlichen Richtungswechsel, weil die mitgerissenen nicht in Emulsion übergegangenen spez. schwereren Öltropfen dem mit großer Geschwindigkeit durch den Entöler strömenden Dampf nicht folgen können. Sie schlagen sich an den den Richtungswechsel erzwingenden Wänden oder Rosten nieder, fließen abwärts und werden am unteren Boden des Entölers durch eine kleine Ölwasserpumpe dauernd abgesaugt.

Man kann auch mit Hilfe von Schneckenwellen und ähnlichen Einrichtungen dem durch den Entöler strömenden Dampf eine drehende Bewegung geben und durch die auftretenden Fliehkräfte die spezifisch schweren Öltropfen von den Dampfteilchen mechanisch trennen. Die Ölteilchen werden fortgeschleudert, an den Wänden des Entölers aufgefangen, am Boden gesammelt und hier durch eine Ölwasserpumpe abgesaugt. Berechnungen ergeben, daß das infolge der Fliehkräfte auftretende Bestreben, sich gegen den Mantel des Entölers zu legen, bei den Öltröpfchen etwa 15000 mal größer ist wie bei den Dampfteilchen.

Bei der Konstruktion von Entölern ist darauf zu achten, daß der freie Querschnitt an jeder Stelle mindestens nicht kleiner ist wie der Querschnitt des Zudampfrohres, er soll eher 1,2 bis 1,5mal größer sein, um einen Druckverlust möglichst zu vermeiden, welcher bei guten Entölern 10 mm QS (gemessen an der Maschine) nicht überschreiten soll.

Bei auspuffendem überhitzten Dampf ist das Öl dünnflüssig. Die Entölung ist in diesem Fall schwieriger durchzuführen. Man hilft sich durch Vorschalten von Kühlelementen für den Abdampf vor den Entöler.

Nach dem Gesagten können die hier in Betracht kommenden Entöler in zwei Klassen geteilt werden, in solche mit Entölung durch Richtungswechsel und in solche, welche zur Entölung Zentrifugalkräfte benutzen.

Verfasser hat in seinem Buche „Die Kondensatwirtschaft"[1]) die einzelnen Systeme für Entöler mit Richtungswechsel und zentrifugalem Entöler beschrieben. Es sei an dieser Stelle nur der Entöler System Szamatolski und die automatische Abdampf-Entölungsanlage mit angeschlossener Ölrückgewinnung der Bühring A. G. in Halle-Landsberg erwähnt.

Der Wechselentöler Blohm-Szamatolski besteht aus

---

[1]) Balcke, „Die Kondensatwirtschaft bei Dampfkraft-Landanlagen". München-Berlin, Verlag R. Oldenbourg, 1927.

einem eisernen Gehäuse, in welchem neben- und hinter-
einander gleiche U-förmige Blechstreifen mit schippenartigen
Ausstanzungen wechselseitig aneinander gereiht sind. Der
Dampfdurchgang erfolgt durch eine Reihe nebeneinander-

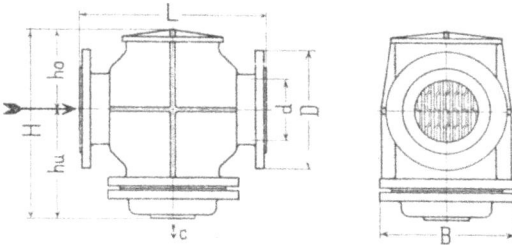

Abb. 142. Der Wechselentöler Blohm-Szamatolski.

stehender durchgehender Ölabscheidekammern und die Ölablei-
tung durch eine große Anzahl stehender Ölfangkammern,
die zu beiden Seiten jeder Ölabscheidekammer angeordnet
und in der Stromrichtung sehr oft unterteilt sind. Alle Ölfangkammern sind durch diese Unterteilung aus dem Dampfstrom völlig ausgeschaltet.
Es kann somit einmal aus-
geschiedenes Öl nicht wieder
durch den Dampfstrom mit
gerissen werden. Es läuft
innerhalb der vielen Ölfangkammern regenartig in die
untere Ölsammelkammer und
von dort in den Ölableiter.

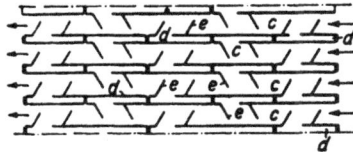

Abb. 143. Horizontaler Schnitt durch
den Einbau des Wechselentölers nach
Abb. 142.

Abb. 142 zeigt diesen Entöler in Ansicht und Abb. 143
veranschaulicht in schematischer Weise den inneren Einbau.
Durch die wechselseitige Anordnung der U-förmigen Blechstreifen liegen auch die schippenartigen Ausstanzungen abwechselnd rechts und links — in dauerndem Wechsel — in
den durchgehenden Ölabscheidekammern. Dadurch wird der
in eine große Anzahl schmaler Dampfschichten zerlegte Dampfstrom gezwungen, schlangenartig hindurchzuströmen. Die
U-förmigen Blechstreifen können zwecks Reinigung leicht
ausgebaut und wieder eingebaut werden.

Zahlentafel 48.
Leistungen, Abmessungen und Gewichte von Wechselentölern nach Abb. 142.

Entöler Nr.		We 20	We 30	We 40	We 50	We 60	We 80	We 100	We 125	We 150	We 175	We 200	We 225	We 250	We 275	We 300	We 325	We 350	We 375	We 400
Höchstdampfmenge in kg/h bei 200° Höchstdampftemperatur	2,0 at	75	150	280	450	750	1100	1600	2500	3600	4600	6000	7500	9000	11000	12500	15000	17500	20000	22500
	1,0 „	55	120	220	325	550	800	1200	1900	2700	3500	4500	5600	6750	8250	9500	11500	13750	15750	17750
	0,5 „	45	90	170	275	475	700	1000	1650	2350	3000	3750	4750	5750	7000	8250	10000	12000	13750	16500
	0,2 „	40	85	150	250	400	575	850	1375	1900	2500	3250	4100	5000	6100	7100	8750	10500	12000	13500
	0,1 „	35	75	140	225	375	550	800	1300	1850	2400	3100	3900	4750	5750	6750	8250	10000	11500	13000
	80 vH. Vakuum	15	35	65	100	175	275	400	650	925	1200	1550	1950	2400	2900	3400	4250	5100	6000	6800
Abmessungen nach Abb. 142.	Stutzen-φ d	20	30	40	50	60	80	100	125	150	175	200	225	250	275	300	325	350	375	400
	Flansch-φ D	105	130	140	160	175	200	230	260	290	320	350	370	400	425	450	490	520	550	575
	Baulänge L	230	280	290	320	370	410	430	430	500	500	520	580	620	620	620	680	680	680	680
	Baubreite B	160	185	225	160	190	230	240	310	290	350	370	400	380	440	500	460	520	580	660
	Bauhöhe H	180	180	180	275	275	275	380	380	480	480	560	565	730	740	745	865	865	865	865
	„ hu	115	115	115	160	160	160	215	215	270	270	315	320	395	405	405	470	470	470	470
	„ ho	65	65	65	115	115	115	165	165	210	210	245	245	335	335	340	395	395	395	395
	Ablauf Gasgew. C	1/2"	1/2"	3/4"	3/4"	3/4"	3/4"	1"	1"	1"	1"	1"	1 1/4"	1 1/4"	1 1/4"	1 1/4"	1 1/2"	1 1/2"	1 1/2"	2"
Gußeisen	Gewicht . kg	13	19	24	25	35	45	60	75	95	115	140	170	220	250	280	350	380	420	470
	Höchst. Betr.-Druck . at	12	12	12	3,5	3,5	3,5	3,5	3,5	2,5	2,5	2,5	2	2	2	2	2	2	2	2
Stahl	Gewicht . kg	14	20	25	26	37	47	63	80	100	120	150	180	230	265	295	370	400	440	495
	Höchst. Betr.-Druck . at	25	25	25	10	10	11	9,5	9,5	7	7	6,5	6,5	5,5	5,5	5,5	5	5	5	5
Anwendbare abnormale Stutzen	Stutzen-φ von d	15	25	—	30	40	70	80	100	125	150	175	200	225	250	275	300	325	350	375
	bis d	20	30	—	60	70	90	125	150	175	200	225	250	275	300	325	350	375	400	425

Zahlentafel 48 gibt eine Zusammenstellung von Leistung, Abmessungen und Gewichte des soeben besprochenen Wechselentölers Abb. 142. Derselbe ist hier aus der Menge gleich guter Bauarten beispielsweise herausgegriffen.

Abb. 144 zeigt eine den heutigen Anforderungen entsprechende **automatische Abdampf-Entölungsanlage mit angeschlossener Ölrückgewinnung** der Bühring A. G. in Halle-Landsberg z. B. für Kolbendampfmaschinen mit Kondensation.

Die Anlage besteht aus dem Entöler *1*, dem Automaten *2* und dem Ölrückgewinnungsapparat *7*. Der Automat ist an den Kondensator angeschlossen. Da auf diese Weise das Innere des Automaten *2* unter Vakuum steht, fließt das Ölwasser durch einen Krümmer und eine Rückschlagkappe vom Entöler in den Apparat hinein. Das Wasser hebt den Schwimmer an und dieser bewirkt dann in seiner höchsten Stellung die Öffnung eines auf dem Deckel angeordneten Dampfventiles *4*. Der plötzlich eintretende Dampf schließt die Rückschlagklappe und drückt das Wasser durch ein Doppelrückschlagventil *5* aus dem Apparat heraus. Dadurch sinkt der Schwimmer und in seiner untersten Stellung schließt er das Dampfventil, wobei gleichzeitig ein Entlüftungsventil *6* geöffnet und durch die wieder eingetretene Verbindung mit dem Kondensator, das Vakuum im Apparat gleichfalls wieder hergestellt wird. Die Druckleitung ist dabei durch das Doppelrückschlagventil *5* abgesperrt. Es wiederholt sich nun das vorbeschriebene Spiel.

Der „Bühring"-Automat besitzt eine Umsteuervorrichtung *3*, durch welche während des Betriebes der Schwimmer gehoben, das Dampfventil geöffnet und der Apparat mit Dampf vollkommen durchgeblasen, also gereinigt werden kann. Durch Drehen des Umsteuerhebels nach entgegengesetzter Richtung wird der Schwimmer nach unten gedrückt, das Dampfventil geschlossen, und der im Innern des Apparates befindliche Dampf entweicht. Die sämtlichen Bewegungen des Automaten lassen sich also zwangsläufig von außen durch eine Anlüfte- und Umsteuervorrichtung auf dem Deckel des Automaten während des Betriebes ausführen. Nach dem Umsteuern muß der Hebel in Vertikalstellung gebracht werden, um den Gang des Apparates nicht zu hindern.

18*

276

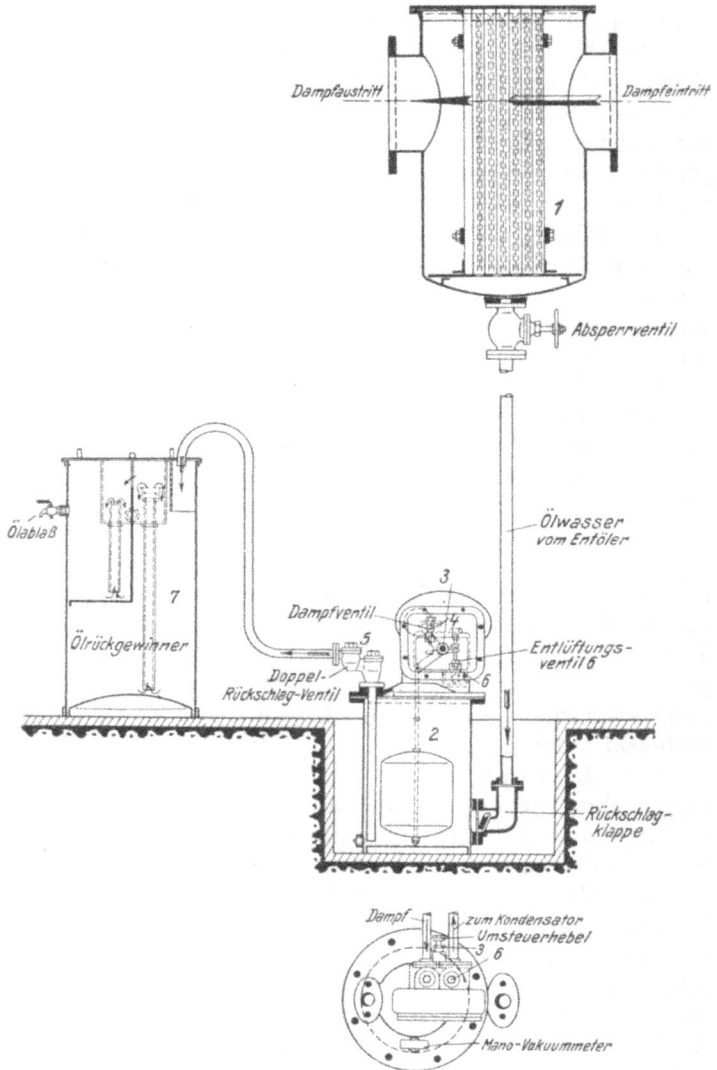

Abb. 144. Selbsttätige Entölungsanlage mit Ölrückgewinnung nach Bühring, Halle-Landsberg.

Der Apparat ist möglichst direkt unter dem Entöler aufzustellen, und zwar so, daß zwischen Unterkante des Entölers bis zu den Anschlußflanschen des Apparates ein Gefälle von mindestens 0,8 m vorhanden ist. Ist nicht genügend Höhe vorhanden, so muß der Apparat in den Fußboden eingelassen werden. Die Verbindungsleitung darf keine scharfen Krümmer erhalten. Der Dampf zum Betrieb des Apparates ist einer Leitung mit ca. 3 ata Druck zu entnehmen. Überhitzter Dampf ist nicht verwendbar. An Stelle des Dampfes kann auch Druckluft in Anwendung kommen.

Zur **Prüfung der Abdampfentöler** eignet sich der Prüfapparat der Bühring A. G. in Halle-Landsberg (Abb. 145). Er besteht aus einem mit Kühlrippen versehenen Sammelbehälter, der an die Abdampfleitung hinter dem Entöler in der Weise angeschlossen ist, daß ein Teildampfstrom den Kühlapparat durchstreicht und sich zum Teil als Kondensat

Abb. 145. Kondensatprüfer auf Ölgehalt nach Bühring, Halle-Landsberg.

niederschlägt. Ist der Sammelbehälter mit Kondenswasser gefüllt, so wird er abgeschlossen und das Niederschlagserzeugnis auf seine Ölhaltigkeit geprüft. Schon äußerlich verrät das Kondensat Ölhaltigkeit, wenn es ein trübes Aussehen zeigt. Da es eine gewisse Zeit dauert, bis der Sammelbehälter gefüllt ist, so erhält man eine Durchschnittsprobe über diese Zeit.

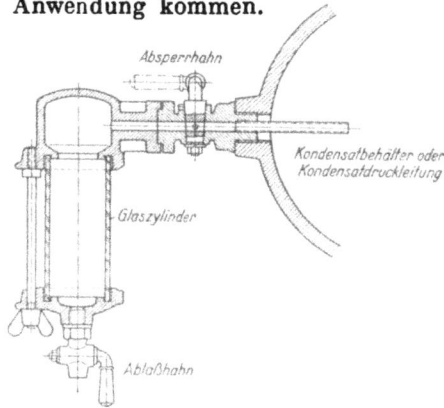

Nach den Versuchen des Bayer. Kesselrevisionsvereins (Z. d. V. d. I. 1910, S. 1969 f.) gelingt es, den Dampf mittels eines guten Entölers soweit von Öl zu befreien, daß 1000 kg Kondenswasser $\leqq$ 10—15 g Öl enthalten.

b) Wasserabscheider.

Bei Krümmungen der Dampfleitungen, an denen sich bekanntlich durch die veränderte Strömungsrichtung die vom

Dampfe mitgeführten Wasserteile niederschlagen, ferner auch vor der Einmündung der Zuleitungsrohre in Dampfmaschinen, Dampfturbinen usw., welche durchaus trockenen Dampf benötigen, ist der Einbau von Wasserabscheidern von größter Wichtigkeit. Sehr zu achten ist ferner auf eine gute Entwässerung des Dampfes vor Eintritt in Wärmeaustauschapparate, damit die Heizfläche nicht von mitgerissenem oder vorher schon ausgeschiedenem Wasser belastet wird. Hierdurch wird gemäß den Ausführungen auf S. 72 die Niederschlagsleistung je m² Heizfläche des Oberflächen-Wärmeaustauschers erheblich herabgesetzt.

Die Wirkungsweise der Wasserabscheider beruht auf plötzlicher Änderung der Dampfstromrichtung und der durch den Wasserabscheider gegebenen Raumerweiterung. Die mitgeführten Wasserteile können der Bewegung des Dampfes nicht folgen, schlagen sich daher im Gehäuse nieder und gelangen durch den unten angeordneten Abflußstutzen mittels Ableitungsrohr in den besonders vorzusehenden Kondenstopf. Dieser leitet das Kondenswasser nach entsprechender Ansammlung selbsttätig ab und schließt sich immer wieder nach beendeter Entleerung.

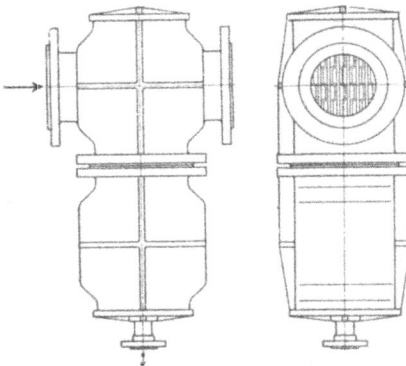

Abb. 146. Der Blohm-Szamatolski-Wechselstrom-Wasserabscheider.

Es empfiehlt sich, an jedem Wasserabscheider einen besonderen Kondenstopf anzuschließen, dagegen benötigt man durchaus nicht für jeden Kondenstopf einen Wasserabscheider.

Das ausgeschiedene Kondenswasser kann für die Dampfkesselspeisung oder sonstige Zwecke wieder verwendet werden.

Unter den vielen mehr oder minder brauchbaren Systemen, welche alle auf der eingangs geschilderten Arbeitsweise beruhen, sei hier der Szamatolski-Wechselwasserabscheider herausgegriffen (Abb. 146).

Der Apparat hat das gleiche Abscheidesystem wie der Wechselentöler Abb. 142 und 143. Auch hier wird der Dampfstrom in eine große Anzahl Dampfschichten zerteilt. Das Wasser wird sowohl durch das Aufschlagen auf die Schippen als durch die scharfen Kanten der Schippen ausgeschieden und in den aus dem Dampfstrom ausgeschalteten Wasserfangkammern gesammelt und abgeleitet.

Unter dem Abscheidesystem befindet sich ein großer Wasserfangtopf, welcher gleichfalls aus dem Dampfstrom vollkommen ausgeschaltet ist. Die mitgerissenen und abgeschiedenen Wassermengen sammeln sich dann in dem Wasserfangtopf, um von dort dem Kondenstopf zuzufließen.

c) Ruß- und Staub-Ab- und Ausbläser.

Abb. 39 zeigt den Heißdampf-Rußabbläser „Radiator" System Szamatolski, an einem doppelreihigen Überhitzer hinter einem Flammrohrkessel eingebaut, Er ist aber auch für liegende und stehende Überhitzer verwendbar. Derselbe fegt unter vollem Betriebsdrucke und bei hoher Dampftemperatur die Flugasche von den Überhitzerröhren weg. Da er verschiebbar, drehbar und ausziehbar ist, bestreicht der Radiator die ganze Überhitzerrohrheizfläche. Die Rohre werden dadurch von Flugasche gründlich gereinigt. Die Wiederholung des Abblaseprozesses, welcher an sich nur einige Minuten dauert, hängt natürlich von der Beschaffenheit des Brennstoffes ab.

Der Radiator besteht aus drei Hauptteilen: Stopfenbuchsenrohr-Hakenrohr und Mauerkasten. Er ist wie folgt zu handhaben:

Zuerst öffnet man das Dampfzuführungsventil an der Haupt-Heißdampfleitung, damit Heißdampf in das Stopfenbuchsenrohr überströmen kann. Ein Teil des Dampfes kondensiert infolge Erwärmung des Radiators und der Rohrleitung. Dieses Kondensat wird durch einen Hahn entfernt, damit nur ganz trockener, hochüberhitzter Dampf zur Verwendung kommt.

Das Handrad, welches am Hakenrohr befestigt ist, wird dann soweit als möglich vorgeschoben. Durch das Vorschieben werden aber selbsttätig Löcher im Hakenrohr geöffnet, durch welche der Dampf mit großer Gewalt ausströmt und auf die

Rohre des Überhitzers prallt. Während der Dampfausströmung wird das Handrad gedreht und das Hakenrohr weiter vorgeschoben, so daß alle Überhitzerrohre bestrichen werden. Beim Einziehen des Hakenrohres wird der Dampfaustritt selbsttätig wieder geschlossen.

Bei einer fetten Kohle kann es vorkommen, daß die Löcher im Hakenrohr sich durch Flugasche verstopfen. In diesem Falle werden 6 Schrauben am Mauerkasten gelöst, ferner wird der Flansch des Dampfzuführungsrohres abgeschraubt. Hierauf ist der ganze Radiator aus dem Mauerwerk zu ziehen. Die Spritzlöcher können alsdann mit einer spitzen Nadel gereinigt und der Radiator in umgekehrter Reihenfolge wieder eingesetzt werden.

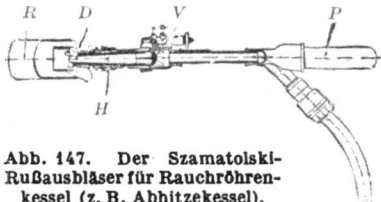

Abb. 147. Der Szamatolski-Rußausbläser für Rauchröhrenkessel (z. B. Abhitzekessel).

Zum Rußausblasen für alle Rauchröhrenkessel eignet sich besonders der in Abb. 147 dargestellte Rußbläser mit Dampf-Luftstoß Bauart Szamatolski. Der Apparat ist wie folgt zu handhaben:

Zuerst öffnet man das Dampfzuführungsventil an der Hauptdampfleitung, damit Dampf in das Ventilgehäuse überströmt, wo er nicht entweichen kann. Ein Teil des Dampfes kondensiert hierbei. Das Kondenswasser wird durch ein Ventil entfernt, so daß nur absolut trockener Dampf, und wenn Heißdampf zur Verfügung steht, hochüberhitzter Dampf zur Verwendung gelangt.

Hierauf faßt man mit beiden Händen den Griff P, steckt den „Dampfluftstoß" z. B. in die Mündung des zu reinigenden Rauchrohres R. Man drückt mit Hilfe des Griffes P nun gegen das zu reinigende Rauchrohr R, wodurch das Ventil V selbsttätig geöffnet wird. Der Dampf strömt alsdann mit großer Gewalt in das Spritzrohr H, weiter durch ein düsenartiges Mundstück in die Mischdüse D und saugt hier große Luftmengen an. Das Dampfluftgemisch pfeift mit großer Gewalt durch das zu reinigende Rauchrohr und reißt dabei alle Schmutzteile hinter sich her. Ist das Rohr stark verstopft, dann wird durch mehrmaliges Gegendrücken eine häufige stoßartige Luftbewegung erzeugt und dadurch der festanhaftende Ruß

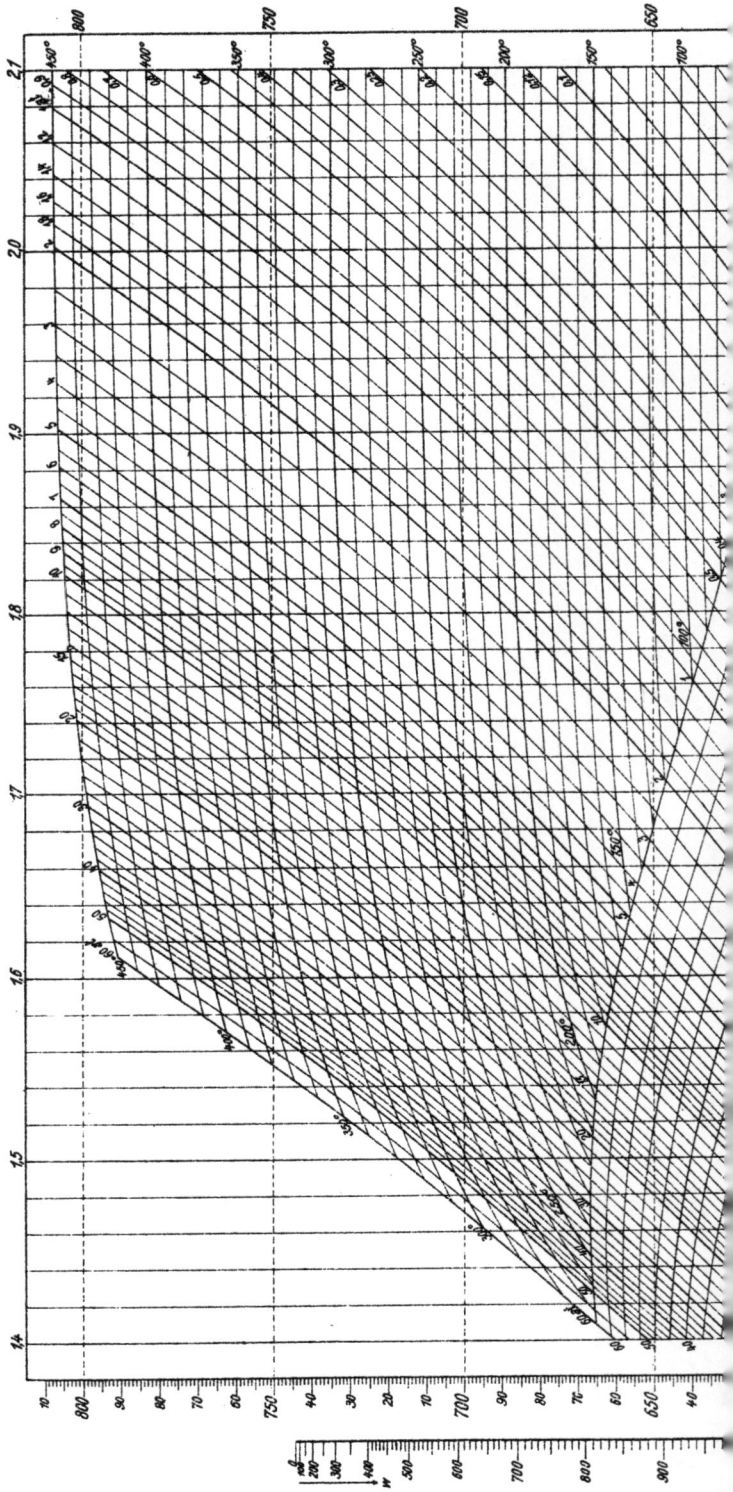

Tafel 1.

Knoblauch-Raisch-Hausen

Kurven konst. Druckes, konst. Temperatur und konst. spez. Dampfmenge

im

i,s-Diagramm für Wasserdampf.

Wärme-Einheit = 1 m/m
Entropie-Einheit = 500 m/m

Balcke, Die Abwärmetechnik. I. Bd.

Verlag von R. Oldenbourg, München und Berlin.

Aus „Knoblauch, Raisch, Hausen, Tabellen und Diagramme für Wasserdampf, 1. Auflage".

Tafel 2
zur Berechnung von Dampfleitungen (nach Hüttig[1]).

Druckabfall $\Delta p = \beta l \frac{\gamma v}{d}$, in kg/cm². Die Zahlentafel enthält die Durchmesser der Rohre im Lichten, in mm; die Querschnitte in m², sowie die umgerechneten Werte von β aus den Angaben von Fritzsche. G = Dampfgewicht in kg/h; $G = 3600 \cdot f \cdot \gamma \cdot v$. Zur Bequemlichkeit sind noch die Werte $\frac{\gamma v}{d}$ angegeben.

d in mm	15	20	25	30	40	50	60	70	80	94	100	125	150	200	γv	$\frac{T}{pv}$
f in m²	0,0001767	0,0003142	0,000491	0,000707	0,001256	0,00196	0,002827	0,003848	0,005026	0,006940	0,007854	0,01227	0,01767	0,03142		
$\frac{\gamma v}{d}$	28,333	21,20	17,000	14,166	10,625	8,500	7,083	6,071	5,312	4,521	4,250	3,400	2,806	2,125	425	0,500
G	270	480	751	1081	1921	2999	4325	5888	7690	10618	12016	18773	27036	48056		
β	0,000120	110	103	99	91	86	81	78	76	73	71	67	64	57		
$\frac{\gamma v}{d}$	26,667	20,000	16,000	13,333	10,000	8,000	6,667	5,714	5,000	4,255	4,000	3,200	2,666	2,000	400	0,531
G	254	452	706	1018	1808	2822	4070	5540	7238	9994	11310	17668	25445	45228		
β	0,000121	112	104	100	92	87	82	79	76	74	72	68	64	57		
$\frac{\gamma v}{d}$	25,000	18,750	15,000	12,500	9,375	7,500	6,250	5,357	4,687	3,999	3,750	3,000	2,500	1,875	375	0,567
G	238	423	662	954	1695	2596	3816	5194	6785	9360	10602	16563	22855	42402		
β	0,000123	113	105	101	93	88	83	79	77	74	73	68	65	58		
$\frac{\gamma v}{d}$	23,333	17,500	14,000	11,666	8,750	7,000	5,833	5,000	4,375	3,714	3,500	2,800	2,333	1,750	350	0,608
G	222	394	618	890	1582	2370	3562	4848	6332	8744	9894	15458	20204	39574		
β	0,000124	114	106	102	94	89	81	80	78	75	73	69	65	58		
$\frac{\gamma v}{d}$	20,000	15,000	12,000	10,000	7,500	6,000	5,000	4,286	3,750	3,191	3,000	2,400	2,000	1,500	300	0,709
G	191	339	530	764	1356	2117	3053	4156	5428	7495	8482	13252	19084	33921		
β	0,000126	117	109	104	96	91	86	82	80	76	74	70	67	60		
$\frac{\gamma v}{d}$	16,666	12,500	10,000	8,333	6,250	5,000	5,166	3,571	3,125	2,659	2,500	2,000	1,666	1,250	250	0,851
G	153	282	442	636	1130	1764	2544	3464	4524	6246	7068	11042	15902	29270		
β	0,000129	119	112	107	99	93	89	84	82	78	76	72	69	62		
$\frac{\gamma v}{d}$	13,333	10,000	8,000	6,666	5,000	4,000	3,333	2,857	2,500	2,139	2,000	1,600	1,333	1,000	200	1,063
G	127	226	354	509	904	1411	2035	2770	3619	5000	5655	8834	12723	22614		
β	0,000132	123	115	110	102	96	91	87	84	81	79	75	72	64		
$\frac{\gamma v}{d}$	11,666	8,750	7,000	5,833	4,375	3,500	2,916	2,500	2,187	1,872	1,750	1,400	1,167	0,875	175	1,215
G	111	197	309	445	791	1185	1781	2424	3166	4372	4947	7729	10132	19788		
β	0,000134	125	117	112	104	98	93	89	86	82	81	76	73	65		
$\frac{\gamma v}{d}$	10,000	7,500	6,000	5,000	3,750	3,000	2,500	2,142	1,875	1,596	1,500	1,200	1,000	0,750	150	1,418
G	95	165	265	382	678	1058	1526	2078	2714	3748	4241	6626	9542	16960		

d	90	80	70	60	50	40	30	20	10	5
$\frac{\gamma v}{d}$	2,364	2,659	3,039	3,546	4,255	5,319	7,092	10,635	21,270	42,550
G	58	52	44	38	32	26	19	13	6	3
β	0,000149	0,000152	0,000154	0,000158	0,000162	0,000168	0,000175	0,000186	0,000206	0,000227
$\frac{\gamma v}{d}$		5,333	4,666	4,000	3,333	2,667	2,000	1,333	0,666	0,333
G	102	88	79	68	56	44	34	22	11	6
β	138	140	143	146	150	155	162	173	190	211
$\frac{\gamma v}{d}$		4,000	3,500	3,000	2,500	2,000	1,500	1,000	0,500	0,250
G	161	143	124	106	88	71	53	36	18	9
β	129	131	134	137	141	146	152	162	178	197
$\frac{\gamma v}{d}$		3,200	2,800	2,400	2,000	1,600	1,200	0,800	0,400	0,200
G	227	202	177	152	127	102	76	50	25	12
β	124	126	128	131	134	139	145	154	170	190
$\frac{\gamma v}{d}$		2,667	2,333	2,000	1,667	1,333	1,000	0,666	0,333	0,166
G	407	360	315	270	226	181	135	90	45	22
β	114	116	119	122	125	129	134	143	158	176
$\frac{\gamma v}{d}$		2,000	1,750	1,500	1,250	1,000	0,750	0,500	0,250	0,125
G	635	568	495	424	353	282	212	142	71	35
β	109	110	112	115	118	122	128	135	148	164
$\frac{\gamma v}{d}$		1,600	1,400	1,200	1,000	0,800	0,600	0,400	0,200	0,100
G	916	814	712	610	509	408	305	204	102	51
β	102	104	107	109	112	116	121	128	142	157
$\frac{\gamma v}{d}$		1,333	1,167	1,000	0,830	0,667	0,500	0,333	0,166	0,083
G	1247	1108	970	832	692	554	416	277	139	70
β	98	100	102	104	107	111	116	123	135	149
$\frac{\gamma v}{d}$		1,142	1,000	0,857	0,714	0,571	0,428	0,285	0,142	0,071
G	1629	1448	1267	1086	904	724	543	362	181	90
β	94	96	99	101	104	107	112	118	131	145
$\frac{\gamma v}{d}$		1,000	0,875	0,750	0,625	0,500	0,375	0,250	0,125	0,062
G	2250	2000	1750	1500	1249	1000	750	500	250	125
β	91	93	95	97	100	104	108	113	125	139
$\frac{\gamma v}{d}$		0,851	0,744	0,638	0,531	0,425	0,319	0,212	0,106	0,053
G	2547	2264	1979	1696	1413	1131	848	566	283	142
β	89	91	93	95	98	101	105	111	123	137
$\frac{\gamma v}{d}$		0,800	0,700	0,600	0,500	0,400	0,300	0,200	0,100	0,050
G	3978	3536	3092	2650	2208	1767	1325	884	442	221
β	84	85	87	89	92	95	99	105	115	128
$\frac{\gamma v}{d}$		0,640	0,560	0,480	0,400	0,320	0,240	0,160	0,080	0,040
G	5724	5088	4452	3816	3180	2544	1908	1272	636	318
β	80	81	83	85	88	91	95	100	110	123
$\frac{\gamma v}{d}$		0,533	0,466	0,400	0,333	0,267	0,200	0,133	0,067	0,033
G	10229	9048	7915	6784	5653	4523	3392	2262	1131	506
β	73	75	77	79	81	84	88	92	102	113
$\frac{\gamma v}{d}$		0,400	0,350	0,300	0,250	0,200	0,150	0,100	0,050	0,025

Anmerkung: Die Werte von β sind auf 6 Dezimalstellen wie unter $d=15$ zu schreiben; z. B. für $d=60$ mm und $\gamma v = 425$ ist $\beta = 0,000081$.

[1] Valerius Hüttig, Heizungs- und Lüftungsanlagen in Fabriken. 2. Auflage. Leipzig, Verlag Otto Spamer.

erntfernt. Sobald der Gegendruck aufhört, ist der „Dampfluft-
sttoß" abgestellt und bläst nicht mehr. Hierdurch wird nicht
nur eine bedeutende Dampfersparnis beim Blasen erzielt,
soondern das Kesselhaus bleibt auch dampf- und schmutzfrei.

Die Feder, die das Spritzrohr H umhüllt, dient dem einzigen
Zweck, das Rückschlagventil V stets auf den zugehörigen
Ventilkegel aufzudrücken, um Ventilkegel und Sitz vor ein-
dringenden Staub- und Schmutzteilen zu schützen, wenn der
„Dampfluftstoß" außer Betrieb ist. Für ein dauerndes Dicht-
halten ist also gesorgt.

Zuletzt sind noch die Abkratzeisen zu erwähnen.

Umstreichen die Heizgase ein Heizflächensystem aus
Rohren (z. B. beim Rauchgas-Speisewasservorwärmer, siehe
Albb. 30), so ist eine dauernde Reinigung durch scharfkantige
Albkratzeisen geboten, welche an den Rohren enganschließend
auf- und niedergleiten und somit die Rohre ständig von Ruß,
Sttaub und Asche befreien. Die Abkratzeisen sind in Abb. 29
urnd Abb. 30 deutlich zu erkennen. Auf diese Weise kann bei-
sppielsweise bei Ekonomisern die Wärmedurchgangszahl auf $k =$
14,4—15 kcal/m²h° gehalten werden, andernfalls würde der k-
Wert sehr rasch auf 5 und weniger zurückgehen. Werden solche
„Schraper" zur Reinhaltung des Heizflächensystems vorgesehen, so ist unterhalb der Rohre eine genügend geräumige
Kammer zur Ablagerung der von den Rohren abgekratzten
Schmutzteilchen anzuordnen. Alle Abgasverwerter müssen
auch zwecks Überwachung mindestens von einer Seite leicht
zuugänglich sein. (S. Abb. 30.)

Die Betriebserfahrung lehrt, daß bei jedem Abgasverwerter
voon Zeit zu Zeit eine gründliche mechanische Reinigung not-
weendig ist, und zwar muß diese um so häufiger vorgenommen
weerden, je stärker die verwendeten Brennstoffe, Ruß und
Sttaub entwickeln, und je enger die Durchgangsquerschnitte
füür das durchströmende Gas gehalten sind, weil enge Quer-
scbhnitte oder größere Ruß- und Staubentwicklung eine Ver-
stcopfung und damit ein Anwachsen des Widerstandes und eine
Albnahme des k-Wertes begünstigen.

Verzeichnis der Zahlentafeln.

Sachregister.

Anlageplan

des Gesamtwerkes

Im Jahre 1928 erscheinen:

Die Abwärmetechnik

Von Dr.-Ing. Hans Balcke

Band II. *INHALT:* Der Kraft- und Wärmebedarf in techn. Betrieben. — Grundsätzliches über den Zusammenbau von Abwärmeverwertungsanlagen. Abwärmeverwertungsanlagen zur Krafterzeugung, zu Heiz- und Trocknungszwecken. Kombinierte Kraft- u. Heizanlagen. Das Kraftfernheizwerk, Rationalisierung der Abwärme. Während sich der erste Band mit der Berechnung und konstruktiven Ausgestaltung der Grundbestandteile von Abwärmeverwertungsanlagen beschäftigt, behandelt der zweite Band den Zusammenbau dieser Grundbestandteile zu zweckmäßigen Abwärmeverwertungsanlagen, welche sich den jeweiligen Betriebseigenarten anzupassen haben. Im Vordergrunde steht die Wirtschaftlichkeit. Hierzu gehören einmal billige Anlagekosten, welche beispielsweise durch Wiederverwendung außer Betrieb genommener Kessel und Armaturen nach zweckmäßigem Umbau herabgedrückt werden können. Sodann aber eine gewisse Typisierung, um die Unzahl von Schaltungsmöglichkeiten auf einige wenige Standortschaltungen zurückzuführen.
Band III. Der dritte Band Abwärmeverwertung zur Destillatbereitung, insbesondere zur Gewinnung des Zusatzspeisewassers für Dampfkraftanlagen, wird eingehend besprochen. Ein weiterer Abschnitt ist der Abwärmeverwertung im Schiffbau gewidmet. Der letzte Abschnitt beschäftigt sich mit der Verfeuerung und Verheizung von Anfallgasen; in diesem Rahmen findet die neuzeitliche Ferngasversorgung, besonders vom Standpunkt der Wirtschaftlichkeit aus, eine kritische Beleuchtung.
Auch Band II und III sind mit einem eingehenden Inhalts- und Sachregister ausgestattet und können somit als Nachschlagewerk gut benützt werden.

Die Organisation

der Wärmeüberwachung

in technischen Betrieben

Von Dr.-Ing. Hans Balcke

INHALT: I. Die primäre Anlage. — Die Überwachung des Kessel- und Ofenbetriebes sowie des angehängten Maschinenbetriebes. Die laufende Feststellung der Wärmebilanz und der Größe der Verluste im einzelnen und in der Gesamtheit.
II. Die sekundäre Anlage. — Die Überwachung der Abwärmeverwerter, Maßnahmen zur Vermeidung des Auftretens neuer Fehlerquellen.
III. Die zentrale Überwachungs- und Befehlstelle in gekuppelten Betrieben I u. II. (Fernmeldung der selbstaufzeichnenden Instrumente, Fernmeldung der Betriebsbefehle an das Personal.)
IV. Anhang: Musterblätter für Abnahmeversuche und wärmewirtschaftliche Untersuchungen aller Art. Aufstellung des Betriebsjournals.

R. OLDENBOURG, MÜNCHEN UND BERLIN

Die Kondensat-Wirtschaft

bei

Dampfkraft-Landanlagen

als Grenzgebiet der Wärmetechnik von

Dr.-Ing. Hans Balcke

231 Seiten, 135 Abbild., 1 Tafel. 8°. Broschiert M. 10.—, in Leinen geb. M. 11.50

Inhaltsübersicht:

Im vorliegenden Bande behandelt der Verfasser die Kondensatwirtschaft als ein abgeschlossenes, physikalisches und chemisch-technologisches Grenzgebiet der technischen Wärmelehre; zugleich aber umgrenzt er auch insofern ein Sondergebiet der Abwärmetechnik, als er die Aufgabe in den Vordergrund stellt, die im Abwärmeteil von Kondensations-Dampfkraftanlagen auftretenden Wärmeverluste nicht nur soweit angängig einzuschränken, sondern auch Mittel und Wege zu weisen, die Verluste möglichst weitgehend anderen Zwecken nutzbar zu machen. Dies gilt vor allem für den Rückkühler des warmen Kondensationskühlwassers, welches in der bisher angewendeten Form einen geradezu ungeheuerlichen Energievernichter darstellt. Von den Grundlagen des Kondensationsprozesses ausgehend, wird der günstigste Speisewasser- und Kühlwasserkreislauf bei Dampfkraftanlagen entwickelt. Beide Kreisläufe hängen untrennbar zusammen. Die Wechselwirkungen beider Kreisläufe aufeinander herauszuschälen und vom wärmewirtschaftlichen Standpunkte in bestmöglichster Weise gegeneinander abzugleichen, ist eine weitere Aufgabe dieses Buches.
Die dritte Aufgabe, welche sich der Verfasser zur Lösung stellt, ist die, aus den erkannten und kritisch beleuchteten Wechselwirkungen der Kreisläufe die Konstruktionsrichtlinien für die Apparate im Abwärmeteil der Dampfkraftanlagen festzulegen, um eine im Abwärmeteil wärmewirtschaftlich möglichst vollkommene Anlage herauszubilden. In diesem Zusammenhange wird der Kondensator nicht mehr lediglich als Niederschlagapparat für den Maschinenabdampf, sondern außerdem als Speisewasserbereiter und als Vorwärmeranlage für alle möglichen Zwecke aufgefaßt.

R. OLDENBOURG, MÜNCHEN UND BERLIN

www.ingramcontent.com/pod-product-compliance
Lightning Source LLC
Chambersburg PA
CBHW031434180326
41458CB00002B/541